고 지 문

본 출판물에 제시되어 있는 정보는 독자에 대한 일반적인 교육을 위한 것입니다. 저자와 출판인 모두 독자의 정보 이용에 대한 통제권이 없으므로 저자와 출판인 모두 이러한 사용으로 인해 발생하게 되는 어떠한 유형의 법적 책임도 지지 않습니다. 독자는 특정 적용 상황에 대해 제시되어 있는 모든 정보 이용에 있어 건전하고 전문적인 판단을 내려야 합니다.

추가적으로 저자와 출판인 모두 특정 적용 분야에 있어 독자의 정보 이용 능력에 관한 특허의 영향력을 조사하거나 고려하지 않았습니다. 독자는 제시되어 있는 정보의 특정한 사용에 영향을 줄 수 있는 특허에 대해서는 검토할 책임이 있습니다.

본 출판물 내 상업적 제품에 대한 모든 언급은 예로서만 인용하였습니다. 저자나 출판인 모두 언급한 상업적 제품을 보증하지는 않습니다. 언급된 모든 상표나 상품명은 각각의 상표 또는 상품명 보유자의 소유물입니다. 저자나 출판인은 언급된 상업적 제품의 가용성을 대변하지 않습니다. 상업적 제품 사용에 대한 제조사의 지침을 항상 준수해야 합니다. 이는 본 출판물에 제시되어 있는 정보와 상충되는 경우에도 적용됩니다.

Printed in the United States of America.
10 9 8 7 6 5 4 3 2

ISBN-13. 978-1-934394-50-2

ISA
67 Alexander Drive
P.O. Box 12277
Research Triangle Park, NC 27709

Library of Congress Cataloging-in-Publication Data

Baumann, Hans D., 1930
Control valve primer, a user's guide / Hans D. Baumann. - 4th ed.
p. cm.
Includes bibliographical references.
ISBN 978-1-934394-50-2 (pbk.)
1. Pneumatic control valves--Handbooks, manuals, etc. I. Title.
TJ223.V3B38 2008
629.8'045--dc22

2008024257

헌사의 말

이 책은 일생동안 저를 지지해준 제 부인 지그리드(Sigrid)와 40여년 이상에 걸쳐 저에게 도움과 격려를 주신 ISA의 많은 지인들에게 바칩니다.

Control Valve Handbook

최신 제어 밸브 핸드북

HANS D. BAUMANN 저
권갑주 역

개정 증보판

공감북스

역자 소개 I

역자는 한국전력공사 재직 시절 전량 고가로 수입에 의존하던 '고차압용 미로형 유량 제어밸브(Control Valve)'를 1996년 국산개발화에 착수하여 3년 만에 순수 우리 기술로 국산화에 성공하였다. 이로써 국내의 저압용 제어밸브 제조 일색인 밸브 산업계에 대해 고부가가치 정밀 밸브에 대한 국산화 가능성을 열어 놓게 되었다. 역자는 2009년에 25년 이상 봉직했던 한국전력공사(한국수력원자력)에서 벤처기업인 現 브이아이브이(주)로 자리를 옮겨 고온고압용 제어밸브의 신제품 개발과 실용화에 매진하였다.

브이아이브이(주)는 2003년 한국전력공사의 벤처기업으로 출발하여 우수한 기술력을 바탕으로 국내외에 각종 고온고압 제어밸브를 설계 제조하여 공급하고, 발전소 설비의 설계 및 평가를 전문으로 하는 회사이다.

역자는 플랜트용 고온고압 제어밸브의 핵심기술을 지속적으로 연구 개발하여 다양한 원천기술과 국내외 특허를 30건 이상 보유하고 있다. 또한 밸브에 작용하는 차압이 300 기압 이상, 유체 온도는 섭씨 540도 이상의 가혹한 운전 환경에서도 정밀한 성능을 가진 고성능 제어밸브와 ANSI Pressure Rating Class 150 ~ 4500의 전범위에 걸친 다양한 제어밸브의 독자적인 모델들을 개발하여 실증에 성공하였다.

특히 제어밸브 분야에서는 국내외 원자력발전소, 화력발전소 및 산업 플랜트에 고성능 제어밸브를 설계 제작하여 공급하고 있으며, 사용 중인 기존 제어밸브에 대해서는 운전조건에서 최적의 성능을 발휘할 수 있도록 설계 개선함으로써 플랜트의 효율과 Life Cycle Cost를 크게 개선하고 있다.

본 서는 제어밸브에 관심이 있거나 실무를 담당하고 있는 엔지니어가 제어밸브를 쉽게 이해할 수 있도록 오랫동안 기술개발에 헌신한 김형근 상무, 정상선 실장, 이용철 실장, 김도형 과장의 도움으로 완성하였다.

본 서를 보면서 보다 자세한 사항이 필요할 경우에는 언제든지 역자에게 문의하면 된다(loverkwon@hanmail.net, www.vivenc.com).

역자 소개 II

- 성 명 : 권갑주
- 학 력 : 기계공학 석사
- 경 력 : 한국전력공사/한국수력원자력(1982~2009), 브이아이브이 대표이사(2009)
- 특 허 : 밸브의 유체 흐름 제어장치 등 16건
- 논 문 : 에너지 손실과 소음 줄인 발전소용 제어밸브 국산화 등 26건
- 주요 실적

1. 대한민국 최연소 원자로조종사/감독자(1987/1989)
2. 원자력발전소용 고차압 미로형 유량제어용 밸브 국산화 개발(국내 최초, 1998)
3. 고리원자력 최종냉각수원 온도 설정치 상향조정 기술개발(국내 최초, 1998)
4. 원자력증기공급계통 열수력 유동 실증장치 개발(세계 2번째, 2002),
5. 액션 러닝을 활용한 팀워 향상 프로그램 개발(세계 최초, IAEA 채택, 2005)
6. 『2007 BEST KHNP 혁신 대상』 수상(한국수력원자력, 2007)
7. 원자로 가압기 안전밸브 성능시험설비 개발(2009)
8. 대한민국 신제품(NEP) 선정(고성능 제어밸브, 2012)
9. 대한민국 우수발명품 선정(고성능 제어밸브, 2016)
10. 원자력발전소 중대사고 대비 발전차 용량 및 사고대응 시나리오 개발(2015)
11. 화력발전소용 ANSI 4,500 고차압 트림 적용 압력조절밸브 국산화 개발(2015)
12. 『제어밸브 핸드북』 발간(2016)
13. 국가과학기술위원회 과학기술인(등록번호 1110-1301호, 2008)
14. 중소기업기술개발 지원사업 평가위원(중소기업기술정보진흥원, 2010)

제4판 소개

제어밸브 핸드북 제4판은 산업계에서 지속적으로 발전하고 있는 변경 사항들을 파악해가며 업데이트해 왔으며 다음과 같은 새롭고 개선된 사항들을 추가하였다.

- 디지털 포지셔너 관련 장 추가
- DCS 시스템과 스마트 포지셔너에 대한 범위 확대
- 새로운 유체역학 및 캐비테이션 소음 예측
- 최신 IEC 버전을 반영한 규격 업데이트
- 시트(Seat) 누설과 시트 재질 관련 내용 추가
- 삽화 추가
- 규격 목록 업데이트
- 공기역학적 소음 공식 업데이트
- 제어밸브 유량 공식
- 제어밸브 용량 시험
- 제어밸브 수압 시험
- 제어밸브 캐비테이션(Cavitation)과 플래싱(Flashing)
- 제어밸브 캐비테이션 평가

역자

서 문

본 책은 주로 초보 계장 엔지니어, 즉 대학교 제어 수업시간에 피드백 이론을 벼락치기로 공부하고 자신들이 컴퓨터 프로그래밍의 전문가라고 생각하다가 돌연 프로세스 플랜트에서 제어루프 설계 문제에 직면하게 되는 사람들을 위한 것이다. 여기서 초보 엔지니어들은 막연하게 익숙했던 제어기와 전송기 같은 모든 전자 하드웨어에 최종 제어요소가 필요하다는 것을 알게 된다. 이는 배관 하드웨어와 공압 논리 시스템 사이의 교차점으로 밝혀지게 된다. 이러한 사람들은 대개 할당된 시간 동안(10분이라고 하자) 일반적인 제어밸브 규격서에 대한 30여 가지 질문에 답변할 수 있는 기술을 제대로 갖추지 못하고 있을 것이다. 따라서 이들이 마음껏 활용할 수 있는 참고 도서를 가지게 된다면 업무가 더 수월해질 것이며, 제어밸브 경쟁업체들의 대립되는 의견이 쏟아져 나올 때 무엇이 연관된 것인지 구별해 낼 수도 있을 것이다. 아니면 적어도 수백 페이지의 과학 용어로 구성된 핸드북의 사소한 사항들을 끝까지 읽지 않도록 해서 소중한 시간을 낭비하지 않도록 해 줄 것이다.

개인용 컴퓨터로 복잡한 사이징 공식을 처리할 수 있는 게 사실이지만, 필요하다면 휴대용 계산기로 처리할 수 있는 몇몇 단순한 공식이 있는 것이 유용하다고 생각한다. 이를 통해 사이징과 소음 공식에 대한 손쉬운 방법을 제안하게 되었다.

본 저서에 제시되어 있는 의견은 순전히 저자의 의견일 뿐이며 책 내용의 정확성에 대해 어떠한 보장도 주어지거나 함축되어 있지 않다는 사실에 주의해야 한다. 사실 몇몇 내용들은 분명 논란의 여지가 있다. 편파적이지 않다고 해서 비난을 받아본 적은 거의 없다.

이 모든 것은 소규모 제어밸브 회사의 사장으로서 판매 촉진을 위해 버지니아 주 리치몬드에 있는 한 담배회사를 방문했을 때 시작되었다. 약 여섯 대 정도의 밸브 샘플을 2층에 있는 회의실에 가져갔을 때 젊은 계기 엔지니어 그룹의 리더는 단호히 잘라 말했다. “제품 판매에 대한 이야기는 하지 마십시오. 대신 제 질문에나 답변하시기 바랍니다.” 나중에 알고 보니 그는 나의 답변에 만족해했고 회의 후반부에 나에게 책을 써 볼 것을 권했다. 이 책이 바로 그 책이다.

저자 소개

한스 D. 바우만(Hans D. Baumann)은 자신의 출생지인 독일에서 산업공학 교육을 이수했으며, 미국 정부의 지원을 받아 케이스웨스턴리저브대학교와 노스이스턴대학교에서 수학하였고, 그 후 컬럼비아파시픽대학교에서 기계공학과 박사 학위를 취득하였으며, 네 개 주에 등록된 기술사이다. 경력으로는 28가지 이상의 밸브 라인 개발을 설계 또는 총괄하였다. 이 중 하나로 유명한 "캠플렉스(CAMFLEX)" 밸브와 그 시리즈는 전 세계 8개국에서 생산하여 300만 대 이상을 판매하였다. 현재 미국 특허와 국제 특허 등 150개 이상의 특허를 보유하고 있으며 115편의 논문을 출간하였고, 밸브, 계측기, 음향에 대한 일곱 권의 핸드북을 공동으로 집필하였다. 인텍(InTech) 매거진으로부터 가장 중요한 혁신자 50인 중 한명으로 선정되었으며 사업서적인 "이상적인 기업(The Ideal Enterprise)"을 저술해 호평을 받았다.

1977년에 자신의 제어밸브 제조회사를 설립하기 전까지 그는 국제 컨설턴트, 메이스네일런 인터내셔널(Masoneilan-International, Inc.)사의 부사장, 프랑스 소재 워딩턴 에스엔에이(Worthington S/A)사 연구개발팀 관리자직을 역임하였다. 자신의 회사를 에머슨 일렉트릭(Emerson Electric)사에 매각한 후 그는 피셔 컨트롤스(Fisher Controls)사의 상무로 재직하였다.

시대를 앞서간 그의 밸브 사이징을 위한 "임계유동인자"와 "배관 리듀서 보정 계수(F_L & F_p)"는 1960년대 초기에 소개되어 1972년에 ISA의 사이징 표준이 되었고, 그가 1970년에 제안한 공기역학적 밸브 소음 예측을 위해 변형된 제트 소음 이론을 사용하자는 주장은 ISA-75.17-1989와 IEC 규격 60534-8-3의 기준이 되었다. 그는 ISA 표준 및 심의 이사회(ISA Standards & Practices Department Board)의 임원, ISA75.11 위원회의 의장, IEC 위원회 SC/65B/WG9의 기술 전문가직을 수행하였고, 미국기계학회(ASME) 바이오프로세싱 기기 집행위원회의 회원, 씰(Seal) 관련 기기 분과 위원회의 의장직을 역임하였으며 FCI(Fluid Controls Institute)의 제어밸브 규격 분야 의장직을 수행하였다.

미국과 외국에서 호평을 받는 초청 연사로서 일본의 고베대학교, 한국의 한국과학기술원(KAIST)의 객원교수로 초청을 받기도 했다.

ISA와 ASME의 평생 특별회원으로서 제어밸브의 과학과 기술에 지대한 기여를 한 공로를 인정받아 “Chet Beard”, “UOP Technology” 상을 수상하는 영예를 안았으며, 스페인 화학공학학회의 명예회원, FCI의 평생명예회원으로 등재되었다. 그가 설계한 다수의 밸브 설계는 독일에서 금메달, 프랑스와 일본에서 다수의 상, 그리고 미국에서 일곱 개의 “Vaaler” 상을 수상하였다. 그는 과학연구학회 시그마 크시(Sigma Xi, The Scientific Research Society)의 회원이다.

목 차

Chapter 01

제어밸브는 무엇이며 제어루프에 어떤 영향을 주는가?

제어밸브는 제어루프에서 가장 중요하지만 때때로 가장 소홀히 취급되는 부분일지도 모른다. 그 이유는 보통 계장 엔지니어가 다양한 양상, 용어, 사용 조건의 중요도에 따라 연관될 수 있는 유체역학, 금속학, 소음 제어, 배관 및 용기 설계 등과 같은 공학적 지식 분야에 익숙하지 않기 때문이다.

모든 제어루프는 대개 프로세스 상태를 나타내는 센서, 전송기, 그리고 전송기에서 수신한 "프로세스 변수"와 "설정치", 즉 원하는 프로세스 조건을 비교해 주는 제어기로 구성된다. 제어기는 루프의 마지막 부분인 "최종 제어요소"와 프로세스 제어 시스템의 "근육"에 차례로 교정 신호를 보낸다. 프로세스 변수의 "센서"가 눈이고 "제어기"가 뇌라면 "최종 제어요소"는 제어루프의 팔인 셈이다. 이로 인해 최종 제어요소는 자동 제어 시스템에 있어 가장 중요하지만 안타깝게도 때로는 가장 잘 이해되지 않는 부분이 된 것이다. 이는 부분적으로는 모든 중요 하드웨어에 대한 적절한 이해와 올바른 사용을 등한시하게 하는 전자 시스템과 컴퓨터에 대한 우리의 강한 집착 때문이기도 하다.

가장 보편적인 최종 제어요소의 형태는 제어밸브이지만 다음과 같은 형태도 존재한다.

- 실리콘 제어 정류기처럼 전기 에너지를 조절(교축)하는 장치
- 가변속 드라이브
- 공급기, 펌프, 벨트 드라이브
- 댐퍼

이러한 장치 중 일부는 제어밸브와 유사한 기능을 수행하며 대체품으로 사용할 수 있다. 예를 들어, pH 레벨 조절 시 산을 폐수에 주입하기 위해 폴리테트라플루오로에틸렌(PTFE)을 씌운 제어밸브를 사용하는 대신 Variable Stroke-type Metering Pump를 사용할 수 있다.

그렇다면 제어밸브란 무엇인가? 다른 유형의 밸브와 겹치는 부분이 상당히 많기 때문에 이는 어려운 질문이다. 예를 들어 오로지 온-오프 모드로만 작동하는 밸브(예. 가정 난방 시스템에서 사용하는 순환수식 솔레노이드 밸브)는 공압 실린더로 작동하는 단순한 볼 밸브, 즉 우리가 주로 "자동밸브"라고 부르는 밸브로 대체할 수 있다.

"자동밸브"와 "제어밸브"의 차이점은 주로 제어밸브의 "변조" 능력, 즉 정상 제어 시 무한수의 "교축" 이동 위치를 가정하는 능력이라 간주할 수 있다.

물리적으로 제어밸브는 세 가지 기본 구성품으로 이루어져 있다.

- 밸브 바디 부분조립품, 이는 작동부로서 그 자체가 압력 용기이다.
- 구동기, 이는 밸브 바디 내 교축 요소의 위치를 잡아주는 장치이다.
- 부속기기, 부속기기로는 포지셔너, I/P 변환기, 리미트 스위치, 핸드휠, 에어 세트, 위치 센서, 솔레노이드 밸브, 이동제한장치(Travel Stop)가 있다.

다양한 종류의 밸브, 구동기, 포지셔너에 대한 상세한 분류는 그림 1-1에 제시하였다.

이제, 제어밸브의 역할에 대해 논의해 보자. 그림 1-2는 단순화시킨 프로세스 제어루프 다이어그램을 나타내고 있는데, 여기서 제어밸브 표시 위에 있는 세 가지 주요 기능 블록을 볼 수 있다.

첫 번째 블록은 제어밸브 게인(Gain) 값인 Kv이다. 이는 밸브의 "설치된 유량 특성(제조사 카탈로그에 제시되어 있는 특성과는 상당히 다른 것)"에 의해 결정된다. Kv값은 주어진 신호 변화에 따라 밸브의 유동이 얼마나 변하는지를 알려주는 값이다. 입력 값과 관련해서는 8장을 참고하라.

두 번째 블록은 제어밸브의 불감시간인 TD_v를 나타낸다. 이는 제어기 신호 변화에 따라 밸브가 움직이기 전에 걸리는 시간이다. 이는 주로 밸브와 구동기의 마찰에 의해 결정되지만 여기에는 다이아프램 케이스에 압력을 가하는 시간과 긴 공압신호 전송선로에 의한 시간 지연 등이 포함될 수 있다.

마지막으로 세 번째 블록은 밸브의 시정수인 TC_v를 나타낸다. 이는 단순히 구동기 또는 구동기와 포지셔너 조합의 행정 속도, 즉 밸브가 얼마나 빨리 제어된 변수의 이상 현상(Upset)에 반응하는지와 관련이

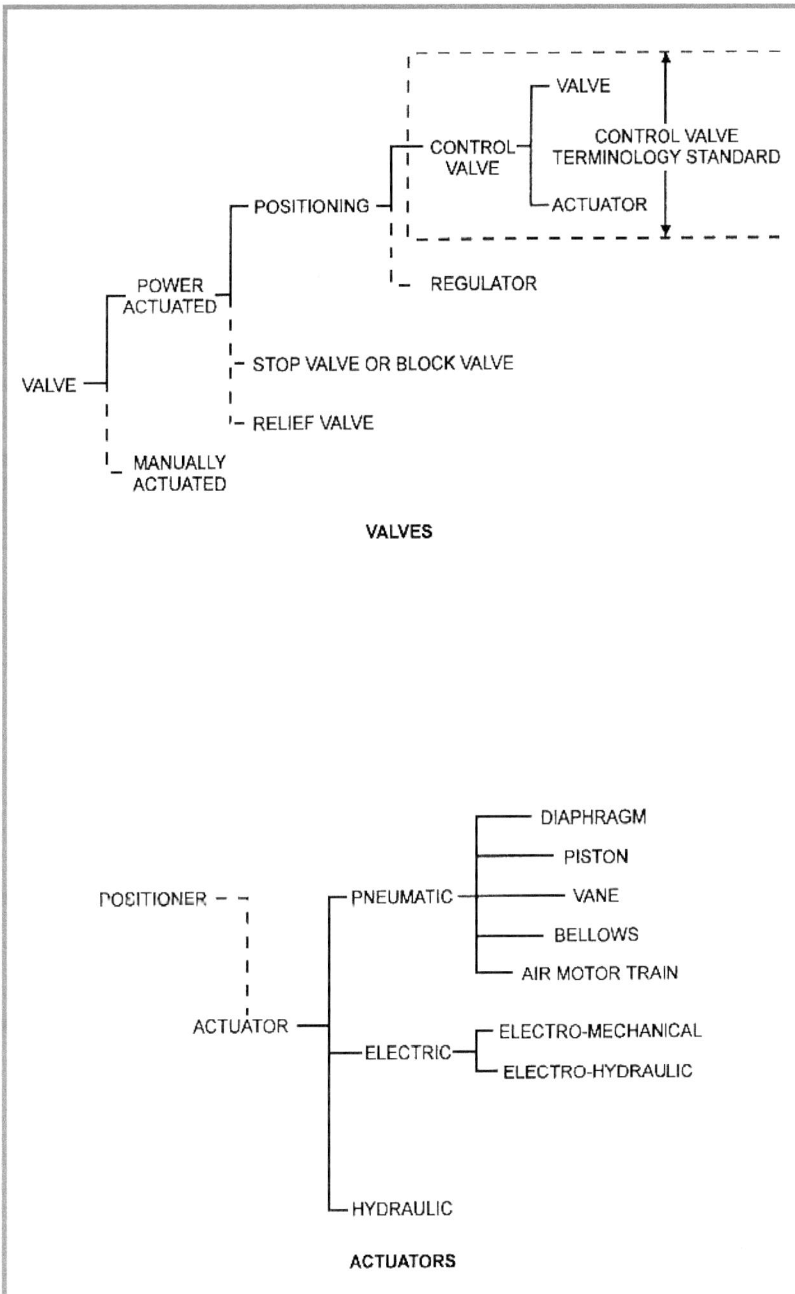

[그림 1-1] ANSI/ISA-75.05.01-2000(R2005)에서 발췌한 기본적인 제어밸브 용어

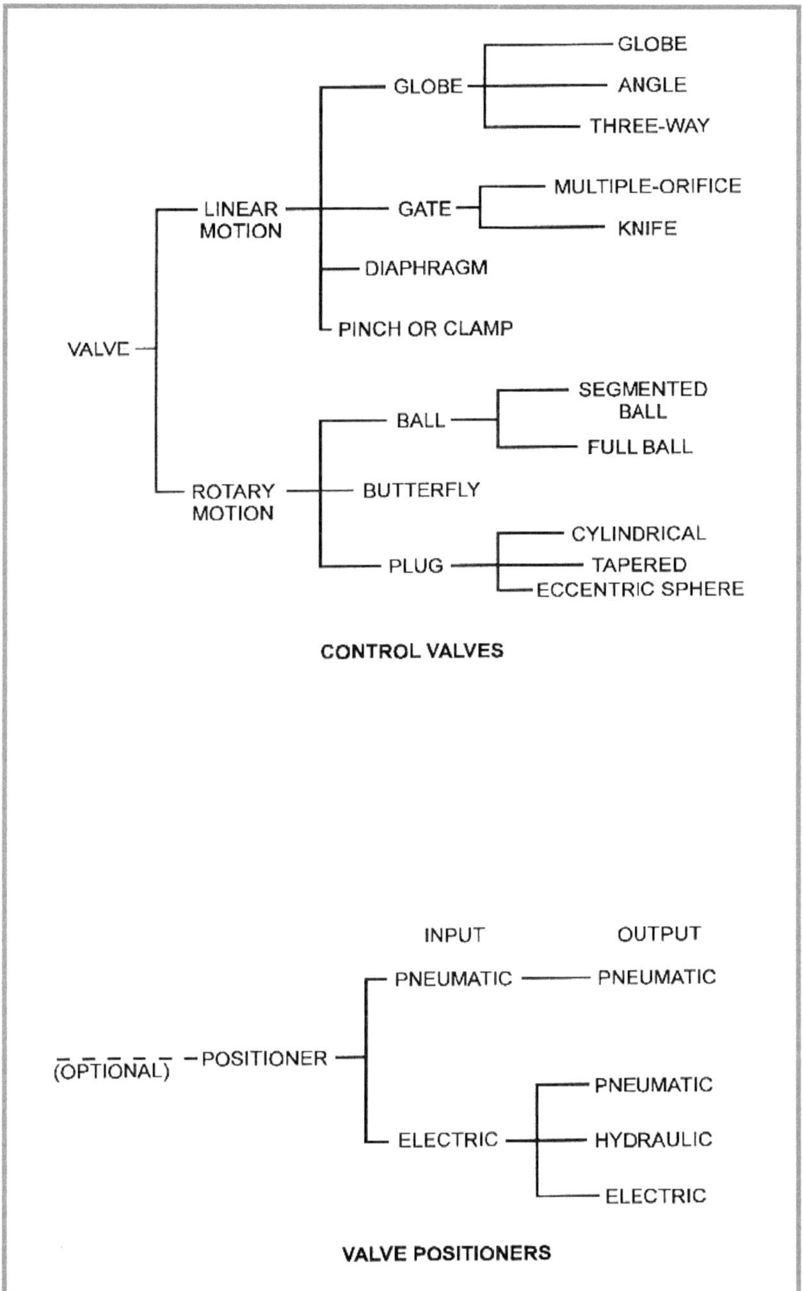
GLOBE
ANGLE
THREE-WAY
GLOBE
MULTIPLE-ORIFICE
LINEAR MOTION
GATE
KNIFE
DIAPHRAGM
PINCH OR CLAMP
VALVE
SEGMENTED BALL
BALL
FULL BALL
ROTARY MOTION
BUTTERFLY
CYLINDRICAL
PLUG
TAPERED
ECCENTRIC SPHERE
CONTROL VALVES
INPUT
OUTPUT
PNEUMATIC
PNEUMATIC
(OPTIONAL)
POSITIONER
PNEUMATIC
ELECTRIC
HYDRAULIC
ELECTRIC
VALVE POSITIONERS

[그림 1-1] (계속)

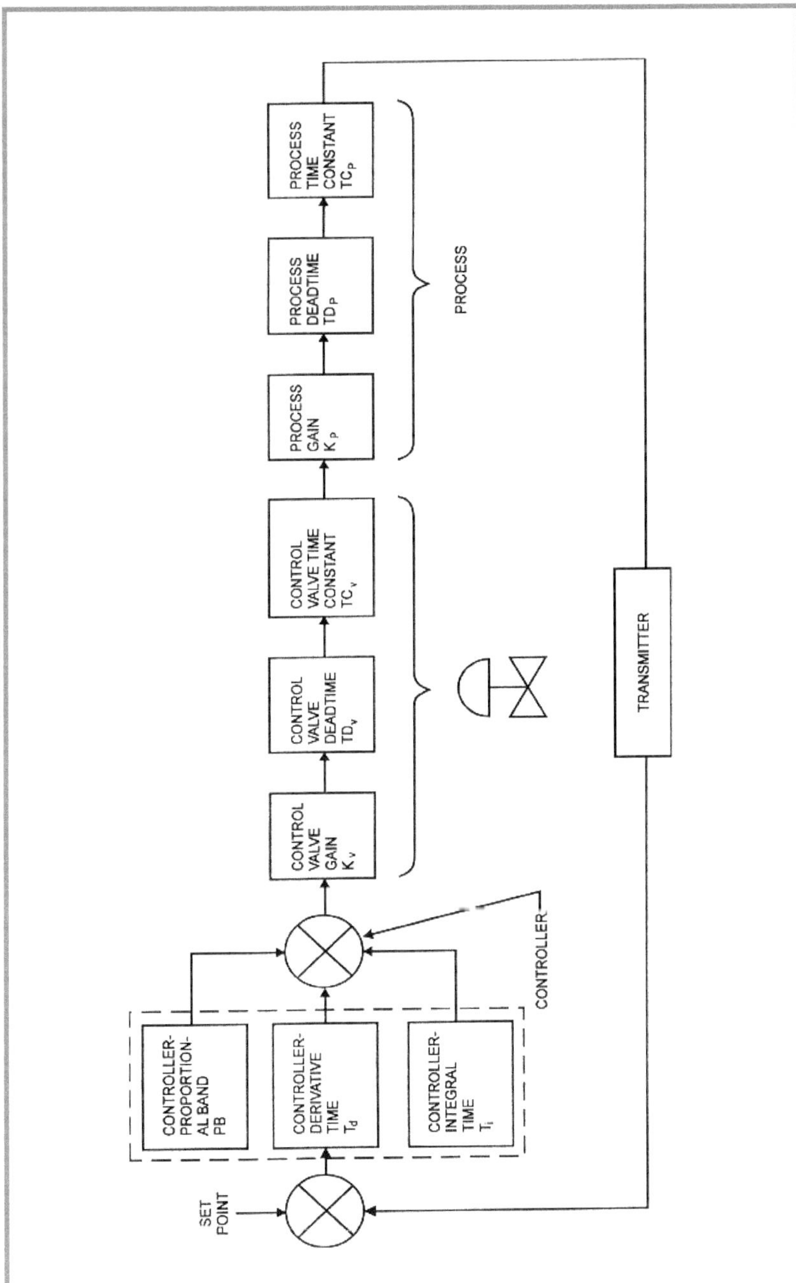

[그림 1-2] 제어루프 내 제어기, 제어밸브, 프로세스를 나타내는 블록 다이어그램

있다(9장 참조). 이러한 기능 블록들은 상호작용을 하며 제어밸브 적용분야 평가 시 각각의 블록을 고려해야 한다.

"이상적인 밸브"는 게인 값이 유동 범위 전체에 걸쳐 일정해야 한다. 즉, "설치된 유동 특성"이 선형이어야 하며, 패킹을 조였을 시에 불감시간이 없어야 하고, 시정수가 프로세스시정수의 최소 3배가 되어야 한다.

이러한 "이상적인 제어밸브" 같은 것은 없다고 말할 필요가 있을까? 그러므로 실행 가능한 절충안을 찾아보도록 하자.

☞ 좋은 제어밸브 설계를 위해 살펴보아야 할 사항

우수한 기량, 올바른 재료 선정, 소음 방출 등 명백한 사항을 제외하고 다음과 같은 두 가지 분야에 특별한 주의를 기울여야 한다.

- 구동기/밸브 조합의 낮은 불감대(패킹은 조인 상태)
- 단일시트형 글로브 밸브 및 일부 로터리 밸브의 경우 긴밀한 차단(필요 시)

프로세스 제어루프 운전원의 주요 관심사는 루프가 안정적이도록 하는 것이다(기록계에서 나오는 종잇조각에 빨간색 잉크와 삐뚤어진 선이 잔뜩 표시되는 것 보다 더 불안한 건 없다). 최종 제어요소는 다른 모든 제어요소를 다 결합한 것보다 더 루프의 안정성에 영향을 줄 것이다.

이러한 문제를 일으키는 가장 큰 장본인은 "불감시간"이다.* 이는 제어기가 구동기와 밸브를 새로운 위치로 이동시키기 위해 출력 신호를 충분히 변화시키는데 걸리는 시간이다. 여기서 우리가 말하고 있는 건 불감시간인 TD_v로서, 이는 공압식 구동기가 다른 위치로 이동하기 위해 압력을 변경하는데 걸리는 시간이다. 이는 보통 구동기/밸브 조합의 "불감대" 또는 포지셔너 사용 시 밸브의 불감대를 포지셔너의

* 이는 종종 "히스테리시스"와 혼동된다. 히스테리시스는 100%의 이동거리에 걸쳐 구동기가 위 아래로 움직여 발생하는 불감대를 의미한다. "폐쇄 루프(Closed-loop)" 시스템에 있어 히스테리시스는 크게 중요한 것은 아니다.

"개방 루프 게인값(Open Loop Gain)"* 으로 나눈 값에 포지셔너의 불감대를 더한 값과 가장 연관이 있다(불감대는 신호 변경 시 밸브가 즉각적으로 응답하지 못하게 하여 결국 불감시간을 유발한다). 밸브 자체적으로는 측정 범위(Span)의 5% 이상 불감대를 지니지 않아야 한다. 즉, 신호 측정 범위가 3 ~ 15 psi인 경우 0.6 psi, 신호가 4 ~ 20mA인 경우 0.8 mA 이하이어야 한다. 포지셔너/밸브 조합에는 측정 범위의 0.5% 이상이 되지 않아야 한다. 프로세스의 역학 관계를 무시하면 포지셔너는 문제를 10배 정도 개선할 수 있다. 하지만 포지셔너는 제어루프의 역학 관계에 따라 피해를 늘릴 수 있다 (9장 참조). 이상적인 밸브는 여전히 긴밀한 스템 패킹 상태에서 작동 불감대가 1% 이하인 밸브이다. 이러한 상황에서 추가적인 비용과 밸브 포지셔너를 사용해야 하는 복잡함 없이 최대의 안정성을 추구할 수 있다. 안타깝게도 대다수의 밸브는 포지셔너 없이는 작동할 수 없다. 하지만 다행스럽게도 현대식 포지셔너에는 불감대를 낮추는데 도움을 주는 전자 튜닝(Electronic Tuning) 기능이 포함되어 있다(9장 참조).

가장 최초의 제어밸브는 낮은 불감대 수치를 가지고 있었다. 예를 들어, 그림 1-3에 제시되어 있는 밸브는 스프링이 구부러지는 것을 방지하고 마찰을 줄이기 위해 구동기 스템 주변에 볼 베어링이 달려있다(1932년 경). 시트 누설이 낮으면 매우 도움이 된다. 우선 시스템을 차단하는 경우에 차단용 밸브의 추가 비용을 줄일 수 있다(주. 안전상의 이유 때문에 제어밸브를 완벽한 기밀 차단용으로 적용해서는 안 된다.) 두 번째로, 에너지를 절약할 수 있다. 세 번째로, 이는 배치 프로세스의 온도를 제어할 때, 특히 발열 반응이 생길 수 있는 화학물질에 가열용 유체를 공급할 경우에는 적정한 요건이다.

다른 특징은 좋은 레인저빌리티(Rangeability)이다. 이미 알고 있겠지만 밸브는 심하게 과대 제작되는 게 보통이다. 즉, 정상 유량 조건에서 정격 C_v의 약 30% 정도에서만 작동한다. 더욱이 평범한 밸브 트림을 행정 영역의 5% 이하에서 작동시키는 것은 현명하지 않다.** 그 이유는

* 보통 50~200. 제조사에서 발행한 포지셔너 카탈로그 참조

** 포지셔너를 사용하지 않고 흑연 패킹과 같이 패킹 마찰력이 높은 경우, 최소 이동 위치는 패킹 마찰에 의해 유발된 불감대보다 커야 한다(보통 7%~10%).

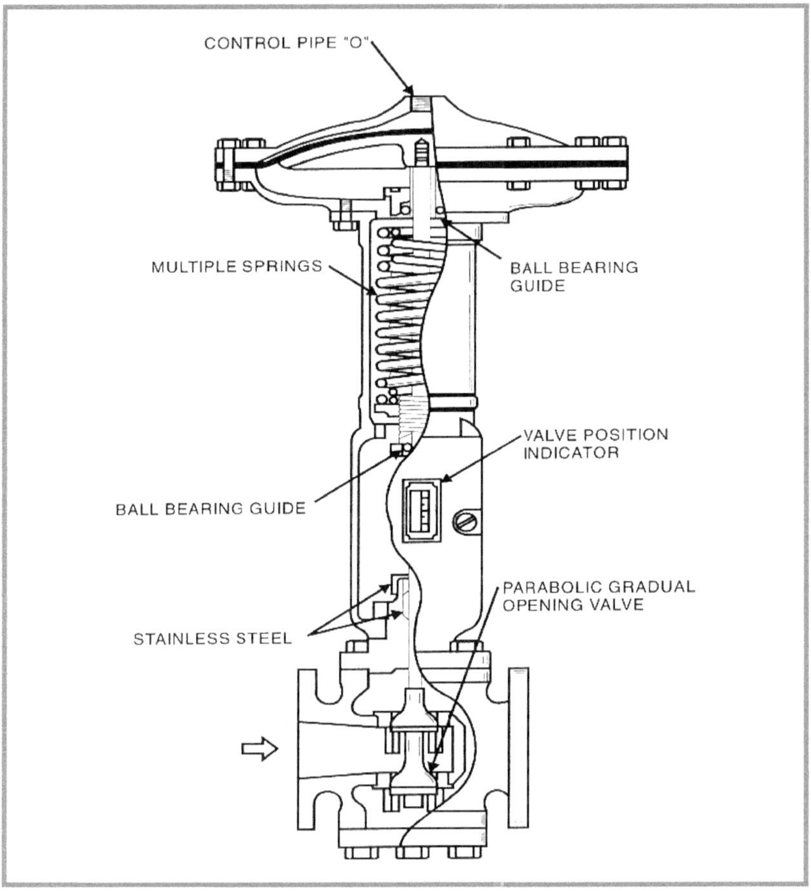

[그림 1-3] 1932년 경 LA의 Neilan 사가 제작한 초기 스프링-다이아프램 구동 제어밸브의 단면도이며, 구동기 신호는 2~15 psi이다.

유량이 낮은 곳에서 제어기는 약간 불안정할 수 있으며 구동기는 제어기 신호의 정현 주기적 출력을 따라 플러그(Plug)를 시트에 밀어 넣을 것이기 때문이다. 이러한 상황이 발생하게 되면 구동기와 포지셔너는 모든 공기를 밖으로 흘려보내게 되고 신호 반전 시(밸브가 다시 움직이기 전에) 실제로 큰 불감시간을 가지며 마무리 하게 된다. 요약하자면, 큰 혼란을 겪게 되고 제어를 상실하게 된다.

행정의 5% 제한을 적용하면 선형 특성 시 정격 C_v의 약 7% 뿐이고 대부분의 균등비율 특성을 지닌 플러그의 경우에도 훨씬 덜하지 않다는 걸 알 수 있다. 이를 통해 정상 이상인 C_v 30%를 7%로 나눈 유용한 범위, 즉 4.5 : 1이라는 값을 얻게 된다. 하지만 대부분의 루프에서 밸브 내 압력 강하는 항상 유동과 반대로 변한다. 즉, 유량이 최대이면 차압(DP)이 낮고 유량이 낮으면 차압이 높다. 따라서 실제로 조절 가능한 최대 유량 대 최소 유량의 비율은 3 : 1일 수밖에 없다는 사실을 알 수 있다. 이 비율은 소위 말하는 "설치된" 레인저빌리티로서, 동일 밸브에 대한 제조사 카탈로그에서 볼 수 있는 "고유" 레인저빌리티와는 상당히 다르다. 이를 기억하는 간단한 방법은 밸브의 "고유" 레인저빌리티는 조절이 가능한 최대 C_v와 최소 C_v의 비율이고, "설치된" 레인저빌리티는 루프 내 조절 가능한 최대 유량 대 최소 유량의 비율이라는 점을 알면 된다.

☞ 참고문헌

1. McMillan G. K., and Weiner S., *How To Become an Instrument Engineer - The Making of A Prima Donna*. Research Triangle Park, NC. ISA (1987).

Chapter 02

속도제어 펌프를 쓰지 않는 이유는?

1970년대 중반 전기 모터의 속도를 전자로 제어하는 수단을 사용할 수 있게 되었을 때 한 가지 생각이 문득 떠올랐다. "프로세스제어계통에 있는 액체의 유량 제어를 위해 펌프의 회전수나 회전속도를 바꿀 수 없는 이유는 무엇인가?" 사실 겉으로 보기에 이상적인 해결책으로 보이는 이러한 생각은 메이저 석유 회사의 소유주가 대형 전자 회사를 인수하게 되는 결과로 이어졌다.

일이란 이렇게 간단하게 해결되지 않았다. 한 예를 들자면, 현대의 제어밸브 사이징은 더 높은 고유 유량을 갖는 로터리 제어밸브의 도입과 연계되어 수두압이 더 낮은 펌프를 사용하기에 이르렀고, 이런 이유로 에너지 "낭비", 즉 제어밸브 전반의 압력 강하가 줄어들게 되었다. 밸브의 교축 작용은 열역학적으로 비가역 과정이고 이에 따라 유체의 "엔트로피(Entropy)"를 증가시켜 유체 내 에너지는 더 낮고 활용이 용이치 않은 상태에 있으므로 우리가 봤을 때 에너지는 "낭비"되는 것으로 보일 수 있다. 실질적인 측면에서 보면 우리는 훨씬 더 많은 전력을 소모한다.

안타깝게도, 밝혀진 바와 같이 전기 모터 구동 펌프의 속도를 줄이는 것은 첫 번째 생각만큼 경제적이지 않았다. 유량이 감소한 후 펌프 내 대부분의 에너지 절약분은 모터 내에서 쓸모없는 열로 바뀌는데, 더욱 중요한 사실은 가변 주파수 및/또는 가변 전압 변환기에서 바뀐다는 점이다. 에너지 절약에 대한 대부분의 논쟁은 모터에서 절약할 수 있는 전력에 중점을 둔다. 하지만 이런 논쟁은 여지없이 모터 속도가 낮을 경우 10% 만큼 낮을 수 있는 전류 또는 전압 변환기의 효율을 간과하고 있다[1,2]. 가변 주파수 구동기는 최대 펌프 속도의 40%에서 70 ~ 75%의 효율을 보인다. 가변 전압 구동기의 경우는 더욱 악화되어 40%의 속도에서의 효율이 20% 정도로 낮다. 이는 분명 더 낮은 양정을 통한 에너지 절약이 의미가 없게 된 것이다. 열손실 방지를 위한 리브붙이 변환기 하우징만 살펴봐야 할 것이다.

속도제어 모터 구동 펌프에 대한 경제성 논쟁은 펌프를 고의로 크게 만들어 제어밸브가 정격 유량에서 사용 가능한 펌프 수두 압력의 약 30%를 감소시키는 시스템에서만 적용될 수 있다. 이는 그야말로 좋지 못한 제어밸브 사이징이며 감소량은 5 ~ 10%만 되어야 한다(밸브 사이징 관련 5장 참조). 특정 배관에서 제어밸브의 압력 강하는 전체 계통 압력의 1/2 % 정도로 낮다는 사실을 명심해야 한다. 속도제어 펌프의 장점은 시스템의 정압이 상대적으로 낮고 유량이 상대적으로 일정한 경우 존재한다. 하지만 이런 경우는 거의 발생하지 않는다.

펌프의 전기식 속도 제어에 반대하는 다른 논쟁은 다음과 같다[3].

- 비용이 많이 소요된다(평균적으로 밸브 가격의 2배).
- 소형, 중형 밸브 대비 동특성이 열악하다.
- 정비 요건이 더 높다.
- 펌핑된 액체의 열 발생으로 인해 최소 유량이 제한된다.

본 저자가 이 주제에 대해 상당히 부정적인 입장처럼 보이겠지만 실제 속도제어 펌프나 팬을 선호하는 분야도 있다. 예를 들어, 부식성이 매우 강한 유체를 퍼낸다고 생각해 보자(프로세스 역학이 허용되는 상태). 여기서는 특수 합금으로 제작된 밸브 비용을 아낄 수 있다. 용융 금속과 같은 위험한 유체를 사용하는 경우의 사례도 있다. 보일러 압력 조절 같은 분야의 경우 밸브의 불감대가 없으므로 속도 조절을 통해 제어루프 성능을 향상시킬 수 있다(강제 연소 공기의 속도 조절).

때때로 전자적 또는 가변 풀리 등의 기계적 수단을 통한 펌프 속도 조절과 제어밸브를 조합하면 양정을 이상적인 프로세스 요건에 맞추는데 유리할 수 있다. 이러한 시스템은 칩 생산 공장의 층류 열교환 시스템 등에서 사용된다.

펌프 속도 제어가 상대적으로 비싼 전기 이외의 에너지원을 통해 이루어진다면 상당히 다른 논쟁이 생길 수 있다. 오일 배관에서 압력 조절을 위해 사용하는 디젤 엔진 구동 펌프의 경우 또는 발전소에서 증기를 사용하여 터빈 구동 급수펌프로 급수를 함으로써 기존의 제어밸브를 대체하는 경우 등이 생길 수 있다.

☞ 참고문헌

1. Baumann, H. D., "Control Valve vs. Variable-Speed Pump," *Chemical Engineering*, June 29. 81-84 (1981).
2. Liptá, B. G., Process Control and Optimization, Vol. 4, pp. 1465, Taylor & Francis, Boca Raton, FL (2005).
3. Wood, W. R., "Beware of Pitfalls When Applying Variable-Frequency Drives," *Power*, February. 47-49 (1987).

Chapter 03

어떤 밸브 유형을 선택해야 하는가?

☞ 올바른 밸브 유형 선택하기

선정기준 중 가장 중요한 항목이 성능이긴 하지만 우리 모두는 주어진 예산 내에서 생활해야 하기 때문에 가격도 무시할 순 없다. 많은 입찰서와 제안서들을 검토해보면 사이즈가 2인치(50 mm) 이상인 경우 고압 및 특수용 밸브를 제외하고 로터리형 제어밸브가 분명 가격 면에서 장점이 있다는 것을 알 수 있을 것이다. 적절히 설계된 경우 로터리형 제어밸브의 패킹 누설은 낮은 편이다(14장 참조). 그렇다면 이것은 사이즈가 1/2인치(12.5 mm)에서 2인치(50 mm)인 일반용 글로브 밸브와 사이즈가 2인치(50 mm) 이상인 볼 밸브 또는 편심 로터리 플러그에 대한 우리의 초점을 좁혀준다. 8인치 이상인 버터플라이 밸브도 고려할 수 있다. 글로브 밸브를 선택한다면 정비가 용이하도록 볼트 체결 방식의 보닛(Bonnet)이 달린 밸브를 선정하도록 하자. 동 또는 합금으로 만든 밸브에는 나사형 보닛이 있다.

너무 가격적인 면에만 치중하지 않기 위해 어떤 밸브 유형을 견적낼지 결정하는 대신 당신에게 주어진 분야에서 어떤 특징이 소용이 없는지를 결정해야 한다. 예를 들어, 원유를 조절해야 한다면 "케이지 가이드형 트림(Cage-guided Trim) 사용 금지"라고 결정할 수 있다(고체 입자가 플러그 가이드를 막을 수 있다). 유해한 유체를 다루는 경우에는 "나사식 단부 연결 금지" 등이라고 결정할 수 있다. 추가적인 비용이 소요될 수 있으므로 긴밀한 차단은 정말 필요한 경우에만 지정하도록 한다(14장 참조).

당신만이 당신의 프로세스 유체의 부식 성질을 가장 잘 알고 있다. 따라서 바디(Body) 또는 트림 재질로 스테인리스강, 합금 또는 플라스틱을 선정하라(부식표 참조). 하지만 프로세스 플랜트에 설치하는 경우 전체가 플라스틱으로 제작된 밸브 바디를 사용하고 싶지 않을 것이다. 기억하라, 정비 직원이 발판 사다리로 사용될 수 있다는 것이다.

플라스틱 라이닝을 한 금속 밸브 바디를 사용할 때는 주위의 하우징이 압력 밀폐형인지 확인하고 2차 스템 패킹과 텔테일(Telltale) 연결부가 제공되어 있는지 확인하여 라이너 또는 플라스틱 벨로우즈 파손 시 다치지 않게 해야 한다. 테트라플루루오로에틸렌(TFE) – Teflon® 플라스틱 – 으로 만든 벨로우즈의 수명 주기는 특히 짧으며 염소가 스며들 수 있다.

유해하지 않은 유체 사용 시 밸브의 단부 연결은 2인치 이하의 나사로 체결 하지만 화학물 취급 시에는 플랜지로 연결해야 한다. 고압 증기 밸브는 주로 배관에 용접하며 바이오프로세싱 시스템에서 사용하는 일부 무균 밸브의 경우에도 동일하다.

보통 당신이 선호하는 밸브 제조사에서 밸브 유형을 선택하도록 하는데 문제가 없지만 당신의 최종 판단은 여기서 언급한 기준을 따르도록 하라. 주어진 밸브 유형의 정비와 과거 이력은 언제나 중요한 고려 사항이다.

예상되는 가장 당혹스러운 일 중 하나는 당신이 6개월 전에 선택한 밸브를 쓰레기 더미에서 발견하고 정비 감독에게 안 좋은 소리를 듣는 것이다.

예상보다 빨리 밸브가 고장을 일으키는 가장 주된 원인은 분명 다음과 같다.

- 캐비테이션 손상(주로 물 사용 시 높은 압력 강하)
- 트림의 와이어 드로잉(Wire Drawing) 손상[물, 응축수의 캐비테이션(Cavitation) 또는 플래싱(Flashing)]
- 트림 침식(유체에 고체 존재)
- 플러그 진동(불안정한 유동 패턴)
- 부식(부식성 유체)
- 과도한 스템 패킹 누설(밸브/구동기가 사이클을 일으킬 수 있음)

첫 번째 항목인 캐비테이션 손상은 밸브를 더 좋은 위치로 선정하거나 2차 유량 제한기를 설치하거나 낮은 압력 회복 트림(높은 F_L)을 선정하여 방지할 수 있다. 두 번째 항목인 트림의 와이어 드로잉은 습증기

(실제로는 응축수) 환경에서 주로 직면하게 된다. 여기서 개스킷이나 용접 씰(Weld Seal)이 없는 경우 밸브 하우징의 탄소강은 스테인리스강 시트 링 아래에서 부식될 수 있다. 여기서 얻을 수 있는 교훈은 포화수가 있을 수 있거나 증기가 응축될 수 있는 환경(특히 저녁이나 주말에 차단되는 프로세스 증기 라인)인 경우 바디 재질로 항상 크롬 몰리브덴 합금 또는 스테인리스강을 사용해야 한다는 점이다. 세 번째 트림 침식 문제와 관련해서는 경화 트림을 사용하거나 앵글밸브를 사용하는 것이 좋다. 다수의 서적에 따르면 앵글밸브는 딱 두 가지 경우에만 사용한다. (1) 응축기 입구에서 플래싱이 발생하는 응축수와 (2) 침식성 유체이다. 이 두 가지 모두 유동의 방향은 플러그를 닫는 방향이어야 한다(안정성을 위해 구동기 확인). 침식 환경에서 사용하는 경우 저감 트림을 사용하고 하류 배관은 길고 곧게 그리고 (이상적으로는) 큰 사이즈로 하여 배관 내부에 입자 충돌을 피하도록 해야 한다. 네 번째 문제인 플러그 진동은 가끔 유동 방향을 반대로 해서 해결할 수 있다. 그렇지 않다면 밸브 플러그의 중량(질량)을 줄이거나 스템 직경을 늘려야 한다. 다섯 번째 문제인 부식은 좋은 핸드북을 참고하여 재질을 선정하면 된다(13장 참조). 과도한 스템 패킹 누설 문제를 해결하기 위한 도움말은 14장을 참조하라.

사이즈가 더 큰 글로브 밸브는 압력 밸런스형 플러그(Pressure Balanced Plug)가 있는 케이지 가이드형일 수 있다. 그림 3-1은 (개선된) 케이지 밸브 설계의 일반적인 예이다. 케이지 밸브의 장점은 다양하다. 케이지 밸브는 단일시트형 글로브 밸브에 있는 나사형 시트링(Seat Ring)과 비교하여 상대적으로 시트링을 분해하기가 용이하므로 더 쉽게 정비할 수 있으며, 이는 사용 기간이 수년이 지난 후 더욱 그렇다. 압력 밸런스형 플러그는 스템의 힘을 상당히 줄여주며 더 작은 구동기를 사용하여 상당한 비용을 절감할 수 있다. 하지만 고려해야 하는 문제가 있다. 우선 케이지 가이드형 플러그는 입자 혼입에 취약하여 마찰과 점착을 유발할 수 있다. 두 번째로 고온 환경에서 케이지의 열팽창으로 인해 케이지 개스킷의 파쇄(누설)를 유발할 수 있다. 세 번째로 무거운 보닛 볼트 체결로 인해 케이지 밸브 바디의 가격과 중량이 단일시트형 글로브 밸브보다 높다. 마지막으로 대부분의 케이지 플러그(피스톤)는 피스톤 링

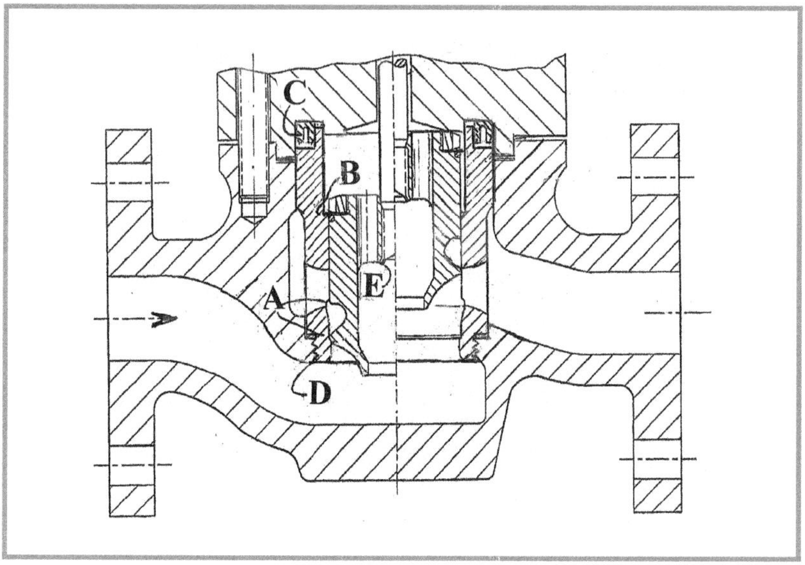

[그림 3-1] 현대식 케이지형 제어밸브 바디 하부 조립체의 특징을 보여주고 있다. 밸브 플러그는 캐비테이션 저항 증가와 높은 레인저빌리티를 위해 2단 교축(A)이 된다. 씰의 마찰은 플러그의 균압력을 유지하고 가공 공차 및 열팽창을 수용하는 가요성 상부 실(B)을 사용하여 방지할 수 있다. 압축성 상부 씰(C)을 사용하여 케이지에 보닛을 밀봉한다. 전통적인 케이지 밸브는 두 개의 개스킷 압축을 위해 무거운 볼트 체결이 필요하나 이 케이지는 하우징(D)에 나사로 고정시킨다. 마지막으로 스템의 플러그 연결부는 느슨해 질 수 있는 핀을 사용하는 대신 말뚝을 박는다(E). [참고자료. US Patents 6,701,958 ; 6,766,826 ; 7,083,160 (FISHER CONTROLS INTERNATIONAL)]

(금속 또는 플라스틱 재질)을 사용하여 케이지 보어에 밀봉하는데, 이는 운전 시 상당한 마찰을 유발하여 불감대를 유발할 수 있다. 구동기의 사이클링(밸브 불안정)을 방지하기 위해 포지셔너를 감속(De-tune)시켜야 할 수 있다. 이러한 밸브- 구동기의 불안정과 제어루프의 불안정(헌팅 현상)은 상호 작용할지라도 혼동 하지 않아야 한다.

그림 3-1에 제시되어 있는 이상적인 케이지 밸브는 이러한 케이지 밸브 고유의 단점을 극복하는 방법을 보여준다. 가장 흥미로운 점은 2단 교축 개념이다. 여기서 플러그에 전통적인 굴곡면(유량 특성 결정)이 있는 대신, 굴곡면은 이제 반경 방향으로 뻗어나가는 내부 케이지 벽의 일부로서 밸브 시트 바로 위에 위치하게 된다. 플러그 끝단(아래

쪽 A)과 굴곡진 내부 케이지 벽 사이의 간극은 이제 첫 번째 교축 단이 된다. 동시에 플러그의 두 번째 돌출부(위쪽 A)가 케이지에 주조한 창의 일부를 노출시키기 시작하는 것을 볼 수 있다. 이로 인한 열림은 이러한 이중 교축 요소의 두 번째 단이 된다. 유체는 밸브 시트와 플러그의 아래쪽 끝단을 지나 오목한 부분으로 들어가게 되고, 거기서 위쪽 "A" 지점의 제약을 받아 열린 창 지역으로 들어가서 밸브 바디를 나오게 된다.

사이즈가 작은 글로브 밸브는 그림 3-2에서 볼 수 있듯이 대개 단일시트형 설계라는 특징을 보인다. 이는 훨씬 단순한 형태이며 오리피스가 작고 일반적으로 압력이 작아 스템 힘이 낮기 때문에 더 작은 구동기를 사용할 수 있다. 또한 스템 직경을 더 작게 해 패킹 마찰을 줄일 수 있다(더 적은 불감대). 이러한 밸브의 다수는 3-15 psi의 공압 신호를 사용하여 운전 시 포지셔너 없이 작동할 수 있다.

로터리 제어밸브는 크게 다음과 같이 두 범주로 분류할 수 있다.

- 조절 제어용으로만 설계된 로터리 제어밸브
- 구동기와 포지셔너를 추가하여 개조한 On-off 밸브("자동 밸브"라고도 함)

첫 번째 범주는 글로브 밸브에서 볼 수 있는 흔한 여러 특징들을 가지고 있다. 즉, 스템 패킹은 조절 가능하고, 표면 경화 트림과 연장 보닛 같은 옵션, 그리고 가장 중요한 것은 회전하는 "차단 부재"와 구동기 스템 간에 헐거운 틈(Backlash)이 없는 연결부 등이다. 더욱 세련된 형태로는 저 행정에서 2단 감압과 현장에서 착탈식 할 수 있는 저소음 및 캐비테이션 방지 삽입품을 구비하고 있다(그림 3-3 참조).

두 번째 범주는 덜 비싸지만 아주 위험할 수 있다. 여기서 가장 주된 우려 사항은 다음 부품 사이의 헐거운 틈 또는 작동이다.

- (볼 밸브의 경우) 볼과 밸브 스템 자루* 사이
- 밸브 스템과 구동기 스템 자루 사이
- 포지셔너 피드백 연결부와 구동기 스템 자루 사이

* 밸브 스템 끝에 있는 납작한 부분.

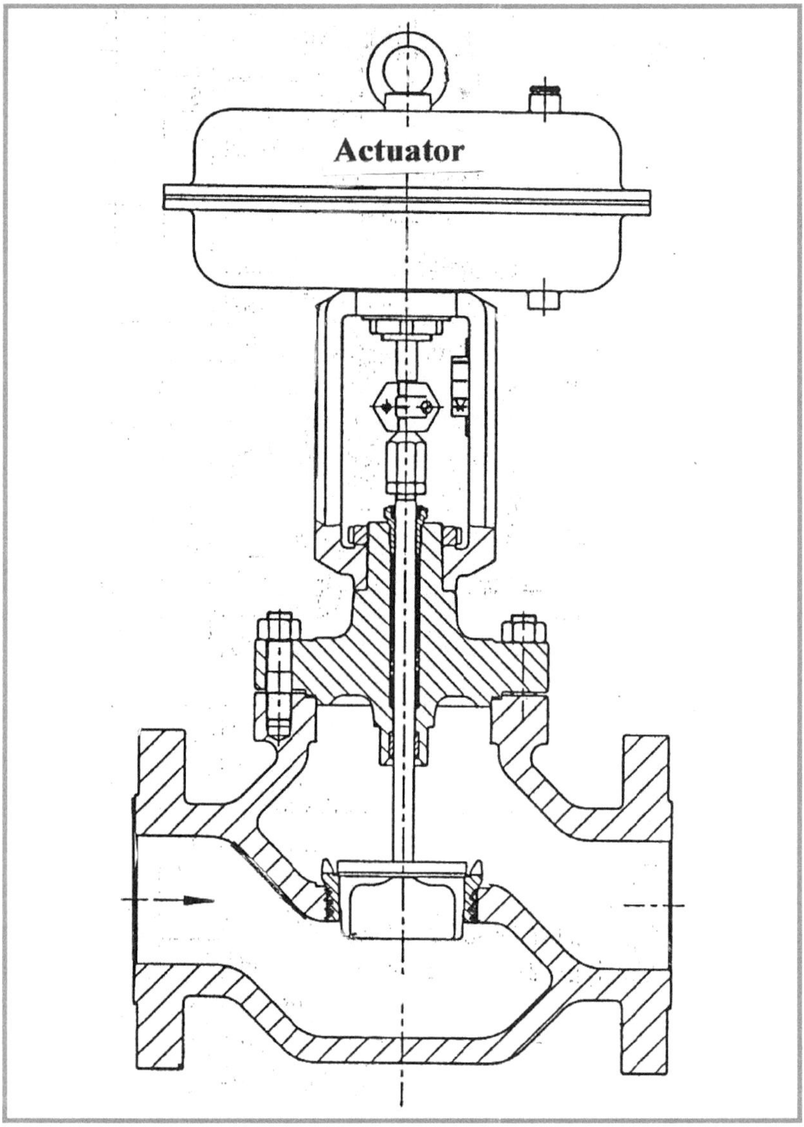

[그림 3-2] 나사로 연결한 시트링과 V자 포트 플러그를 특징으로 하는 단일시트형 제어 밸브. 플러그와 시트링은 주로 316 계열의 스테인리스강으로 제작한다 (SAMSON A.G. 사의 허가를 받아 게재).

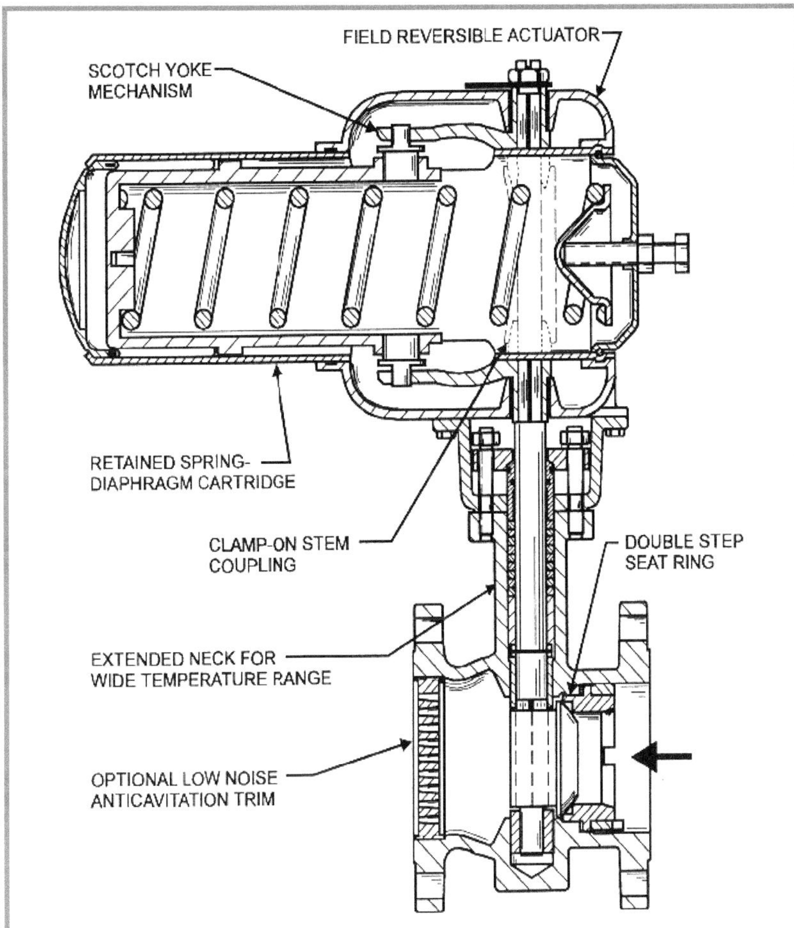

[그림 3-3] 제어용으로 설계한 로터리 밸브의 예. 현장에서 교체 가능한 저소음 삽입체를 주목하라(H. D. Baumann Inc.사의 허가를 받아 게재).

위에서 제시한 문제에 관한 간단한 예를 들어보자. 밸브 스템의 직경이 1인치이고 틈 간극이 0.015인치라고 가정하면, 간단한 수학적 계산을 통해 볼이 반대 방향으로 움직이기 전에 구동기가 90도 이동거리의 2.8% 또는 2.5도 이동해야 한다는 사실을 증명할 수 있다. 이는 어떤 사용 분야에서는 허용할 수 있지만 중요한 제어 시에는 허용할 수 없다.

다른 문제는 일부 볼 밸브 또는 버터플라이 밸브에서 발생하는 “개방 초기 마찰”이다. 이는 밸브를 열기 위해 볼이나 디스크의 정적 마찰을 극복하는 것으로서 특히 소위 말하는 “고성능” 버터플라이 밸브에 있어 귀찮은 문제이다. 기동 시 구동기에 공기압이 과도하게 가해져서 포지셔너가 숨을 돌리고 밸브를 원하는 위치에 다시 되돌리기 전에 밸브가 (시트에서 떨어진 후) 거의 다 열린 상태까지 될 수도 있다. 기억해야 하는 규칙 중 하나는 볼 밸브와 고성능 버터플라이 밸브의 정상적인 밸브 행정은 최대 개방치의 15%로 제한하는 것이다. 즉, 유량은 15%의 열림보다 작은 C_v(유량 계수)가 적용되지 않도록 해야 한다는 것이다.

☞ 밸브 선정기준 요약

▌잘 제어할 수 있는 능력(성능)

- 밸브의 사이즈는 적절한가?
- 종종 히스테리시스와 혼동되는데 밸브가 작은 불감대를 가지고 있는가?
- 포지셔너 없이 작동할 수 있는가(비용 인자)?
- 적절한 레인저빌리티를 가지고 있는가?
- 유량 특성은 허용 가능한가(설치된 게인)?
- 동적 성능은 어떠한가(주파수 응답, 시정수)?

▌설치 및 환경에 대한 영향

- 양끝 형태는 다른 제작품과 교체 가능하도록 되어 있는가?
- 얼마나 무거운가? 배관 지지대는 필요한가? 너무 높지 않은가?
- (필요 시) 긴밀하게 차단되는가?
- 주어진 유동 조건에서 소음이 발생하는가?
- 패킹 누설로 인해 위험을 초래하는가?
- (실린더 구동기의 경우) 적절한 공기 압력이 가해지는가?
- 유체와 환경의 부식 영향을 견딜 수 있는가?

- 주어진 유동 상태에서 밸브에 캐비테이션이 발생하는가?
- 외부 설치 시 밸브와 포지셔너는 극한의 기후 조건을 견딜 수 있는가?

유지보수성 및 장기간의 원가 관리

- 수리가 용이한가?
- 예비품의 가격은 어떠한가?
- (해당 시) 포지셔너가 더러운 공기를 다룰 수 있는가?
- 포지셔너가 진동 환경을 용인할 수 있는가?
- 구동기는 부식으로부터 어떻게 보호하는가?
- 스템 패킹은 현장에서 교체 가능한가?
- 밸브는 배수해야 하는가?
- 포지셔너가 밸브를 진단할 수 있는가?

이러한 기준을 검토하고 적절한 밸브 유형을 결정한 후에 비용문제를 고려해야 한다.

Chapter 04

자동 레귤레이터는 어떨까?

자동 레귤레이터(Self-acting Regulator)는 상대적으로 저렴하고 프로세스 센서, 제어기, 제어밸브를 모두 하나로 결합한 완전한 제어 시스템이다. 하지만 애석하게도 이 장치의 시장 점유율은 순전히 방치로 인해 죽어가고 있다. 레귤레이터는 적절히 사용한다면 모든 제어 루프의 최소 25%에서 제어밸브를 대체할 수 있다. 하지만 계장 엔지니어가 레귤레이터에 대해 잘 알지 못하기 때문에 프로세스 루프에서 사용하는 경우가 거의 없다. 그렇지만 거의 모든 밸브 포지셔너에는 자체적인 에어세트가 포함되는데, 이는 그저 자체 보유식 공기압 레귤레이터일 뿐이다.

가격적인 면을 제외하고 레귤레이터의 장점[1]은 주파수 응답이 거의 밀리세컨드 정도로 우수하며 레인저빌리티가 상당히 우수하고 공간이 절약되며 스템 누설이 거의 발생하지 않으며 작동을 위해 공기나 전기가 필요 없는 점이다. 여기에서 프로세스 유체 자체, 혹은 밸브에 걸린 차압 또는 온도차가 밸브 작동에 필요한 에너지를 공급해 준다.

단점으로는 고정된 비례대(대개 직동형 모델의 경우 25%, 파일럿 구동형 모델의 경우 5%)이고, 리셋 동작이 없으며, 사이즈와 정격 압력이 제한적이고, 재질과 단면 연결부 선택이 제한적이다. 최대 C_v 등급이 제어밸브의 약 절반인데, 이는 여전히 라인 사이즈의 설치에 적합하다.

안전성과 관련하여 중요한 고려사항은 스프링이 장착되고 압력이 감소하는 유형의 레귤레이터는 작동중인 다이아프램의 고장 시 완전히 열리게 된다는 점이다. 따라서 하류 배관이 상류 압력 조건을 견딜 수 있는지 확인하는 것이 중요하다. 그렇지 않은 경우 레귤레이터의 최대 유량을 다룰 수 있는 하류측 릴리프 밸브를 설치해야 한다. 스프링이 장착된 배압 레귤레이터는 다이아프램 고장 시 닫히게 되므로 상류 배관 시스템 보호를 위한 백업 시스템이 필요하다. 그럼에도 불구하고 탱크 내 블랭킷 가스(Blanketing Gas)에 대한 단순 제어, 원유 배관의 증기 보온, 또는 2차 루프에 적용하는 레귤레이터를 적용할 필요가 있다.[2] 예를 들어, 감압 레귤레이터는 천연가스 분배 시스템에 널리 사용되고 있다. 또한 프로세스 이상 현상에 대해 매우 신속한 응답이 필수적인 적용 분야에 해답이 될 수 있다. 이러한 것들이 소위 말하는 배압 레귤레이터이다. 여기서 레귤레이터는 안전 릴리프 밸브와 같은 방식으로 작동한다. 일반적인 적용 분야 중 하나로는 배관 라인에 있는 써지 압력(Surge Pressure) 제어용이다.

자체 동작 레귤레이터(Self-contained Regulator) 사용 시 직면할 수 있는 문제점은 특정 유동 조건에서 불안정하다는 점이다. 이는 작동 부품의 공진을 초래할 수 있는데, 이는 차례로 금속 다이아프램의 피로 파괴를 야기할 수 있다.

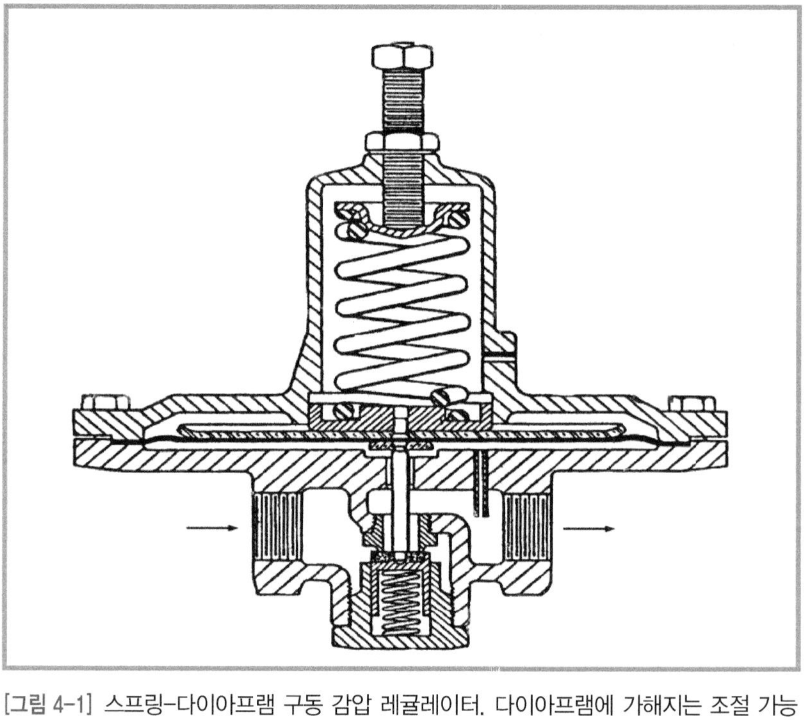

[그림 4-1] 스프링-다이아프램 구동 감압 레귤레이터. 다이아프램에 가해지는 조절 가능한 스프링 하중이 원하는 밸브 출구 압력을 결정한다.

☞ 참고문헌

1. Moore, R. L., "The Use and Misuse of Pressure Regulators," *Instrumentation Technology*, March. 52-56 (1969).
2. Baumann, H. D., "Regulator or Control Valve," *ISA Journal*, December. 5152 (1965).

Chapter 05

쉬운 밸브 사이징

☞ 밸브 사이징

밸브 사이징이란 올바른 사이즈의 밸브를 결정하는 것 또는 밸브 사이즈가 예정되어 있을 경우 트림 사이즈를 정확하게 결정하는 것이라고 정의할 수 있다.

당신의 컴퓨터에 ANSI/ISA-75.01 공식이 완벽하게 프로그램 되어 있다면 읽을 필요는 없다.[1] 그러나 당신이 무엇을 하고 있는지는 알고 싶을 것이다.

이 문제를 돕기 위해 약 60년 전 어떤 영리한 사람이 Cv라고 불리는 밸브 사이징 계수를 발명하였다. 이 밸브 사이징 계수는 밸브 오리피스, 수축 계수와 수두손실 계수를 모두 하나로 조합하고 있다. 즉,

$$C_v = q/\sqrt{\triangle P/G_f} \qquad (5-1)$$

$$q = C_v\sqrt{\triangle P/G_f} \qquad (5-2)$$

여기에서 q는 유량률(U.S. gpm), G_f는 주어진 온도에서 액체의 비중(60°F 물의 G_f는 1), $\triangle P$는 입구압력에서 출구 압력을 뺀 압력(psi)이다.

따라서 C_v가 1이라 함은 60°F의 물이 밸브를 통해 압력강하 1 psi에서 1 gpm의 유량이 형성되는 것과 같다. 이와 동일한 밸브에서는 유량이 $\triangle P$의 제곱근에 비례하므로 압력강하 100 psi에서 10 gpm이 형성되는 유체역학 법칙을 따르게 된다. 이 공식은 당신이 액체에 관한 모든 사이징 문제에 대해 최소한 80%는 사용하게 될 것이므로 기억할 가치가 있다. 불행하게도 인생의 전부가 그렇게 단순한 것은 아니므로 우리는 상기 공식을 사용하는데 있어서 두 가지 제한 사항을 알고 있어야 한다.

첫째, 레이놀즈수가 약 5,000 이상인 난류유동에만 적용해야 한다. 그럼에도 불구하고 요구되는 C_v가 0.1 이상이고 동점도가 40 Centistoke 이하(모든 액체의 90%)인 경우에는 이 제한을 무시할 수 있다. 이 주제에 관해서는 더 많은 것이 있는데 당신이 타르 또는 끈적끈적한 물질과 폴리머 같은 것을 제어한다면 단지 읽기만 하면 된다.

둘째, 일부 조건에서 유로를 차단하는 흥미로운 일들이 밸브 내부에서 발생하는 것이다. 압력회복인자 $F_L{}^2$로 정의되는 입구 압력에 대한 특정 압력강하비에서 유동은 오리피스에서 질식유동(Choked Flow)이 된다. F_L은 원래 임계유동인자(Critical Flow Factor)라고 불리었다. 액체의 경우에 있어서 이것은 액체의 일부가 증발함으로써 발생한다(14장의 캐비테이션을 참조하라). 그리고 가스의 경우에는 음속이 된다. 유량이 하류압력 P_2와 무관하다면 우리는 신경을 쓰지 않을 수 없다. 즉 유량률은 보다 높은 입구압력에서만 증가할 수 있다.

치명적인 오류를 방지하기 위해서는 우선 임계유동(질식유동)인지 또는 아래의 공식들을 사용하지 않고 있는지 확인해야 한다. 이것은 우려되는 캐비테이션이나 소음 문제점을 발견하는데 도움이 된다.

배관 리듀서(Reducer) 사이에 있는 밸브는 아래의 공식에서 $F_L{}^2$ 대신에 $(F_{LP}/F_P)^2$를 사용해야 한다.

$$F_{LP} = 1/\sqrt{\frac{1}{F_L{}^2} + \left(\frac{C_v}{30d^2}\right)^2\left(1 - \frac{d^4}{D^4}\right)} \qquad (5\text{–}3)$$

여기에서, d = 밸브 사이즈(in.)

D = 배관 사이즈(in.)

F_P에 대해서는 배관 리듀서에 관한 아래 내용을 참조하라.

액체 조건일 때

아임계 유동	임계 유동
$\triangle P$가 $F_L{}^2(\triangle P_s)$보다 작은 경우이다.	$\triangle P$가 $F_L{}^2(\triangle P_s)$보다 큰 경우이다.

$\triangle P_s$ = 사이징을 위한 최대 $\triangle P$,

〈사용방법〉 출구압력이 증기압보다 큰 경우 $P_1 - P_v$

체적 유량　　출구압력이 증기압 이하일 경우

〈사용방법〉 $\triangle P_s = P_1 - [0.96 - 0.28(P_v/P_c)]$

$$C_v = q(G_f/\triangle P)^{0.5} \qquad C_v = q/F_L(G_f/\triangle P_s)^{0.5} \qquad (5\text{-}4)$$

질량 유량

$$C_v = \frac{W}{500\sqrt{G_f \triangle P}} \qquad C_v = \frac{W}{500F_L\sqrt{G_f \triangle P_s}} \qquad (5\text{-}5)$$

G_f = 비중량(60°F에서 물=1)
P_1 = 입구 절대압력, psia
P_2 = 출구 절대압력, psia
$\triangle P$ = $P_1 - P_2$
P_c = 열역학적 임계점 압력, psia – 물은 3,206 psig
P_v = 유동 온도에서 액체의 증기압, psia – 70°F에서 물=0.4 psia
q = 액체 유량률, U.S. gpm
W = 유량, lb/hr

가스 및 증기 조건일 때

놀랍게도 기본적인 유량계수 C_v*는 가스와 증기에도 적용할 수 있다. 여기에서 차이점은 가스의 밀도가 $\triangle P$에 의해 변한다는 것이며, 이것이 점진적인 과정이기 때문에 유량에 대한 $\sqrt{\triangle P}$ 상관관계는 더 이상 선형적이지 않고 곡선으로 바뀌게 된다. ANSI/ISA-75.01에 대한 ISA 사이징 위원회는 고심 하에 팽창인자[3] Y의 도움으로 정확한 형상의 곡선을 예측할 수 있게 되었다.

$$Y = 1 - (x/3F_k X_T) \qquad (5\text{-}6)$$

여기에서 Y는 1을 초과할 수 없으며 0.67보다 더 작을 수는 없다. 이것은 엄밀하게 말하면 가스의 밀도를 말한다. 예를 들면 밸브에서 질식이 일어났을 때는 입구 밀도의 67%가 된다(밸브 오리피스에서 음속이 나타날 때).

---

* 앵글밸브, 일부 로터리 밸브, 이중 포트 글로브 밸브와 같은 형식의 밸브에서는 C_v 수가 액체와 기체 간에는 다르지만 이것을 무시하여야 한다.

상기 공식에서

x = $\triangle P/P_1$(P_1 또는 P_2는 항상 절대압력이다. 예를 들면 게이지 압력 psi + 14.7)

F_k = 가스의 비열비(공기=1.4), F_k는 가스의 $k/1.4$

X_T = 압력강하비로서 더 이상 유량 증가가 없을 때의 $\triangle P/P_1$

X_T는 유동 제트 사이즈(베나 콘트랙타, Vena Contracta)의 변화로 인해 질식 유동 개시 후 유량 증가가 포함되어 있음을 주목하라.

따라서, 요구되는 유량계수는 다음과 같다.

$$C_v = q(G_g T_1 Z/x)^{0.5}/(1360 P_1 Y) \qquad (5\text{-}7)$$

또는

$$q = 1360 C_v P_1 Y/\sqrt{G_g T_1 Z/x} \qquad (5\text{-}8)$$

여기에서

q = 유량, scfh

G_g = 가스 비중량(공기=1), 또한 공기에 대한 가스 분자량의 비율(공기= 28.9)

T_1 = 상류측 절대 온도 °R(°F+460)

Z = 압축비(압력이 2,000 psia를 초과하지 않으면 무시하고, 그렇지 않으면 핸드북 표를 참조)

가지고 있는 소형 계산기의 용량이 부담스럽다면 상기 공식을 모두 무시하고 아래의 단순한 버전을 사용할 수도 있다[4](불리한 점은 비 질식 유동 구간에서 질식 유동구간 사이의 천이영역에서 최대 사이징 오류가 약 8%이며 이것은 크게 문제되지는 않는다). 이것은 또한 컴퓨터로 계산한 답이 최소한 사실에 가까운지 확인하기 위해서 이 단순한 식들의 사용을 강력하게 권한다.

아임계 유동	임계 유동
$\triangle P$가 $F_L{}^2(P_1/2)$ 보다 작은 경우	$\triangle P$가 $F_L{}^2(P_1/2)$ 보다 큰 경우

체적유량

$$C_v = \frac{Q}{963}\sqrt{\frac{G_g T}{\triangle P(P_1+P_2)}} \qquad C_v = \frac{q\sqrt{G_g T}}{834 F_L P_1}$$

질량유량

$$C_v = \frac{W}{3.22\sqrt{\triangle P(P_1+P_2)G_g}} \qquad C_v = \frac{W}{2.8 F_L P_1\sqrt{G_g}}$$

포화증기

$$C_v = \frac{W}{2.1\sqrt{\triangle P(P_1+P_2)}} \qquad C_v = \frac{W}{1.83 F_L P_1}$$

과열증기

$$C_v = \frac{W(1+0.0007\,T_{sh})}{2.1\sqrt{\triangle P(P_1+P_2)}} \qquad C_v = \frac{W(1+0.0007\,T_{sh})}{1.83 F_L P_1}$$

여기서,

C_v = 밸브 계수

F_L = 압력회복인자

G_g = 가스 비중(공기=1.0)

P_1 = 전단 절대압력, psia

P_2 = 후단 절대압력, psia

$\triangle P$ = 차압, $P_1 - P_2$, psi

q = 14.7 psia, 60°F에서의 가스 유량률, scfh

T = 유동 온도, °R(460 + °F)

T_{sh} = 증기 과열, °F

W = 유량률, lb/hr

주의 밸브가 리듀서 사이에 설치된다면 C_v 용량표 대신에 C_vF_p를 사용한다(파이프 리듀서에 대한 내용을 참조하라).

다른 방법

$$C_v = \frac{C_g}{40F_L}; \quad C_v = \frac{C_s}{2F_L}; \quad X_T = 0.84{F_L}^2$$

$$F_L = \sqrt{K_m}; \quad F_L = C_1/40$$

주의 X_T는 F_L에 엄밀하게 관련되어 있지 않다. X_T가 최대 가스 유량일 때 즉, 오리피스 압력비 P_1/P_0이 3 : 1 또는 그 이상일 수 있는데 예를 들면 음속 이상에서 ${F_L}^2$은 음속의 개시점을 알려 준다. 예를 들면 $P_1/P_{orifice} \approx 2$일 때, $P_1/P_{2\,\mathrm{sonic}} = P_1/(P_1 - 0.5{F_L}^2)$이다.

☞ 올바른 유량 조건은 무엇인가?

컴퓨터를 사용해서 C_v 수를 소수점 이하 5 자리까지 계산하는 것은 매우 훌륭하지만 이것은 올바른 프로세스 조건일 때에만 가능하다. 무엇보다도 밸브는 정해진 프로세스 설계조건에서 최대 유량률을 제어할 수 있는 사이즈이어야 한다. 그렇다면 이에 대한 정확한 방법은 무엇인가? 비상조건은 어떠한 것이 있는가? 다른 방편으로 밸브는 고장 열림이 되어야 하는지 그리고 최종유량은 하류의 압력방출밸브보다 더 커야 하는가? 그렇다면 다시 정확한 입구압력은 얼마인가? 제작자가 제공한 펌프 곡선의 수두압력을 이용할 수 있을까? (이것을 이용할 수 있다면 밸브를 통과하는 최대 유량에 해당하는 수두압력을 이용하고, 펌프 위치의 정적 수두를 무시하지 말라). 밸브에 인접한 열교환기를 통과하는 수두손실 또는 압력감소는 얼마인가? 배관 손실은 얼마인가? 이 모든 것들은 프로세스 설계 담당자의 모호한 반응만을 요하는 질문이다. 이 사람들은 이중에서 어떤 것도 알지 못하며 타 공급자로부터 받은 입력에 의존하여야 한다. 그 결과는 보통 과도한 안전인자가 포함된 억측이 된다. 따라서 정확한 사이징 공식에 너무 집착하지 않아도 된다. 백번 중 아흔아홉 번은 어찌되었거나 작업 결과로는 너무 큰 밸브가 된다(8장의 등비형 트림을 보라). 나머지 1%는 누군가가 C_v 계산 시 소수점 오류 때문에 작은 사이즈가 된다.

당신이 명석하여 거래를 할 때 당신 회사의 에너지와 자금을 절약하고 싶다면 당신에게 프로세스 설계자가 시스템 설계 시 밸브의 압력 강하를 물어보도록 해야 한다(18장을 보라). 그럼 이제부터는 당신이 주도권을 가지게 된다. 여기에 당신이 기억해야할 매우 과학적인 경험이 있다. 밸브 사이징의 $\triangle P$는 시스템의 총 압력(예를 들면 최대 유량에서의 정압 수두와 펌프 수두의 합산)보다 5% 높은 값, 로터리 제어밸브의 경우는 5 psi 높은 값 또는 글로브 밸브에 대해서는 10 psi 높은 값을 써야 한다. 당신은 내가 왜 로터리 제어밸브에 대해 5 psi를 정했는지 의아해 할 것이다. 그림 5-1에서 볼 수 있는 바와 같이 C_v를 밸브 직경의 제곱으로 나누었을 때 17*이 되는 완전 개방된 제어밸브를 밸브와 동일한 사이즈의 배관에 적용하여 5 psi의 압력강하로 유량률(액체 또는 가스)을 형성할 수 있다. 이때 유체의 속도는 통상적인 배관 최대 속도로써 액체의 경우 15 ft/s, 가스의 경우 150 ft/s가 될 수 있다. 더 높은 $\triangle P$는 밸브의 사이즈를 배관 사이즈보다 더 작게 하고 여기에 리듀서가 필요하게 되거나 작은 트림을 선정하게 된다.** 어떤 경우에는 밸브에서 압력 강하가 너무 크게 설정하면 펌프, 압축기 또는 보일러 마력에 돈을 낭비하게 된다(18장을 보라).

물론 상기 기법은 역으로 사용할 수도 있다. 당신이 오래된 1948년도의 증기 감압밸브를 교체해야 할지도 모른다. 모든 기록은 분실되었고 당신이 알 수 있는 것은 보일러 압력과 밸브와 배관의 사이즈뿐이다. 보일러 압력은 95 psig(110 psia)이고 배관 사이즈는 1-1/2인치이다. 우선, 1-1/2인치의 증기 배관에서 100 psig일 때의 최대 유량률을 찾는다. 이때 유량률은 약 1800 lb/hr임을 알 수 있다(부록 VI의 표 2를 보라). 다음으로, 유량이 질식 되는지 즉, P_2가 P_1의 절반 이하인지 확인한다. 어떤 경우에도 사람들은 1948년만큼 에너지를 절약하기 어렵다. 이제 필요한 C_v를 계산하면 그 값이 약 22이다. 이렇게 계속하면 정격 C_v가 약 22인 1-1/2인치 글로브 밸브를 선정할 수 있다. 최

* 예를 들면 60% 개방된 버터플라이 밸브

** 예를 들면 4인치 버터플라이 밸브가 6인치 파이프에 설치된나면 이때 $17 \times d^2 = 272C_v$과 같을 때 6인치 파이프에서 15 ft/s 유속에서 밸브 압력 강하는 5 psi에서 25 psi로 증가한다.

악의 경우는 출구 압력이 50 psig 이하 대신에 80 psig인 경우이다. 그러나 문제는 없다. 이제 필요한 C_v는 16이고 이것은 여전히 유효하다.

따라서 의심스러울 때에는 pH 조절 같은 특수한 경우를 제외하고는 유량 조건을 알 수 없다면 최대 트림 사이즈(Full-trim Size)를 사용하라.

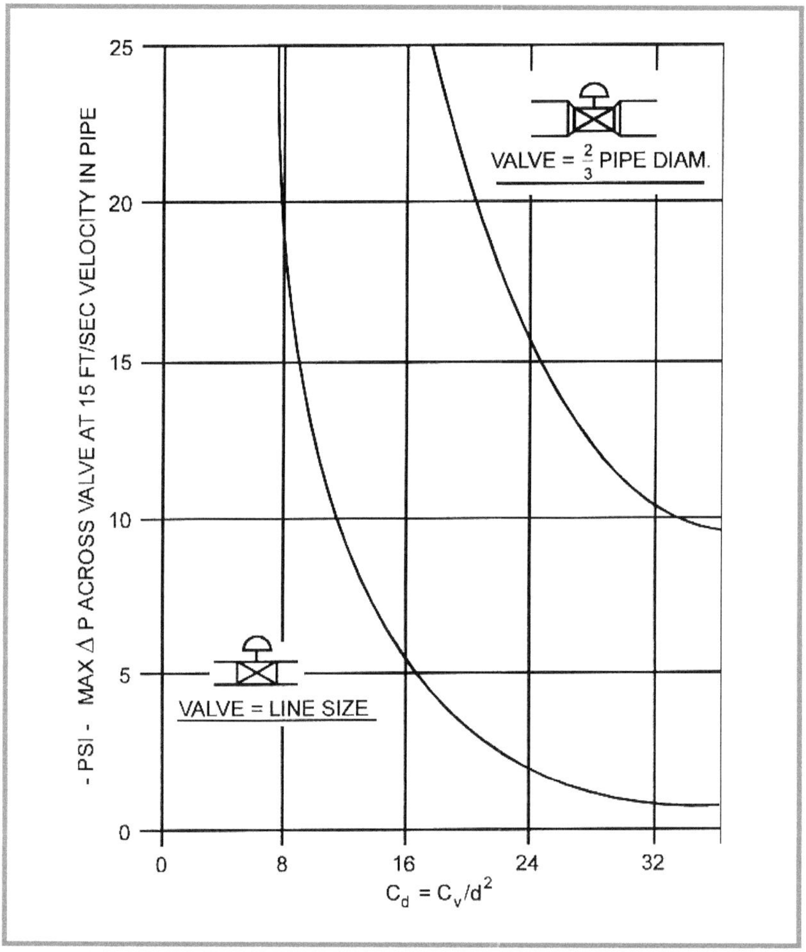

[그림 5-1] 배관에서 물의 속도가 15 ft/s일 때의 밸브 유량 용량에 대한 압력 강하 상관관계. d = 밸브 직경(인치), 이것은 배관에서 가스 또는 증기의 속도가 150 ft/s일 때도 마찬가지이다.

☞ 배관 리듀서

어떤 밸브 제작자의 경쟁 전략 중 하나는 다른 제작자의 밸브보다 더 큰 C_v의 제어밸브를 공급하는 것이다. 이것은 보통 축소된 플랜지 연결부가 있는 큰 사이즈의 글로브 밸브이다. 예를 들면 2인치 오리피스 사이즈에 1-1/2인치 플랜지가 구비된 글로브 밸브이다. 이 개념에 문제가 있는 것은 아니지만(결국 돈을 더 들이는 결과가 된다) 배관 리듀서를 사용하여야 하고 큰 C_v 때문에 이 밸브는 연결되는 배관보다 더 작아진다. 그래서 당신이 해야 할 일은 추가 비용과 공간에 대한 요건을 평가하는 것이 된다. 또한 로터리 제어밸브를 구매할 경우에는 리듀서가 필요할 수도 있다. 이것은 몸체에 굴곡부가 더 적기 때문에 기본적으로 C_v가 더 크고, 이것은 $\triangle P$가 더 크더라도 낮은 F_L 수 때문에 상쇄된다(질식 유량은 C_v 곱하기 F_L에 의존한다.).

주의 배관 사이즈의 반절보다 작은 밸브를 선정하지 말라. 배관들의 움직임에 의해 과도한 응력을 유발할 수도 있다. 내 평생에 딱 두 번 정말 겁먹은 적이 있었는데 그 하나는 원자력발전소에서 새로 설계한 증기덤프밸브에 대해 증기를 이용한 실제 시험에 입회할 때이었고, 두 번째는 10인치 스케쥴 80의 배관에 용접된 1인치 증기보충밸브가 1800 psig 증기를 10 psig로 감압시키는 것을 보았을 때이다.

이 장에서 이러한 특별한 내용을 언급한 것은 그럴만한 이유가 있다. 즉, 리듀서는 당신에게 큰 영향을 주지는 않는다. 밸브와 리듀서가 조합된 유량계수가 C_vF_p이며, 여기에서 F_p는 배관 구조인자(이것은 R이라고 부르는데[6] 어떤 제작자가 사용한 적이 있는 용어)이다. 어떤 제작자는 배관 리듀서에 의해 발생하는 압력 손실 때문에 리듀서용 $C_v(= C_vF_p)$를 표 형식으로 발간하였다. 당신이 선정한 밸브의 C_v 또는 C_vF_p 값은 상기 공식으로 계산한 C_v 수보다 최소한 10%가 더 크다는 것을 명심하라. 정격 C_v가 $10d^2$ 이하인 글로브 밸브는 F_p가 1이라서 무시할 수 있다. 버터플라이 또는 볼 밸브는 F_p가 0.6보다 낮을 수 있다는 것이 아주 중요하다.

여기에 F_p 인자에 대한 손쉬운 방법이 있다. 우선 배관 직경의 1/2인 밸브를 선정하고 제작자 카탈로그에서 이 밸브의 최대 C_v를 찾아보라. 밸브 카탈로그의 C_v를 밸브 직경 d(인치)의 자승으로 나누면 F_p가 된다.

[표 5-1] 밸브의 F_p 값, $D/d=2$

C_V/d^2	10	15	20	25	30	35	40	45
F_p	0.96	0.91	0.85	0.79	0.74	0.68	0.63	0.59

D=배관 직경(인치)

다음으로 주어진 프로세스 데이터에 요구되는 C_v를 계산하고 마지막으로 이것을 계산된 C_v를 F_p로 나누어라. 이것이 구매 요청서에 기재해야 할 최종 C_v이다.

주의 드문 일이긴 하지만 원래 선정한 밸브가 충분한 사이즈가 아니라면 다시 시작할 수도 있다.

예를 들면 4인치 배관이 있고 카탈로그에서 C_v가 60인 2인치 편심 로터리 플러그 밸브를 선정했다. C_v/d^2은 15이다. 상기 표를 참조하면 F_p 인자는 0.91이다. 프로세스 데이터에서 요구되는 C_v가 45인 것을 확인한다. 45를 0.91로 나누면 최소 정격 C_v로는 49.5가 요구된다. 이것은 카탈로그 C_v가 60이기 때문에 아무 문제가 없다.

☞ 점도에 맞게 보정하기

이것은 자주 다루게 되는 절차가 아니므로 맨 마지막에 기술하였다. (a) 액체의 점도가 40 Centistoke를 초과하거나 C_v가 0.1 보다 작은 밸브가 필요한 것이 아니라면 무시해도 된다. 리듀서 보정과 유사하게도 밸브를 통과하는 재료의 끈적거림에 의해 야기되는 추가적인 마찰을 보완하기 위해서 표준 사이징 공식으로 계산한 C_v를 키워야만 한다. 이것은 "밸브 레이놀즈수 인자"로 표현하는 F_R이다. 실제 필요한 밸브 C_v는 원래 계산된 C_v/F_R이다. 보다 정확하게 표현하면,

$$C_{v\ corrected} = \frac{C_{v\ turbulent}}{F_R} \quad (5\text{-}9)$$

여기에서, $C_{v\ turbulent} = q\sqrt{G_f/\Delta P}$ (밸브 사이징 공식을 참조하라)

$$Re_v = \frac{17300 F_d q}{C_{vR} F_L} \quad (Re_v = \text{Valve Reynolds Number}^7) \quad (5\text{-}10)$$

q = 유량률, gpm

$C_v R$ = 선정된 밸브의 정격 C_v($C_{v\ corrected}$가 크면 증가할 수 도 있다)

F_L = 압력회복인자

v = 동점도, Centistoke(10^{-6}m/s^2) = Centipoise/G_f, 일반적인 v값은 표 5-2와 5-3을 참조하라.

F_d = 밸브 스타일 보정인자, $\dfrac{d_H}{d_0\sqrt{N_0}}$;

여기에서,

d_H = 단일 유로(4 × 면적/표면 길이), 인치

d_0 = 단일 유동 유로의 등근 오리피스 동등 직경

$$d_0 = \sqrt{4C_vF_L/38N_0\pi}\text{, inch}$$

N_0 = 동일한 유동 유로의 수

동심직인 F_d값(참고문헌 8에서 표 14-2를 참조)

글로브 밸브에서는($C_v > 0.1$)

단일 시트, 파라볼릭 플러그 = 0.46

이중 시트, 파라볼릭 플러그 = 0.32

버터플라이 밸브 = 0.57

세그먼트 볼 밸브 = 0.98(6인치 이상 밸브에서 완전 열림 시에만)

편심 로터리 밸브 = 0.42

주의 상기 F_d값은 ANSI/ISA-75.01.01(IEC 60534-2-1 Mod)-2007

예 : 120 °F의 벙커 C 유, $P_1 = 100$ psig; $P_2 = 75$ psig; $G_f =$ 0.97; $q = 26$ gpm; $v = 750$ centistokes ;

$C_{v\ turbulannt} = 26\sqrt{0.97/25} = 5.12$

선정방법 : 1-1/2인치 글로브 밸브, 파라볼릭 플러그. 정격 $C_v = 28^*$; $F_L = 0.9$; $F_d =$ 정격 C_v에서 0.46(표 14-2 참조); $C_v F_L / d^2 = 11.2$

식 (5-10)으로부터, $Re_v = \dfrac{17300 \cdot 0.46 \cdot 26}{750\sqrt{28 \cdot 0.9}} = 55$

F_R은 그림 5-2(곡선 2)에서 $11.2 = C_v F_L / d^2$에 대해 약 0.5이다.

$C_{v\ corrected} = \dfrac{5.1}{0.5} = 10.2$ (정격 C_v의 36%이므로 만족) 또는 작은 포트를 선택하라.

F_R수는 $C_v / {d_0}^2$와 F_L 인자 같은 각 밸브의 스타일(8)에 대한 내부 유체 저항(K 인자)에 따라 변한다.

$$\begin{aligned} F_R &= 0.026\sqrt{Re_v K / F_L} \\ &= 0.78\sqrt{Re_v / (C_{vR} / d^2) F_L} \end{aligned} \tag{5-11}$$

유동이 완전한 층류라면

$$F_R = \sqrt[n]{Re_v / 10000} \tag{5-12}$$

여기에서 유동이 천이된다면 $n = 1 + (890 d^4 / {C_{vR}}^2 {F_L}^2 + \log(Re_v)$ 이다.

당신은 유동이 층류인지 천이상태인지 모르기 때문에 두 가지 식으로 F_R을 계산하라. 그런 다음 식 5-6의 두 가지 수 중에서 더 작은 것을 사용하라(또는 그림 5-2에서 F_R을 구하라). Re_v가 10,000 이상이라면 점도 보정은 철저히 무시하라.

---

* 계산에 나오는 밸브가 너무 작다면 밸브 사이즈는 증가될 수도 있다.

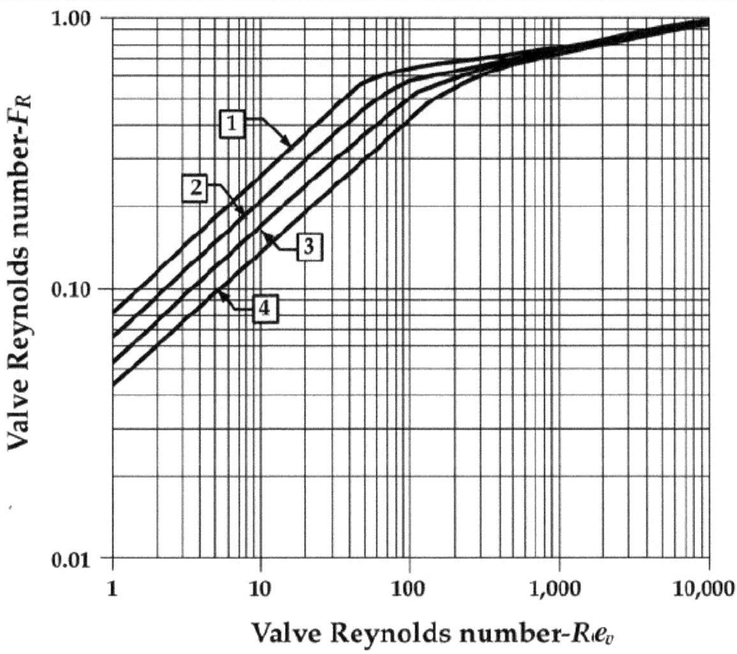

레이놀즈수(Re_v)를 계산한 후 상기 그래프에서 밸브 스타일과 관련 유량 용량 ($C_d = C_v/d^2$) 함수인 F_R을 찾는다.

곡선 1은 C_d<10인 글로브 밸브에 적용한다.
곡선 2는 C_d=10 ~ 15인 글로브 밸브와 편심 로터리 플러그 밸브에 적용한다.
곡선 3은 C_d=15 ~ 25인 버터플라이 밸브에 적용한다.
곡선 4는 C_d>25인 볼 밸브와 C_d<1인 작은 유량 밸브에 적용한다.

[그림 5-2] 밸브 레이놀즈수 인자 F_B에 대한 그래프[8, 9]

표준 사이즈의 트림이 적용되고 C_v/d^2가 8을 초과하는 제어밸브가 배관 사이즈와 동일하고 유체 유동이 층류일 때 C_v는 다음과 같이 예측할 수 있다.

$$C_v = 0.194\left(\frac{qG_f v(F_L)^{2.5}}{\Delta PF_d K}\right)^{2/3} \qquad (5\text{-}13)$$

글로브 밸브에 대해서 F_L은 0.9, K는 10, F_d는 0.46을 사용할 수도 있다. 이것은 다시 이렇게 표현된다.

$$C_{v\ Globe} = 0.059\left(\frac{qG_f v}{\triangle P}\right)^{2/3}$$

예 : $q = 180$ gpm, $\triangle P = 30$ psi, $v = 10{,}000$ cst, $G_f = 0.6$

$$C_{v\ Globe} = 0.059\left(\frac{180 \cdot 0.6 \cdot 10000}{30}\right)^{2/3} = 64$$

이 결과는 당신이 3인치 글로브 밸브(정격 C_v가 약 105)를 선정해야 한다는 것을 의미한다.

표 5-4에서 $K = 1.4$; $F_d = 0.8$; $F_L = 0.6$인 콘투어 볼 타입(Contoured Ball-type) 제어밸브에 대해 식 5-13은 다음과 같이 표현된다.

$$C_{v\ Ball} = 0.077\left(\frac{qG_f v}{\triangle P}\right)^{2/3}$$

상기 예를 적용하면 이것은 C_v가 83.78이 된다.

다시 C_v가 약 225인 3인치 콘투어 볼 밸브는 이 경우에는 적합한 것이 될 것이다(난류 유동을 가정해서 보정하지 않은 C_v가 단지 25.5인 것에 유의하라).

유동이 층류인지 알 수 없을 경우에는 난류 공식($C_v = q\sqrt{G_f/\triangle P}$) 또는 식 5-9를 이용하여 요구되는 C_v를 계산한다. 그리고 더 큰 C_v 수를 선택한다. 이 방법은 명백하게 전이 유동 구역에서는 아주 정확하지는 않겠지만(약 20%까지 오류 발생 가능) 최소한의 추정 방법으로는 간편하고 사용하기 쉽다.

점도 변환

점도가 센티푸아즈(μ)로 주어진다면 센티스토크를 구하기 위해 센티푸아즈를 액체 비중(G_f)으로 나눈다. 점도가 Saybolt Seconds

Universal(t)로 주어진다면 0.2를 곱해서 대략적인 센티스토크를 구한다(예 : $t=89$, $v=18$).

▌저유량용 밸브의 사이징

저유량용 밸브($C_v \le 0.1$, $F_L \approx 1$)에 대해서는 앞에 기술한 것처럼 밸브 레이놀즈수 Re_v를 계산한다. F_d 인자를 다음과 같이 적용한다.

- 스플라인 플러그(Splined Plug)는 0.7
- 평탄한 시팅면이 적용된 짧은 행정의 다이아프램 밸브는 0.3
- 테이퍼 플러그(Close Clearance Tapered Plug)는
  $F_d = 0.09\sqrt{C_v}/(plug\ diameter)$

예 : C_v가 0.05인 1/8인치 직경의 작은 틈새 플러그(Close Clearance Plug)

$$F_d = 0.09\sqrt{0.05}/0.125 = 0.16$$

액체일 경우

$$Re_v = \frac{17300 \cdot F_d \cdot q}{v\sqrt{Cv_R F_L}} \tag{5-14}$$

가스일 경우

$$Re_v = \frac{2153 \cdot F_d \cdot q}{v\sqrt{Cv_R F_L}} \tag{5-15}$$

여기에서 q는 14.7 psia와 60°F에서의 유량(scfh)

F_R을 계산하면,

$Re_v \ge 130$일 경우

$$F_R = \sqrt[n]{Re_v/10000}\ \ (\text{주의} : F_R = Max.1) \tag{5-16}$$

$$\text{여기에서}\ n = 1 + K + \log(Re_v) \tag{5-17}$$

저유량 밸브에서 $K=1$이기 때문에 $n = 2 + \log(Re_v)$

예제 유체는 85 °F(T=545 °R)의 CO_2 가스

P_1 = 36.3 psia

P_2 = 24.7 psia

v = 동점도 = 85°F, 14.7 psia에서 8.65 cSt
(주의 : 유량을 scfh로 사용한다면 대기 압력에서의 동점도를 사용)

G_g = 비중 = 1.516

C_v = 밸브 사이징 계수(선정) = 0.025

F_L = 액체 압력회복인자 = 1(제작자 카탈로그 참조)

F_d = 밸브 스타일 보정인자 = 0.16(제작자 카탈로그 참조)

q = 희망 최대 유량률 = 85°F, 14.7 psia에서 15 scfh

T = 460 + 85 = 545 °R

식 5-15에서,

$$Re_v = \frac{2153 \cdot 0.16 \cdot 15}{8.65(1 \cdot 0.025)^{0.5}} = 3778$$

식 5-16에서,

$$F_r = \sqrt[5.58]{\frac{3778}{10000}}\ ;\ \text{where } n = 2 + \log(3778) = 5.58$$
$$= 0.84$$

선정된 밸브 C_v 0.025가 15 scfh의 유량을 취급하는데 충분한지를 점검한다.

아음속 유동*에 대한 난류 가스 공식과 F_R 보정에 따라

$$C_v = q\sqrt{G_g T / \triangle P(P_1 + P_2)} / 963 F_R$$
$$= 15\sqrt{(1.516 \cdot 545)/(11.6 \cdot 61)} / (963 \cdot 0.84)$$
$$= 0.0193$$

따라서 선정된 밸브 C_v 0.025는 적절하다.

---

* 유동이 난류가 아니라면 음속은 발생하지 않으며 임계 유동 공식을 적용하지 않는다는 것을 기억하라.

[표 5-2] 액체의 점도 및 비중

Liquid	Formula	G_f	T(°F)	v(cSt)
Acetic acid	$HC_2H_3O_2$	1.05	68	1.17
Acetone	C_3H_6O	0.79	68	0.42
Alcohol, ethyl	C_2H_6O	0.79	68	1.52
Alcohol, methyl	CH_4O	0.79	68	0.74
Ammonia	NH_3	0.62	68	0.24
Aniline	C_6H_2N	1.02	60	4.31
Auto oil, SAE 30		0.94	100/210	114/11.2
Benzene	C_6H_6	0.88	68	0.74
Brine, CaCl 25%	CaCl	1.23	68	2.03
Brine, NaC125%	NaCl	1.19	68	1.60
Bromine	Br_2	2.93	60	0.34
Carbon dioxide	CO_2	0.84	-109	0.83
Carbon disulfide	CS_2	1.30	32	0.33
Carbon monoxide	CO	0.84	-314	0.21
Carbon tetrachloride	CCl_4	1.59	77	0.57
Castor oil		0.96	68	1027.00
Chlorine	Cl_2	1.50	-100	0.50
Citric acid	$C_6H_8O_7$	1.11	68	2.00
Dow Therm A		.79	68	5.60
Dow Therm A		.79	200	1.07
Dow Therm E		.79	68	1.93
Dow Therm E		.79	200	0.53
Ethylene glycol	$(CH_2OH)_2$	1.12	68	16.59
Fluorine	F_2	1.51	-306.4	0.16
Formaldehyde	H_2CO	0.82	60	0.35
Freon 12	CCl_2F_2	1.31	77	0.47
Fuel Oil, #6 (Bunker C)		0.98	85	4080.00
" " " "		0.97	110	1100.00
Gasoline		0.71	60	0.86
Glycerine (100% glycerol)	$C_3H_8O_3$	1.26	68	920.00
Glycol (Ethylene glycol)	$C_2H_6O_2$	1.11	60	17.90
Hydrochloric acid (31.5%)		1.64	60	1.52
Hydrogen	H_2	0.074	-422	0.011
Hydrogen chloride	HCL	0.91	68	2.67
Hydrogen fluoride	HF	0.97	68	0.13
Hydrogen sulfide	H_2S	0.79	60	
Isopropyl alcohol	C_3H_8O	0.79	68	2.94
Linseed oil		0.93	60	55.90
Kerosene		0.82	85	2.99
Mercury	Hg	13.57	60	0.12
Napthalene	$C_{10}H_8$	1.15	68	398.00
Nitric acid (40%)	HNO_3	1.25	68	1.25

[표 5-2] 액체의 점도 및 비중(계속)

Liquid	Formula	G_f	T(°F)	v(cSt)
Nitrogen	N_2	0.85	-320	0.19
Oxygen	O_2	1.20	-297	0.17
Phosphoric acid	H_3PO_4	1.15	68	1.85
Propylene glycol (60%)	$C_3H_8O_2$	1.04	68	8.99
Sodium hydroxide	NaOH	1.27	68	6.20
Starch (4% Solution)	$(C_6H_{10}O_5)x$	1.02	100	100.00
Sulfuric acid (100%)	H^2SO_4	1.83	68	13.91
Toluene	C_7H_8	0.87	68	0.68
Trichloroethylene	C_2HCl_3	1.46	80	0.39
Turpentine		0.87	60	1.71
Water, fresh	H_2O	1.000	60	1.00
Water,sea (4%saltbywgt)		1.03	60	1.05

[표 5-3] 대기압에서 가스의 점도 및 비중

Gas	Formula	G_g	T(°F)	v(cSt)
Acetic acid	$HC_2H_3O_2$	2.07	246	5.75
Acetone	C_3H_6O	2.01	212	4.91
Acetylene	C_2H_2	0.907	32	7.99
Air	N_20_2	1.000	64	15.10
Alcohol				
Butanol, butyl	$C_4H_{10}O$	2.56	242	10.94
Ethanol, ethyl	C_2H_6O	1.59	212	7.20
Methanol, methyl	CH_4O	1.11	152	11.77
Propanol, propyl	C_3H_8	2.07	212	4.76
Ammonia	NH_3	0.596	68	13.71
Argon	A	1.379	68	13.38
Benzene	C_6H_6	2.70	58	2.23
Bromine	Br_2	5.52	55	2.21
Carbon dioxide	CO_2	1.5290	68	8.06
Carbon disulfide	CS_2	2.63	68	2.88
Carbon monoxide	CO	0.97	59	14.51
Carbon tetrachloride	CCl_4	5.31	170	3.65
Chlorine	Cl_2	2.486	68	4.44
Cyanogen	C_2N_2	1.806	63	4.51
Ethane	C_2H_6	1.049	63	7.08
Ether	$(C_2H_5)_2O$	2.56	58	2.28
Ethyl chloride	C_2H5CL	2.220	32	3.27
Ethylene	C_2H_4	0.975	68	8.60
Fluorine	F_2	1.31	68	13.98
Freon II	CCl_3F	5.04	68	1.77
Freon 12	CCl_2F_2	4.2	68	2.46

[표 5-3] 대기압에서 가스의 점도 및 비중(계속)

Gas	Formula	G_g	T(°F)	v(cSt)
Helium	He	0.138	-431	0.89
Helium	He	0.138	68	117.06
Hydrogen	H_2	0.0695	-431	0.37
Hydrogen	H_2	0.0695	68	104.90
Hydrogen bromide	HBr	2.819	66	5.35
Hydrogen chloride	HCl	1.268	64	9.32
Hydrogen cyanide	HCN	0.93	68	8.95
Iodine	I_2	8.76	338	2.93
Isopropyl alcohol	C_3H_8O	2.08	212	5.55
Krypton	Kr	2.89	59	6.96
Mercury	Hg	6.93	523	11.05
Methane	CH_4	0.554	68	15.41
Methyl acetate	$C_3H_6O_2$	2.56	212	4.14
Methyl chloride	CH_3Cl	1.74	59	4.89
Methyl iodide	CH_3I	4.47	811	14.66
Neon	Ne	0.69	68	37.53
Nitric oxide	NO	1.04	68	15.01
Nitrogen	N_2	0.97	81	15.66
Nitrosyl chloride	ClNO	2.26	59	4.12
Nitrous oxide	N_2O	1.52	80	8.33
Oxygen	O_2	1.10	66	15.23
Pentane (n)	C_5H_{12}	2.49	77	2.30
Propane	C_3H_8	1.52	64	4.32
Propylene (propene)	$C_2H_4(CH_2)$	1.45	62	4.71
Sulfure dioxide	SO_2	2.21	69	4.73
Saturated steam (30 psia)	H2O	0.62	250	12.20
Toluene	C_7H_8	3.18	68	1.83
Xenon	Xe	4.53	68	4.15

주의 대기와 다른 압력에서는 표의 점도를 $14.7/P_1$로 곱한다. 여기서 P_1은 실제 입구압력(psia)이다.

☞ 점성 유체를 사용하는 제어밸브의 사이징 – 설명

나는 주어진 압력 강하와 유량계수(C_v)에서 유동에 거의 방해 없는 볼 밸브가 100개의 작은 드릴 홀이 있는 동일 유량계수의 케이지 밸브와 같은 양의 타르*가 통과할 수 있는가에 대해 항상 의아해 한다. 이

* F_L 인자를 무시하면 이것은 레이놀즈수에 영향을 준다.

것이 미리 ISA 표준이라라고 말해주는 사실에도 불구하고 직관적인 관점은 우리에게 있을 수 없는 것이라고 말해준다. 이것을 믿지 않지만 나는 이것에 대해 어떤 것을 해야 할지 결정했고 다음과 같은 보완된 방법을 찾아내었다.

또한 내가 만든 새로운 공식으로 유도한 소형 유량 밸브의 F_R은 이전의 ISA-75.01.01, 제어밸브 사이징 유량공식(지금은 개정되었다)에 있는 그림 1의 값과 일치하지 않았고, 레이놀즈수가 100 이하에서는 기존 방법에 대해 4개 이상의 인자로 인해 소형 유량밸브에 대해 요구되는 C_v가 일반적으로 증가하여 더 정확한 결과를 나타냈다. 이전의 ISA의 단순한 F_R 곡선은 표준 글로브 밸브에 대해 제한된 횟수의 시험을 통해 만들어진 것으로써 새로운 값은 소형 유량 밸브에 대해 공기와 물의 시험을 통해 만들고 또한 글로브 밸브에서 로터리 밸브 형식까지 추가했다.

페리의 Chemical Engineering Handbook 개정 6판의 표 5-15 데이터를 보면 유선형의 밸브(예를 들면 앵글밸브와 게이트 밸브)에서 F_R 인자가 그림 5-2의 곡선에 가깝게 나타난다는 것으로 되어 있다. 디스크 및 플러그 스타일의 글로브 밸브는 적절한 F_d 값으로 보정하였을 때 이전의 ISA F_R 값이 나은 경향이 있다.

이 데이터에서 "가짜 C_v" 예를 들면 "층류 유동 C_v" 또는 $C_v F_R F_L$는 표준 트림의 모든 밸브 형식과 낮은 레이놀즈수($Re_v < 100$)에서 동일하게 나타난다.

따라서 요구되는 C_v는 다음과 같이 표현할 수 있다.

$$C_{vReq} = A_p / (0.026\sqrt{K})$$

여기에서 0.026은 수두 손실계수 $K=1$일 때의 면적($\text{in}^2/1C_v$), A_p는 밸브 사이즈와 같은 배관 사이즈에 대한 횡단면적(in^2)이다.

또한 ISA 공식에서 $C_{vReq} = C_i / F_R$, 여기에서 C_i는 유량 형태를 완전한 난류로 가정하여 계산한 C_v이다. 이것은 $C_i = A_p\sqrt{Re_v}/F_L$이 되고 액체에 대한 밸브 레이놀즈수는 다음과 같이 된다.

$$Re_v = \frac{17300 \cdot F_d \cdot q}{v\sqrt{F_L C_{vReq}}}$$

$$C_{vReq} = 0.194\left(\frac{qG_f v(F_L)^{2.5}}{\triangle PF_d K}\right)^{2/3}$$

이것이 식 5-13이다.

F_L이 상대적인 밸브 용량(C_v/d^2)에 거의 비례하기 때문에 우리는 단지 예측 목적으로 다음과 같이 대체할 수 있다.

식 5-13에서

$$F_L \cong 0.96 - [0.0025(C_v/d^2)^{1.5}]$$

또한 F_d는 F_L과 관련된 것으로 예를 들면 볼 밸브 같은 대형 밸브가 작은 F_L을 갖지만 높은 F_d를 가진다. 우리는 이와 같이 추가로 다음과 같이 예측할 수 있다.

$$F_d = 0.4/F_L, \text{ 최종적으로 } K = 890d^4/Cv^2$$

이것은 식 5-13을 만든다.

$$C_v - 0.00386\left\{\frac{qG_f v\left[0.96 - 0.0025\left(\frac{C_v}{d^2}\right)^{1.5}\right]^{3.5} C_v^2}{\triangle Pd^4}\right\}^{2/3}$$

주의 선정된 C_v는 $10d^2$보다 작아서는 안 되며 $30d^2$보다 크지 않아야 한다.

나는 d에 고객의 배관 사이즈를 입력할 것을 제안한다. 상기 식은 당신에게 밸브 형태를 선정하는데 도움이 되는 사실에 가까운 C_v 수를 알려 준다. 실제 밸브 계수(정격 C_v, F_L, F_d)를 사용하여 식 5-9에서 요구되는 C_v를 재계산한다.

☞ 미터법 단위

보통 단위 항목을 생각하는 것이 당신을 성가시게 하지는 않는다. 그렇지만 해외 플랜트에 대한 프로젝트를 수행해야 할 때 상황이 발생할 수 있는데 액체 유량률 단위로 gpm 대신에 m^3/hr을 사용할 수도 있다. 다행스럽게도 C_v 수는 유럽에서도 잘 통한다. 예를 들면,

$$C_v = 1.17q/\sqrt{\triangle P/G_f} \qquad (5\text{-}18)$$

여기에서

q = 액체의 유량률 m^3/hr

$\triangle P$ = bar

G_f = 비중(60°F에서 물은 1)

사실 독일에서는 1.17이라는 상수로 처리하여 유량 계수를 K_v로 부른다. 이에 따라 $K_v = 0.85C_v$, 또는 $C_v = 1.17K_v$이다.

당신이 N/m^2이라는 파스칼 또는 Pa에 직면하게 되면 복잡해지게 된다. 보다 친숙한 bar로 되돌아가기 위해 Pa를 100,000로 나누거나 1 bar = 100,000 Pa, 또는 1 bar = 14.5 psi이다. 1 kPa = 0.145 psi이다. 더러는 kg/cm^2를 사용하는데 이것은 0.98 bar 또는 14.2 psi이다.

섭씨온도가 많이 사용되는데 여기서 °F = (℃×9/5) + 32이며, 절대단위로는 °K = 273 + ℃이다. 유량단위를 변환하면,

액체 $1m^3$/hr = 4.4 gpm

가스 $1m^3$/hr = 35.3 ft^3/hr

kg/hr = 2.2 lb/hr

이제 당신은 해외 업무도 완벽하게 수행할 준비가 되었다.

☞ 어떤 사이즈의 밸브를 선택할 것인가?

최대 유량 요건에 적합한 최종 요구 밸브 C_v를 선정하는 어려운 일을 한 후에 이제 당신은 F 인자(F_L, F_p, F_R)를 고려하여 최종적인 밸브 사이즈를 선택하게 된다.

만약 압력 강하가 대략 5 ~ 15 psi로 낮다면, 배관 사이즈의 밸브로 시작하는 것이 항상 안전하다. 배관 설계부서에 있는 사람이 이미 설계 유량률이 적절한 속도로 통과하도록 후단 배관 또는 전단 배관 사이즈를 결정해 놓았다는 것을 명심하라. 첨언하면 밸브 출구 속도는 고압가스 또는 증기 감소 상태에서 소음 문제가 있지 않다면 성가신 문제가 되지 않을 것이다(14장의 공기역학적 소음을 참조하라). 액체가 플래싱 되는 곳에서도 마찬가지 문제가 있다(하류 배관이 너무 길다면 당신이 취급하는 밸브는 높은 혼상 속도로 발생하는 하류 압력 증가 때문에 캐비테이션이 발생한다). 이것은 단지 밸브의 등급이 되는 C_v로만 남는다. 당신이 밸브의 색상 예를 들면 녹색 또는 빨간색을 매우 좋아하는 것 때문에 아직 어떤 브랜드를 선정하지 않았다면 여기 힌트가 있다.

[표 5-4] 정격 행정에서의 대표적인 유량 계수

Type	C_v/d^2	F_L	C_vF_L/d^2	C_vF_p/d^2		for	
				D/d=1.5		D/d=2	
Single-seated globe valve							
Parabolic plug, flow-to-open	10	0.9	9	9.8	(4.3)	9.6	(2.4)
Double-seated globe valve	12.5	0.9	11.3	12	(5.3)	11.7	(2.9)
High capacity cage valve							
to size 3 in. only	14	0.9	12.5	13.5	(6.0)	12.9	(3.2)
Eccentric rotary plug valve	12 0.	85	10	11.6	(5.1)	11.3	(2.8)
Butterfly valve 60° open	17	0.68	11.5	15.8	(7.0)	15	(3.8)
Butterfly valve 70° open	27	0.57	15.5	23	(10.2)	20.8	(5.2)
Fluted butterfly valve @ 70°	25	0.7	17.5	21.8	(0.7)	19.8	(5.0)
Contoured ball valve @ 90°	25	0.6	15	21.8	(9.7)	19.8	(5.0)
Angle, venturi type,							
flow-to-close	22	0.5	11	19.8	(8.8)	18.3	(4.6)

D = inches

표 5-4에서 C_v 값은 밸브 직경(inch)의 제곱에 대한 것이다. 괄호 안의 C_v 값은 배관 직경(inch)의 제곱에 대한 것이다. 예를 들면 6인치 편심 로터리 플러그 밸브가 완전 개방되었을 때 C_v 유량계수는 $6^2 \times 12 = 432$이다. 그러나 12인치 배관의 리듀서 사이에 설치될 때 가용한 유량계수는 단지 $6^2 \times 11.3 = 407$ 또는 괄호 안의 숫자를 사용하여 $12^2 \times 2.8 = 403$이다(C_v/d^2 행과 for $D/d = 2$ 행을 참조하라).

상기 값은 보수적이며 사이즈별로 조금씩 변한다. 고용량의 밸브가 질식유동 조건에서 사용될 때(증기 압력 감압 같은) $C_v F_L/d^2$ 행에서 알 수 있는 것과 같이 이 밸브들은 높은 C_v라는 이점을 상실하는 경향이 있다.

배관 사이즈 밸브로 시작해서 원하는 최대 C_v를 0.8로 나눈다. 우선, 이것은 10%의 안전 인자를 가지게 되며, 둘째로는 제작자가 밸브의 C_v 등급에서 ±10% 공차에 대한 여유를 둔다. 이제 이 새로운 C_v 수를 배관 사이즈 제곱으로 나눈다. 예를 들면 유량 데이터에서 당신은 최대 $C_v = 123$을 원한다. 배관 사이즈는 4인치이다. 우선 123을 0.8로 나누면 154가 된다. 이제 이것을 $(4\text{in.})^2$으로 나눈다. $154/4^2 = 9.6 C_v/d^2$ 이다.

표 5-4의 데이터에서 다음과 같이 선택할 수 있다.

- 4인치 단일시트 글로브 밸브, $C_v/d^2 = 10$, C_v 등급 = $10 \times 4^2 = 160$
- 70° 개방된 버터플라이 밸브(누설, 소음 등 같은 다른 조건들이 허용된다면), 4인치 배관에 설치된 3인치 밸브가 $10.2 \times D^2$(괄호 안의 숫자를 참조하라)보다 더 큰 유량 용량을 가진다. 예를 들면 $4^2 \times 10.2 = 163 C_v$이다.

이와 같이 밸브 사이즈와 형식을 결정하면 이제는 프로세스에서 요구되는 최소 요구 유량계수를 만족하는지 확인해야 한다. 여기에서 제작자의 C_v 표를 보아야 한다(보통 10% 행정 증분으로 인쇄된다). 밸브가 최소 C_v로 작동될 때의 대략적인 밸브 행정을 찾는다. 이 행정은 총 밸브 행정의 5% 보다 또는 밸브 불감대(꽉 낀 패킹으로) 비율보다 작아서는 안 된다.* 이것은 보통 포지셔너가 사용되지 않는다면 TFE 패킹일 때 5%에서 박판 그래파이트 패킹일 때에는 15%이다. 표준 TFE 패킹을 사용한 밸브에 포지셔너가 없다면 이것은 밸브 행정을 차단 위치로부터 10%까지 제한한다. 단순한 예외조항이 있다면 일부 소프트 시트 플러그인데 밀봉링을 통해 살짝 내려앉음(dip), 볼 밸브, 앵

* C_v의 5% 행정을 알 수 없다면 10%를 사용할 수도 있다.

글 시트 베인에 탄성중합체층이 배치된 버터플라이 밸브, 또는 일부 다이아프램 또는 딱딱한 시팅 작동이 없는 핀치 밸브가 있다. 표준 밸브에서 5% 이하의 행정에서 조절해야 한다면 평행하게 설치된 작은 밸브와 큰 밸브를 그리고 분할된 구동기 신호를 사용하는 것이 유일한 선택이다. 또는 컴퓨터의 분리된 두 개의 신호를 이용하여 작은 밸브가 먼저 열리고 이후 작은 밸브가 약 80% 열리면 큰 밸브가 시작되도록 하는 것이다.

요약하면,

- 최대 요건보다 최소한 20% 더 큰 정격 C_v를 가진 밸브를 선택하라.
- 최소 요구 C_v가 최소한 밸브 행정의 5% 이상에 있는지 알아본다(벤더 카탈로그를 확인하라).

☞ 조정 가능한 행정 – 조정 가능한 C_v

앞에서 언급하였지만 계장 엔지니어가 직면하는 짜증스러운 문제 중 하나는 선정된 밸브의 최종 요구 유량 용량이 때때로 규정되어 있는 것의 절반 이하일 경우이다. 그 결과 선형 플러그 특성을 가진 밸브의 경우에는 유효 신호 스팬의 40%(4 ~ 10.4 mA) 이하가 되고 등비형 유동 특성 밸브의 경우에는 유효 신호 스템의 75%(4 ~ 16 mA) 이하가 된다. 정상적으로 컴퓨터 제어기는 신호 처리감도가 여전히 50%의 신호 스팬에 대해 일천분의 일이기 때문에 감소된 신호 스팬으로 루프를 제어하는데 문제점이 있지는 않는다. 그러나 5% 행정에서 최소 제어 가능 유량은 더 높고(최대 유량에 대한 백분율로써) 더 나쁘게는 제어 밸브 불감대가 사용가능한 신호 스팬의 백분율로 두 배 이상이 되어 루프의 안정성에 영향을 미친다.

따라서, 배관에서 붙어 있는 밸브를 기동하고 나서 정격 C_v를 감소시킬 수만 있다면 좋을 것이다. 이것은 밸브를 정비고로 다시 보내 저용량의 트림으로 분해 설치하는 것보다 낫기 때문이다. 그림 5-3은 밸브에서 유량 용량의 조절 원리를 입증하는 간략한 방법을 보여주고 있다. 여기에서 일반 스프링-다이아프램 구동기(1)는 연결기구(2)를 상하로 움직이며 이것은 밸브 스템(3)에 연결되어 있다. 스템은 차례로 밸브 플러그(4)를 움직이며 시트 링(5)에 인접한다. 정상적인 구동기 위치인 A에서 밸브 플러그는 최대 거리인 H 만큼 움직인다. 이것은 최대 밸브 C_v로 말하자면 300을 만든다.

등비형 플러그 형상으로 그림 5-3(B)과 같은 전형적인 "고유 유량 특성"을 얻게 된다. 밸브를 설치한 후 유량 계수로 단지 105를 필요로 한다고 가정하자. 사용가능한 신호 스팬(=실제 행정)을 실제 70%에서 90%까지 증가(10% 안전 여유도 허용)하기 위해 우리는 구동기(1)를 새로운 위치인 B에 거치대(6)로 고정시킬 수 있다.

피봇 점(7)에서 더 긴 거리 L_2 때문에 레버(2)의 진폭은 감소하여 새로운 행정은 구동기 위치 A일 때의 행정의 78%가 된다. 위치 A에서 H를 2인치라고 가정하면 B에서는 1.56인치가 된다. 그림 5-3(B)에서 보는 바와 같이 이 점에서 등비 특성은 C_v가 150이 된다. 감소된 행정을 가지고 이용 가능한 100% 신호 스팬 이상 또는 1.56인치 행정 이상으로 곡선을 "전개(Spread)" 할 수 있다. 이 결과는 그림 5-3(C)에서 보는 바와 같다.

이 그래프가 어떻게 개발되었는지 이해를 돕기 위해 구동기 위치 B에서 플러그를 60% 행정까지 움직이는 것을 가정해 보라. 행정을 22% 감소시키면(2인치의 78% 또는 행정으로 1.56인치) 플러그의 백분율 행정은 0.78 × 0.6 = 0.468 또는 46.8% 가 된다. 이 점에서의 플러그의 실제 C_v는 약 37이다(그림 5-3(B)을 참조하라). 그러나 구동기 행정이 B 위치에서 60%에 해당하는 실제 플러그 행정이 46.8%이기 때문에 그림 5-3(C)에 곡선을 만들기 위해서는 60% 행정 위치(구동기 행정의 60% 또는 신호의 60%에 일치하는 위치)에 C_v 37의 좌표를 그려야 한다. 10% 행정에서의 두 개의 곡선을 비교하였을 때 플러그의 최대 행정에 대한 C_v 값은 10이며, 축소된 행정에 대해서는 C_v가 7.5가 되고, 유용할 레인저빌리티가 더 넓어진다는 것($105\,C_v/10\,C_v$ = 10.5 : 1에서 $105\,C_v/7.5\,C_v$ = 14 : 1)에 유의해야 한다.

매우 의미 있는 것은 구동기(1)를 밸브 스템(3)에 가까이 위치함으로서 이용 가능한 플러그 힘 P는 현 예시에서처럼 1/0.78 = 1.28 배로 크게 증가한다는 사실이다. 이것은 유량 용량이 감소하는 밸브의 압력강하 증가를 보상 할 뿐만 아니라 구동기의 위치 제어 정확도에 관한 패킹 박스 마찰 효과(불감대)를 감소하게 된다. 사실 당신은 이중 효과를 얻게 된다. 일정한 패킹 마찰에 대해 구동기 힘이 증가되고 반면에 이 마찰을 보다 큰 신호 스팬으로 나누게 된다.

다시 상기 예시를 사용하여 (a) 구동기에서 보는 바와 같이 마찰은 78%까지 감소하고 (b) 더 작은 마찰은 100/78% 신호 스팬으로 분배된다. 따라서 총 불감대(단지 밸브 마찰에 의해 기인함으로써) 감소는 39%[100×(1−0.78^2)]이다.

상기 개념이 구동기 힘과 불감대와 관련하여 유용한 효과를 가지고 있지만 "설치되어 있는 밸브"의 게인이 개선된다고 기대해서는 안 된다. 게인 변화(그림 8-1을 참조하라)가 더 큰 신호 범위 이상으로 확장되는 것은 당연하지만 "게인 변화의 제한"이 초과될 때에 유량 백분율은 여전히 동일하다.

상기 예시는 등비형 플러그 특성을 가정한 것이기 때문에 보수적이다. 선형 특성의 밸브에 대한 것이라면 동일한 C_v 감소에서 플러그 행정은 원 행정의 40%까지 감소될 것이며 구동기 힘은 250%까지 증가하고 패킹 마찰은 84%로 감소할 것이다. 일반 밸브의 구동기 행정을 단지 밸브 포지셔너의 재교정 만으로 단순하게 감소시키면 동일한 작업이 되지는 않는다. 불감대가 더 큰 신호 스팬으로 나누는 것을 제외하고는 동일한 구동기 힘과 동일한 불감대를 가지며, 이것에 따라 더 낮은 비율의 신호 오프셋(Offset)을 만든다.

밸브 플러그 또는 로터리 폐쇄장치의 행정을 무차별적으로 감소할 수는 없다. 예를 들면, 일부 로터리 밸브는 폐쇄점 근처에서 시팅 마찰(Seating Friction)이 매우 높다. 또한 대부분의 파라볼릭 플러그는 시트에 안착되는 경사면까지 쭉 곡면이 이어지지는 않으며, 측정 목적 때문에 원통형으로 이루어져 있다. 따라서 밸브 행정을 원 행정의 40% 이하로 감소하는 것은 권장할 만한 사항이 아니다. 또한 이러한 행정 조정은 고유한 저 레인저빌리티를 가진 밸브(예를 들면 최대 C_v와 최소 C_v 사이의 낮은 비율(<20 : 1)에서는 실용적이지 않다.

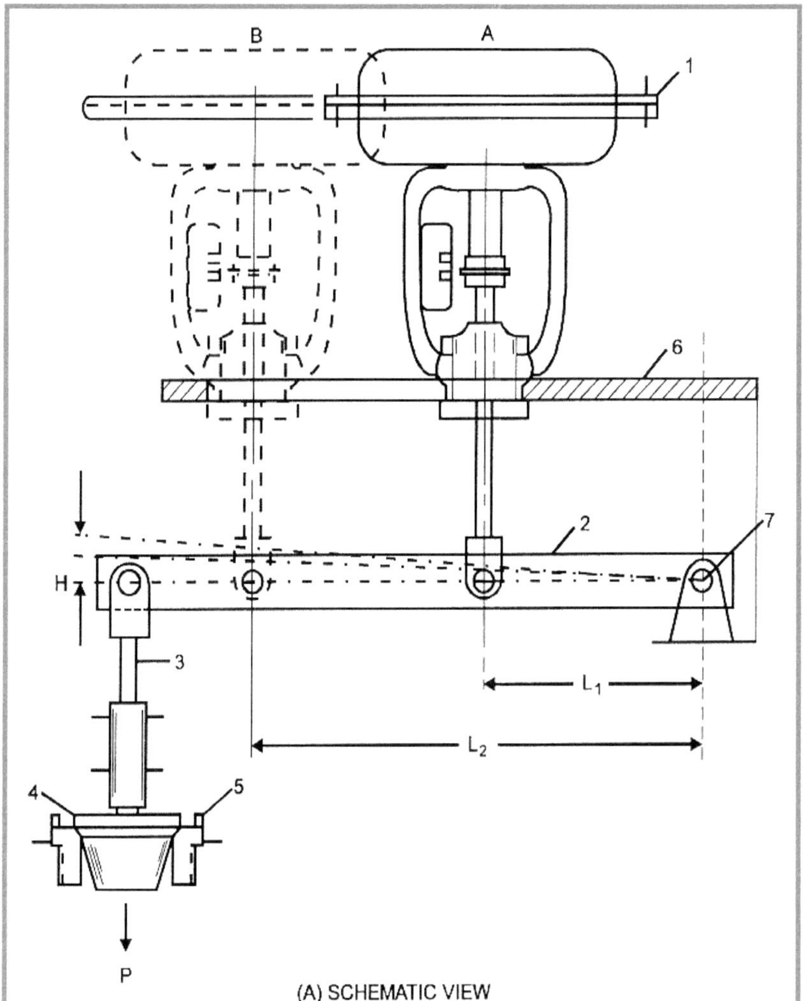

[그림 5-3] 등비형 특성의 플러그를 가진 밸브에서의 행정 조절

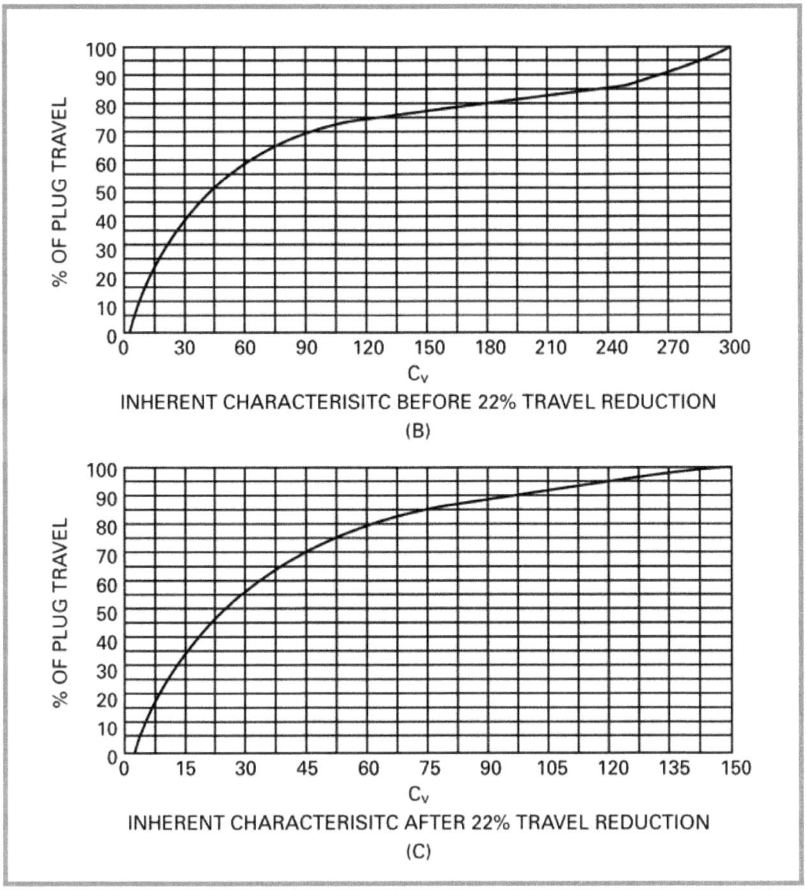
100
90
80
70
60
50
40
30
20
10
0
% OF PLUG TRAVEL
0
30
60
90
120
150
180
210
240
270
300
Cv
INHERENT CHARACTERISITC BEFORE 22% TRAVEL REDUCTION
(B)
100
90
80
70
60
50
40
30
20
10
0
% OF PLUG TRAVEL
0
15
30
45
60
75
90
105
120
135
150
Cv
INHERENT CHARACTERISITC AFTER 22% TRAVEL REDUCTION
(C)

[그림 5-3] (계속)

☞ 참고문헌

1. Baumann, H. D., "The Introduction of a Critical Flow Factor for Valve Sizing," *ISA Transactions*, 2.107-111 (1963).
2. ANSI/ISA-75.01.01 (IEC 60534-2-1 Mod)-2007 Flow Equations for Sizing Control Valves. Research Triangle Park, NC. ISA.
3. Driskell, L. R., "New Approach to Control Valve Sizing," *Hydrocarbon Processing*, July. 111-114 (1969).
4. Bulletin No. SM-6, "Control Valve Sizing." Portsmouth, NH. H. D. Baumann Assoc., Ltd., (1991).
5. Baumann, H. D., "A Case for Butterfly Valves in Throttling Applications," *Instruments & Control Systems*, May (1979).
6. Baumann, H. D., "Effect of Pipe Reducers on Control Valve Capacity," *Instrument & Control Systems*, pp 99-102, Dec. (1968).
7. McCutcheon, E. B., "A Reynolds Number for Control Valves," Symposium on Flow, its Measurement and Control in Science and Industry, Vol. 1, Part 3, 1974.
8. Baumann, H. D., "A Unifying Method for Sizing Throttling Valves Under Laminar or Transitional Flow Conditions," *Transactions of the ASME, Journal of Fluids Engineering*, pp 166-169, March (1993).
9. George, J. A., "Evolution and status of non-turbulent flow sizing for control valves", Monograph, ISA 2001.
10. Baumann, H. D., "Viscosity Flow Correction for Small Control Valve Trim." ISA PAPER 90-618, Research Triangle Park, NC. ISA, October (1990).

Chapter 06

사이징과 선정 - 컴퓨터가 모두 수행하게 하라.

사이징 소프트웨어 프로그램은 기본적으로 두 가지가 있다. 우선 밸브 형식을 고른 다음 데이터베이스에서 선정된 규격, 예를 들면 C_v, F_L 및 F_d 값 등을 확인하여 올바른 사이징 계산을 하도록 한다. 두 번째 방식은 단지 유량조건으로 들어가서 컴퓨터가 C_v를 계산하고 적절한 밸브를 선정하게 되는데 이것이 일반적으로 최적의 경제적 선택이 된다.

이 두 가지 방법에도 문제가 있다. 첫 번째 경우는 경쟁자의 가격 또는 보다 더 경제적인 밸브 형식을 평가하기도 전에 밸브 형식을 선정하도록 한다. 두 번째 경우는 사이징 프로그램이 F_L과 F_d 값과 같은 일부 "가정하는" 변수를 결정해야 한다. 그런 다음 컴퓨터는 적용에 적합한 최적의 밸브 형식과 사이즈를 선정한다. 하지만 선정된 F_L과 F_d는 가정된 것과 다를 수 있으며 그 결과로 인해 사이징 계산을 반복해야 한다. 그럼에도 불구하고 컴퓨터는 리듀서 손실 또는 점도의 효과를 계산할 때에는 특히 많은 시간을 절약하게 한다. 이 두 가지 다 모든 점에서 시간 소비의 반복이 필요하다. 즉, 밸브 사이즈 또는 C_v 값을 가정하여 계산을 반복하고, 가정한 밸브 사이즈가 너무 작은지 찾아내고, 더 큰 밸브 사이즈 또는 C_v 값은 추려내고, 그런 다음 보통 여러 번 다시 시작하게 된다.

기본적인 컴퓨터 사이징 소프트웨어는 보통 최대, 정상 및 최소 유량조건에 대해 요구되는 C_v를 계산할 수 있다. 소프트웨어는 캐비테이션 또는 플래싱 발생 여부를 알려주고 공기역학적 소음 또는 수력학적 소음을 계산할 수 있다.

컴퓨터의 능력은 C_v 수를 소수점 6째 자리까지 계산할 수 있다는 것에 놀라지 말라. 에러 확인 프로그램에 따라 결과를 수정하고 정확한 입력 데이터를 선정하라. 계산 결과를 이중 체크하기 위해서 계산자(Slide Rule) 또는 간단한 소형 계산기를 이용할 것을 권한다. 새로운 소프트웨어를 사용한다면 이것은 정말 더 필요하다.

앞으로 더 좋은 프로그램이 나와 끝단부 상태(플랜지형, 용접형, 나사형 등), 누설 요건(등급 Ⅰ, Ⅱ, Ⅲ, Ⅳ, Ⅴ, Ⅵ), 부식 저항성(없음, 약간, 매우), 유량 특성(등비형, 선형) 등과 같은 요구 변수를 근거로 하여 유량 조건에 알맞은 적절한 밸브 사이즈와 형식을 선정할 것이다.

이를 근거로 하여 컴퓨터는 데이터베이스를 탐색하고 더 적절하고 경제적인 것을 선정할 것이다. 어떤 것은 요구되는 구동기 사이즈와 벤치 범위(Bench Range) 까지도 계산할 것이다. 그러나 "A"라는 회사의 프로그램으로 "B"라는 회사의 밸브를 선정하는 것은 기대하지 말라. 어쨌든 자선에는 한계가 있기 마련이다.

더 앞선 프로그램은 배관계에서의 압력강하(당신이 입력은 제공해야 한다)를 계산하고 밸브가 "설치된 상태"의 유량 특성과 다양한 유동 조건하에서 밸브의 "게인(dq/ds)" 을 계산한다. 이 방법은 제어루프가 안정적인지를 알 수 있다*.

프로그램을 선정할 때(대부분의 공급자가 무료로 제공) 다음 사항을 점검해야 한다.

- 밸브 사이징은 ANSI/ISA-75.01.01 표준 또는 이에 상응한 IEC 표준을 따라야 한다.
- 소음 공식은 IEC Standard 60534-8-3(가스 적용) 또는 IEC 60534-8-4(액체 적용)를 따라야 한다.
- 요구되는 최대 C_v는 선정 밸브의 정격 C_v의 85%를 초과해서는 안 된다.
- 최소 요구 C_v는 선정된 밸브의 5% 행정(포지셔너가 사용되는 경우) 또는 패킹 마찰이 크거나 포지셔너가 사용되지 않는다면 10% 행정에 해당하는 C_v보다 커야 한다.
- "질식 유동(Choked Flow)"을 경고하는 불길한 흔적을 남기지 말라. 이것은 다른 사이징 공식을 요구하는 것 이외에는 다른 의미가 없다.
- 입구속도와 출구속도의 계산은 무시하라. 이것은 밸브에서 유체 속도가 마하 0.3 이상 되지 않도록 해야 하는 단지 공기역학적 소음만을 의미할 뿐이다.

---

* 어떤 사람은 제어밸브의 게인이 "1" +/- 이어야 한다고 잘못된 개념을 가지고 있다. 이것은 필요하지 않으며 전형적으로 불가능하다(신호 스팬 전체를 사용할 수 없기 때문에). 중요한 것은 게인이 동 조건의 변화에 따라 일정한 상태를 유지하는 것이다. 8장을 보라.

- "캐비테이션" 또는 "플래싱" 경고문에 유의해라. 사람들에게 문제가 될 수 있다(14장을 참조하라).

☞ 제어밸브 사이징과 선정에 대한 컴퓨터 프로그램을 제공하는 회사 목록

Engineered Software, Inc.
P.O. Box 2514
Olympia, WA 98507

Fisher Controls International, Inc.
205 S. Center St.
Marshalltown, IA 50158

Gulf Publishing Co.
Houston, TX

ISA
P.O. Box 12277
Research Triangle Park, NC 27709

Instrumentation Software, Inc.
P.O. Box 776
Waretown, NJ 08758

Masoneilan Dresser
Dresser Valve &
Controls Division
275 Turnpike Street
Canton, MA 02021

MESA, Inc.
P.O. Box 15004
Worcester, MA 01615

Flowserve Incorporated
PO Box 2200
Springville, UT 84663

Chapter 07

고장 안전(Fail-safe)은 무엇인가?

스프링 다이아프램 구동 제어밸브의 중요한 이점 중 하나는 미리 압축된 구동기 스프링이 작동하게 되는 "고장 안전"이 될 수 있다는 것이다. 예를 들면 공기의 상실 또는 전형적인 신호선의 손상 또는 제어기의 오동작에 대해 밸브가 닫히거나 열리게 된다.

실린더 구동 밸브는 스프링을 장착하지 않거나 압력구동 락업 밸브(Lockup Valve)로 작동하는 공압을 분리된 실린더에 저장해 놓지 않으면 안전고장이 되지 않는다. 때때로 단일 시트 글로브 밸브에서는 "고장 단힘(Fail-close)"이 필요하여 유동 방향을 바꿈으로써 유체의 힘으로 밸브 플러그를 닫히게 하기도 한다.

전형적으로 전기식 구동기는 릴레이 스위치로 작동하는 축전지 장치 같은 예비전력이 없으면 고장안전 작동은 이루어지지 않는다. 여기에 물론 축전지는 주기적인 정비와 재충전이 필수적이다.

고장 안전 방향(열림 또는 닫힘)은 보통 안전사항을 가지고 판단하게 된다. 전형적으로* 취급하는 유체가 폭발성(버너로 가는 천연가스 같은)이거나 열교환기로 가는 가열 매체가 너무 많은 열을 공급함으로써 끓어버리거나 화학물질이 발열반응을 유발할 수 있는 경우라면 "고장 닫힘"으로 규정한다. 화학물질을 다루는 대부분의 밸브는 "고장 닫힘"으로 규정하고 있다.

그러나 어떤 가열장치에서는 고장 열림 작동이 더 유익하기도 한다. 예를 들면 원유 배관의 증기가열장치이다. 특히 한 겨울에 아주 낮은 점도(과도한 열)의 유체는 거의 정체상태에 되는 것보다 더 나을 것이다. 고장 열림에 대해 다른 적용사항으로는 모터 베어링의 냉각 유체를 조절하는 것인데 부작용으로는 효율이 저하될 수도 있다.

"이 밸브가 공기압축기의 고장 또는 신호 고장(컴퓨터 고장, 연결선 파손, 낙뢰 피격)으로 인해 갑자기 열리면(또는 닫히면) 어떤 상황이 벌어질까?"를 스스로 자문해 보라. 의심스럽다면 프로세스 담당자에게 확인해보라. 명심해야 할 질문사항으로는 "감압 밸브가 고장으로 열리지 않을 때 하류에 있는 안전밸브가 감압 밸브의 유량을 소화할 만한 충분한 유량 용량을 가지고 있는가?"이다. 같은 맥락에서 가열

---

* 전체 적용 범위 중 75%에서 80%가 해당된다.

매체를 공급하는 밸브가 닫힘 위치에서 고장을 일으켰을 때 갇힌 액체의 열적 팽창 영향을 고려하라.

어떤 경우에는 밸브가 최종 행정 위치에서 유지되기를 원할 수도 있는데 특히 제어 시스템의 단기 전원 상실에 대응하고자 할 경우이다. 여기에서는 표준 전동 구동기가 이상적이다. 스프링 다이아프램 구동기와 여타 공기 구동기에는 고장위치 유지(Fail-in-place) 모드를 원할 경우에는 구동기내의 공기 압력을 유지하기 위해 락업 밸브(Lockup Valve)를 사용해야 한다.

압축공기의 상실을 대비하기 위해서 공기압력 신호를 밸브 구동기로 보내어 별도의 공기 공급라인의 압력으로 밸브가 열린 상태를 유지하도록 하라. 공기 공급 압력이 약해지면 바로 락업 밸브가 닫히고 구동기 압력을 유지하게 된다. 신호 상실을 대비하기 위해 여기에 2 방향 솔레노이드 밸브가 공압 락업 밸브를 대신할 수 있으며 전기신호 상실 상태에서 공기 압력을 유지할 수 있다.

추가적인 안전을 위해 밸브 스템 고장을 대비하기 위해 밸브의 유동 방향을 고려할 수도 있다. 여기에서 예를 들면 밸브가 고장 시 열려야 하는 경우에는 유체의 유동 방향을 “열림 방향 유동(Flow-to-open)”으로, 고장시 닫혀야 하는 경우에는 “닫힘 방향 유동(Flow-to-clse)”으로 명시할 수도 있다.

그러나 “닫힘 방향 유동” 플러그로 명시하는 것은 플러그가 꽝 닫힐 수 있는 불안정성을 초래할 수 있기 때문에 곤란할 수도 있다. 10장을 참조하라.

제어밸브 적용상 안전성 측면을 고려할 때 다음과 같은 결과가 예상되는지 심각한 순서에 따라 평가하라.

- 생산성 감소
- 프로세스 정지
- 프로세스 장비의 손상, 그리고
- 신체적 부상 또는 사망

Chapter 08

유량 특성으로 “균등비율(Equal Percentage)”을 선택하는 이유는 무엇인가?

가장 자주 듣는 질문들 중 하나는 "제 밸브는 어떤 고유 유량특성을 가져야 하나요?"라고 묻는 것이다. 첫 번째로, 정의에 따르면 "고유 유량특성"은 유량계수 C_v와 밸브 행정 사이의 관계이다. 만약 그것이 선형적(Linear)이라면 (이론적으로) 동일한 양의 행정 증가에 대해 C_v가 똑같게 증가할 것이다. 전형적인 값으로 매 10%의 행정값 증가에 따라 9.8%의 C_v가 증가한다. 아마 왜 C_v가 동일한 10%로 증가하지 않는가에 대한 의문점이 들 것이다. 플러그와 시트링 사이의 틈새 유량으로 인해 1%의 행정값에도 유량은 이미 최대 C_v 값인 2%로 증가하는데, 그런 이유로 10% 증가에 9.8%만이 변하는 것이다(그림 8-1 참조).

"균등비율(Equal Percentage) 특성"에 있어 전형적인 C_v 증가는 43% 정도로, 앞서 언급한 매 10%의 행정값에 대한 C_v 값보다 높다. 예를 들어, 20%의 행정에 있어 C_v 값은 이전의 10%에 대한 값의 143%나 된다. 가령 40%의 행정값에 대한 C_v가 10이라면, 50%의 행정값에 있어서는 14.3, 60%의 행정값에 있어서는 20.5가 되는 형식이다. 이 결과로 보아 유량은 일정한 것이 아닌 기하급수적으로 증가한다는 것을 알 수 있다. 이 특성은 일반적으로 반-로그 모눈종이에 일직선으로 존재한다.

마지막으로, "급속 열림(Quick Open)" 특성이 있다. 이 특성은 밸브 플러그가 예전에는 입체적인 형태였지만 현재에는 보통 평평한 디스크 모양이라는 것을 의미한다. C_v 값은 오리피스 지름의 1/4과 상응하는 행정값까지 거의 직선형(Linear)으로 증가한다. 행정값이 그 이상이 된다면, 증가하던 유량은 멈추게 되고 만다. 교축되는 제어밸브에 있어서는 이 특성을 무시해도 된다.

이제, 주의해야 할 사항들을 보자면, 배관 장치에 밸브가 설치된 후에 앞서 설명했던 유량 특징들은 오직 아래의 상황들에 있어서만 적용된다.

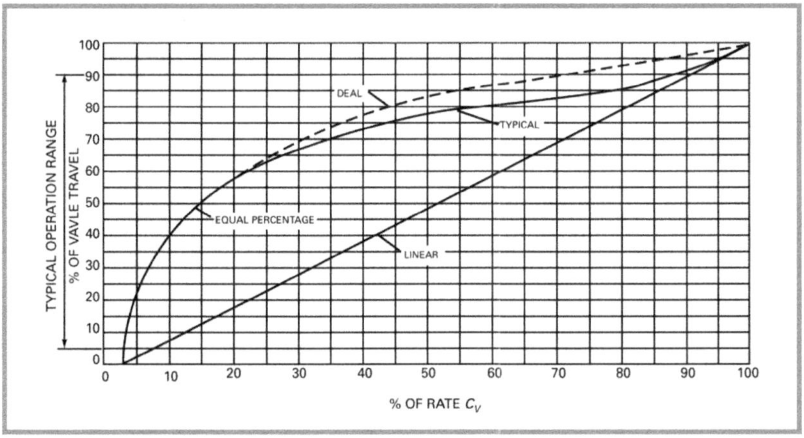

[그림 8-1] 제어밸브의 일반적인 고유 유량특성

- 유량에 따라 압력의 감소가 일정할 때
- 특정 유량 상태에서 플래싱, 캐비테이션 또는 음속 유동이 발생하지 않을 때(밸브 행정의 변화로 밸브의 F_L 인자가 변하여 발생할 확률이 높다)
- 밸브가 리듀서 사이에 설치되어 있지 않을 때

위에서 알 수 있듯이 그런 이상적인 상태는 제조업체의 유량 실험실에서만 적용된다. 그렇기에 실험실 밖, 실세계에서 우리는 반드시 "설치 유량특성(Installed Flow Characteristic)"에 직면하게 될 것이다. "설치 유량특성"이란 흐르는 유량과 밸브 행정 사이의 관계인데, 최소유량과 최대유량 사이의 압력 저하의 차이, 배관 중의 임계유량 발생 가능성, 그리고 고유한 밸브유량특성상 발생할 수 있는 리듀서 수두손실 같은 왜곡 때문이라고 보면 된다. 이 설비 특성이 최종적으로 제어기의 안정성에 영향을 미치게 되는 것이다.

PID 제어기(비례, 적분 및 미분 동작)의 이상적인 설정을 위해서는 최종 제어요소의 "콘스턴트 게인(Constant Gain)"을 필요로 한다. 이 "게인"은 주어진 변화 신호에 대한 유량 변화(q)의 비율이다. 일반적으로 밸브 행정(h)은 신호에 비례한다. 이것은 이상적인 밸브에서 '$\delta(q)/\delta(s)=$일정'이라는 것을 성립한다.

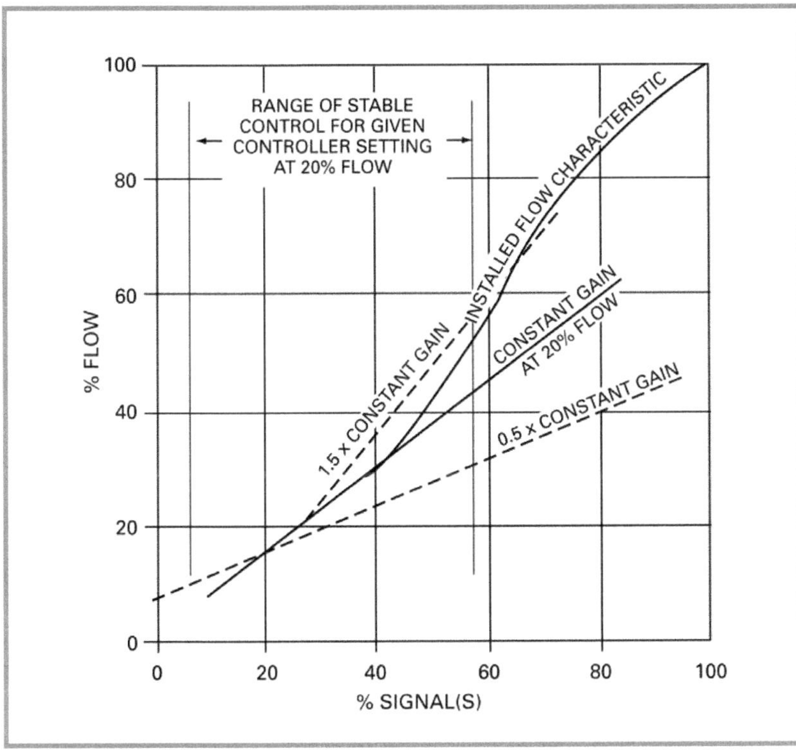

[그림 8-2] 제어기 설정치가 50% 게인 변동을 가지며 콘스턴트 게인이 0.75인 제어밸브의 일반적인 설치 유량 특성으로 제어기 성능의 한계를 보여주고 있다. 유량 범위가 한계를 초과하면 제어기를 조절할 필요가 있다.

그렇다면, 이상적으로 우리가 필요로 하는 것은 설치되어 있는 밸브가 매 10%의 행정 증가에 있어 10%의 유량(C_v와 다름)이 증가하는 "직선형(Linear)" 유량 특성이다.(이것은 "하나"의 밸브 당 설치되어 있는 "게인"을 만들 것이다). 하지만, 완벽하게 이상적인 상태를 구현해 내는 것은 불가능하다고 볼 수 있기 때문에 약간의 오차는 절충하는 태도가 필요하다. 경험으로 보아 밸브 게인은 평균 콘스턴트 게인 값(반드시 1.0이 될 필요는 없음)에서 ± 50% 정도가 변하게 되는데 제어기의 PID 설정치 조정을 필요로 하지는 않는다. 이해하기 쉽도록 예를 들자면, 한 쪽 끝에선 10%의 행정에 있어 유량이 5%로, 다른 쪽에서는 10%의 행정에 15%의 유량으로 변하게 되는 특성을 가지게 된다.

이것은 확실히 쉽다고 할 수 있다. 그림 8-2는 일반적으로 설치된 밸브의 유량 특성의 예시이다. 여기서 제어장치는 20%의 유량 혹은 28%의 신호에서 바뀌었다.

그림에 표시된 곡선 위의 좌표(20%의 신호에 대한 15%의 유량이 있었던 제어장치의 변화한 시점)의 기울기는 참고적인 역할을 한다. 이 경우에는 우연히도 어떤 방향에서도 증가값의 변화가 나타났다. 그러므로 ± 50%(즉 1.5와 0.5)의 "콘스턴트 게인"의 기울기는 10%의 유량(8%의 신호)과 57%의 유량(58%의 신호)으로 제어기의 안정성에 대한 한계를 결정한다. 이러한 정보들을 바탕으로 이제 우리는 다음의 규칙들을 성립시킬 수 있다.

첫째로, 계산 과정을 점검하여 요구되는 최소 유량률에서 $\triangle P$와 최대 유량률에서 $\triangle P$가 얼마인지를 찾아내고 이 둘 사이의 비율을 확인하여야 한다.

둘째로, 만약 이 둘 사이의 비율이 2.1보다 작은 경우 밸브의 고유유량특성은 직선형(Linear Characteristic)을 선택하여야 한다. 만약 비율이 2.1보다 클 경우에는 균등비율형(Equal Percentage Characteristic)을 선택하여야 한다.

예를 들어 평균 게인이 2 정도가 된다면 제어기의 비례대를 50%로 바꿔야 한다.

조금 더 일반적인 측면을 설명해 보자면, 앞서 언급했듯이 대부분의 밸브는 기준치보다 조금씩 더 크게 만드는데, 그 이유는 배관에서의 압력 감소를 예상치보다 크게 잡아서 밸브 사이징에 필요한 $\triangle P$를 작게 하는 경향이 있어서 나중에는 밸브 사이즈가 커지게 된다. 보통은 밸브의 C_v를 40%만 사용해도 충분하며, 직선형(Linear) 밸브는 40% 정도 열릴 것이다(오직 제어기의 시그널 스팬의 40%만을 사용한다). 반면에 균등비율 밸브의 경우에는 75% 정도의 행정이 존재할 것이다. 이제 어떤 경우가 자신이 보기에 더 나은지 생각해 보자. 밸브의 불감대(Dead Band)가 예전엔 오직 40%의 시그널 스팬만 있었던 것에 비해 요즘에는 75%의 제품이 유통되고 있지만, 이것 역시 개의치 않아도 된다. 그저 "균등비율의 플러그를 가진 밸브"라고 가정하면 된다.

또 다른 논점을 살펴보자. 열교환기를 통한 액체 유량은 3 : 1로 달라질 수 있다고 가정하면 밸브의 $\triangle P$는 보통 유량비율의 제곱이므로 1/3의 유량에서 $\triangle P$는 9배이다. 그러면 레인저빌리티(Rangeability) 또는 턴다운(Turn-down) 즉, 최대 C_v에서 최소 C_v까지의 비율은 $[1/(1)^{1/2}]/[0.333/(9)^{1/2}] = 1/0.111$ 또는 9 : 1이 된다. 위에 나타나 있는 최대유량에서 정격 C_v의 40%를 9로 나누면 최소 유량에서 정격 C_v의 4.4%라는 결과가 산출된다.

선형 특성을 가지고 있는 밸브는 이와 같은 경우가 3% 행정에서 혹은 "위험 범위(5% 행정 이하)"에서 발생한다. 3% 행정이라는 위험 범위에서는 제어기가 약간 불안정하므로 플러그는 시트와 부딪치는 경우가 있다. 반면 균등비율 밸브의 경우에는 최소 유량에서 무려 약 14%의 행정을 가지고 있다. 위의 특성들은 우리가 기억해야 할 중요한 논점들이다.

자가동조 제어기(Self-tuning Controller)와 컴퓨터 칩의 결합은 밸브로의 출력신호 곡선의 형태를 변화시킬 수 있으므로 밸브가 어떠한 고유밸브 유량특성을 가져야 할지 결정하는 것은 덜 중요해지고 있다. 대부분의 회전식 제어밸브는 자연적인 고유특성을 가지고 있으며 이 특성에 대해 정확히 이렇다 할 정의를 내릴 수는 없지만 현재까지 큰 문제는 없다.

앞서 언급된 다른 것들에 비해 대부분의 제어루프는 이해하기가 쉽다. 어떤 제어루프의 유량특성이던 확대경을 통해서 봤을 때에는 직선형(Linear)이라는 것은 기억해 둘 필요가 있다. 그리고 20% 이상이 됨에 따라서 유량 비율이 달라지지 않을 때가 있는데, 고유 특성(Inherent Characteristic)과 관계없이 증가값의 변화는 2.1 보다 낮기 때문에 위에서 열거한 장점들 때문에 균등비율을 선택하는 것이 좋다. 이는 직선형(Linear)이라는 이점 때문에 가능하다.

마지막으로 이야기해 볼 것은 회전식 제어밸브에 있는 포지셔너(positioner)의 특성 캠(Characterized Cam)의 사용에 대한 것이다. 이것은 사용에 제한이 있다. 첫째로, 밸브가 거의 직선형에 가까운 고유특성을 가지고 있다면, 균등비율의 캠에 필요한 14% 신호의 입력과는 무관하게, 4%의 C_v는 여전히 3%의 행정만이 필요하다. 둘째로, 신호에 대한 행정의 변경 관계는 오직 정적 조건하에서만 유효하다. 즉 오직 온도제어 같은 대형 프로세스의 시정수에서만 적용된다. 마지막으로 짚고 넘어갈 점은 특성 캠은 조정하기에 부정확하고 어렵다는 것이다.

만약 프로세스가 빠르다면 제어밸브는 루프의 안정성을 높일 수 있는 행정에 따른 가변 시정수를 가져야 한다. 왜냐하면, 만약 균등비율 캠으로 변환(예를 들어 직선형 고유특성 같은 밸브를) 해야 한다면 90% 신호에서 80% 신호로 변화하면 행정이 약 21%가 되고 20% 신호에서 10% 신호로 떨어지면 행정의 1.6%만 움직이는 밸브 구동기가 된다. 다른 말로 설명하자면, 밸브가 신호 스팬의 하부에서 움직일 때보다 신호 스팬의 상부에서 움직일 때가 13배나 오래 걸린다. 이런 점은 프로세스 루프의 시정수 특성과 매우 간섭된다. 그러므로 압력과 유량 제어(빠른 루프)를 위해서는 이런 캠의 사용은 피하는 것이 좋다.

☞ "설치된 밸브의 유량 특성" 계산법

당신은 제어밸브를 구매 서명하기 전에 앞에서 언급한 것과 같은 기준으로써 제어밸브의 최대 게인 변동은 ± 50%만 허용하면서 유량률이 크게 변하는 제어루프에서 제어기가 안정적으로 유지될 것인지를 알고 싶을 것이다. 하지만, 이것은 설치된 밸브와 그에 결합된 배관계의 유량특성 계산이나 그래프 작성 없이는 알 수 없으며 그 과정이 끝났을 때는 참조 8-2에서 보이는 곡선과 비슷할 것이다.

저장탱크, 원심펌프, 제어밸브, 6인치 지름과 20피트의 길이의 배관, 네 개의 배관 엘보우 그리고 프로세스용 압력용기로 구성된 유체 유량 시스템이 있다고 가정해보자. 이 계산을 위해서 아래에 필요 정보를 나열해 보았다.

- 최대와 최소 유량비율은 각기 1,250 gpm과 250 gpm이다.
- 제조자로부터 받은 펌프의 특성(feet에서 psi로 전환되었다).

gpm	1250	1050	850	650	450	250
psi head	110	121	131	140	146	150

- 1,250 gpm의 유량비율에서 28 psi로 계산되는 마찰손실이 배관과 엘보우에서 일어난다. 점성률과 플래싱에 있어서 아무런 문제가 없다고 가정했을 때, 마찰 손실이 유량 비율의 제곱에 비례한다고 볼 수 있다. 즉 $\triangle P$ pipe = 28 psi/(gpm/1250 gpm)^{2}이다. 그러므로 아래와 같은 결과가 나온다.

gpm	1250	1050	850	650	450	250
$\triangle P$ pipe	28	19.8	12.9	7.6	3.6	1.1

- 23 psi(일정), 펌프 흡입관(Pump intake)으로부터 Process Vessel 까지 정수두 변화(고저차)
- 52 psig(일정), Process Vessel 배압(backpressure)

첫 번째, 최대유량(1,250 gpm)에서의 제어밸브 전후에 가능한 압력 강하 :

$$\triangle P \text{ 밸브} = \text{펌프수두} - \text{배관 } \triangle P - \text{정수두} - \text{배압}$$
$$= 110 - 28 - 23 - 52 = 7 \text{ psi}$$

프로세스 자료로부터 우리는 비중이 1.1임을 알 수 있으므로, 요구되는 최대 밸브 C_v의 값을 공식 5-1을 사용하여 계산할 수 있다.

$$C_v = 1250 / (7/1.1) = 496$$

완전 기밀을 유지할 필요가 없고, 레인지어빌리티와 소요 비용을 고려할 때, 아마도 C_v 825, 6인치, Angle-seating이고, 버터플라이 밸브가 적합하다고 생각할 수 있다. 아래의 제조자의 목록으로부터 우리는 고유유량 특성을 알 수 있다.

% Travel	10	20	30	40	50	60	70	80	90	100
C_v	32	80	130	190	265	345	440	535	680	825

위의 자료는 밸브가 최대유량에서 대부분 약 75% 정도 열릴 것이라는 걸 말해준다. 이제 다른 유량비율에 대한 밸브 행정의 백분율에 대해

알아보자. 다시 말하면 제어기 신호의 백분율(Positioner Cam과 구분 짓지 않는다는 전제하에)은 밸브 행정과 거의 동일하다. 1,050 gpm에 다다르려면 우리는 위처럼 밸브 압력저하에 대해 계산을 다시 한 번 해야 한다.

$$121 \text{ psi(펌프 수두)} - 19.8 \text{ psi (배관 } \Delta P) - 23 \text{ psi} - 52 \text{ psi}$$
$$= 26.2 \text{ psi, 그리고 } C_v = 1050/(26.2/1.1)1/2 = 215$$

밸브의 C_v 차트에서 행정이 43.3%임을 추정할 수 있다.

각각의 유량비율을 모두 알아내기 위해 같은 과정을 반복한다면 아래와 같은 값을 얻을 수 있다.

유 량	1,250	1,050	850	650	450	250
%신호 = %행정	75	43	31	22	15	9
밸브 C_v	496	215	136	90	57	29

유량과 % 신호의 관계가 참조 8-3에 표시된 곡선 A이며, 낮은 유량과 높은 유량에 대한 증가의 차가 약 6.7 : 1 로서 직선형이 아닌 곡선의 형태이다. 분명히 불안정한 제어기의 상황에 따른 결과이겠지만, 불행히도 버터플라이 밸브의 고유 특성에 따른 것이다. 하지만 균등비율의 글로브 밸브도 74 psi/7 psi = 10.5 : 1의 비율로 바뀌는 밸브의 압력손실에는 제 역할을 다 해내지 못 할 것이다. 만약 배관 사이즈가 8인치라 할지라도 리듀서는 설치 특성을 왜곡하고 더욱 안 좋은 결과를 낳게 될 것이다.

그렇다면 우리는 무엇을 할 수 있는가? 제어밸브 제조사의 카탈로그를 빠르게 체크해 보면 균등비율을 가지고 있는 6인치 케이지 밸브(Cage Valve)의 최대 C_v는 357로 매우 낮은 편이다. 8인치 사이즈의 밸브 같은 경우에는 570의 C_v를 가지고 있다. 이런 경우에 C_v 값은 충족시킬지 모르나 비용이 너무 많이 들고 배관 사이즈보다 큰 밸브를 설치하는 것은 조금 애매모호한 상황이다. 게다가 특성은 그리 많이 개선되지 않는다.

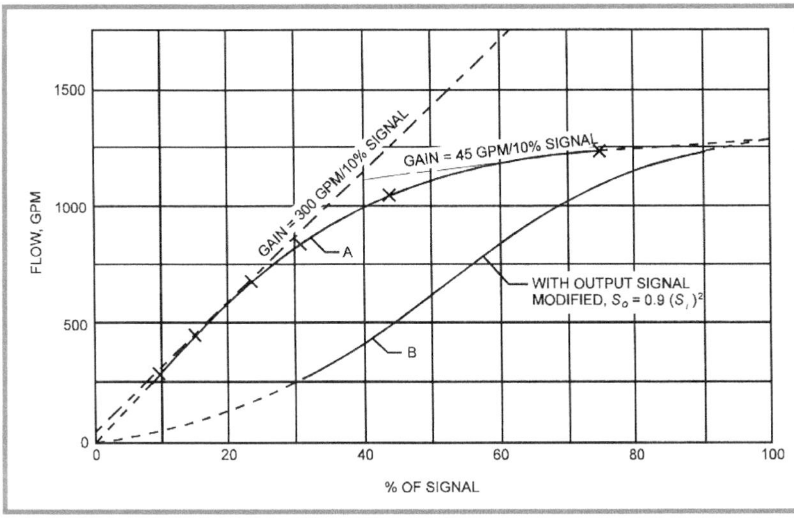

[그림 8-3] 압력 감소가 7과 24 psi 사이에서 변하는 펌프 및 배관 시스템의 6인치 앵글 시트 버터플라이 밸브의 설치 유량 특성(곡선A). 곡선 B는 아날로그 4~20mA 출력신호(So)로 변환되기 이전에 컴퓨터의 내부 제어기 로직신호(Si)가 바뀌었을 때 동일한 시스템의 특성을 나타낸다. **주의** 디지털 포지셔너는 아날로그로 변환을 필요로 하지 않는다.

캠으로 보정된 포지셔너 특성은 느린 온도제어 시스템에서 말고는 별 활용 가치가 없다(9장을 보라). 그래서 우리는 현대적인 전자장비에 의존해야 한다. 기준치 4 ~ 20 mA 범위의 밸브로 바로 보내는 것(디지털-아날로그 변환기를 통해) 대신에 컴퓨터에서의 출력신호(S_i)를 가져오는 방식으로 바꿨다고 가정했을 때, 만약 S_i가 내부 제어기에 대한 이론으로부터 만들어진 신호라면, 그리고 S_o가 밸브의 최종 출력신호라면 우리는 밑에 주어진 공식을 적용할 수 있다.

$$S_o = 0.9(S_i)^2$$

위의 공식에 있어서, 0.9를 사용하는 이유는 밸브 행정을 최대 신호에 가깝게 만들기 위한 것이며, 제곱 함수를 쓴 이유는 설치 유량 특성의 형태를 직선형인 일차함수로 만들기 위함이다. 그리하여 다음과 같은 관계를 가지게 된다.

Si %	10	20	30	40	50	60	70	80	90	100
So %	1	4	8	14	23	32	44	58	73	90

이제 최종 특성을 다시 구성할 수 있는데, 예를 들면 60%에 상응하는 컴퓨터 신호(S_i) 점에서 움직이는 곡선 A(880 gpm)에서 32% 행정(S_o)에 대한 유량을 얻을 수 있다. 모든 값을 변환한 뒤에 곡선 B의 형태로 유량과 제어기 로직 신호(S_i) 사이의 관계를 확인할 수 있다. 여전히 기울기가 점진적인 변화를 가지고 있으며 최종 게인*은 1.92에서 0.72(240 gpm/10%에서 90 gpm/10%로)로 모두 ±50%의 정해진 한계치 내에 있다. 만약 제어기의 밸브 게인을 1.35로 설정하면 상한치는 1.35 + 50% = 2.025, 하한치는 1.35 – 50% = 0.68이 된다.

☞ 참고문헌

1. Baumann, H.D., "How to Assign Pressure Drop Across Control Valves for Liquid Pumping Systems," *Proceedings of the 29th Annual Symposium on Instrumentation For The Process Industries*, Dept. of Chemical Engineering, Texas A&M University, Jan.16, 17, 18, (1974).
2. Boger, H.W., "Flow Characteristic for Control Valve Installations," ISA Journal, pp. 50-54, November (1966).

* 제어밸브의 게인은 유량변화를 신호변화의 백분율로 나눈 비율이다. 그래서 게인 1.35일 경우에는 매 10%의 신호증가에 비례해 13.5%의 유량(125 gpm)의 증가를 가져온다.

Chapter 09

밸브 포지셔너(Positioner)

☞ 밸브 포지셔너는 언제 사용하는가?

밸브 포지셔너 사용은 시스템 안정성 면에서 볼 때 복잡하나 대부분의 제어밸브는 포지셔너 없이는 작동 할 수 없다. 대체로 실제로는 "밸브 스템 위치 컨트롤러"인 밸브 포지셔너의 사용은 제어루프 내에서 또 다른 제어루프를 추가하게 된다. 설정치는 포지셔너에 대한 컨트롤러 신호이다. 피드백은 구동기 스템에 부착된 레버에서 받아 최종 위치를 감지한다. 컨트롤러는 컨트롤러 신호와 레버에 부착된 피드백 스프링에서 생성된 힘의 차이를 감지하는 플래퍼 노즐(Flapper-nozzle) 또는 파일럿 밸브(Pilot Valve)이다. 그리고 최종 제어요소는 밸브 구동기로 공기 압력을 보내는 릴레이이다. 후자의 설명은 공압 포지셔너를 의미하지만 기본적인 기능은 디지털 포지셔너에서도 동일하다. 여기에서는 음성 코일(Voice Coil), 토크 모터(Torque Motor) 또는 솔레노이드로부터 생성되는 입력신호만 다르다.

다른 루프처럼 포지셔너 루프는 종종 원래의 프로세스 제어루프 역학을 방해하는 자체 데드 타임(Dead Time), 시정수 및 게인을 가지고 있다[1]. 예를 들면 압력 또는 유량 제어와 같은 빠른 루프일 때는 프로세스 컨트롤러의 작업이 더 어려워 질 수 있다.

현재까지는 포지셔너 사용상의 문제점을 언급하였고 지금부터는 이점에 대하여 나열해보자. 첫째, 밸브 포지셔너의 사용을 피할 수 없는 경우가 있다.

- 실린더 구동기가 15 psi를 초과하는 공기 압력을 요구할 때이다. 여기에서 포지셔너는 압력 증배기와 스템 포지션 컨트롤러로 사용된다.
- 두 대의 밸브가 분리된 제어 범위로 구성되어 있는 경우이다. 예를 들면 공유 컨트롤러에서 두 밸브까지 3 ~ 9 또는 9 ~ 15 psi(4 ~ 12 mA 또는 12~20 mA) 신호로 구성될 때이다. 보통 공유 컨트롤러에서 분리된 두 개의 전자 신호를 사용하는 것이 좋다(두 대의 구동기에 대해 두 개의 I/P 변환기를 사용).

- 밸브(보통 둘 중 하나)가 역방향 모드로 운전될 때이다. 예로 안전상의 이유로 고장 닫힘(air-to-open 구동기) 밸브는 신호가 있을 경우 닫히는 방향으로 운전되어야 한다.
- 구동기/밸브 조합의 예상 불감대가 과도한 스템이나 트림 마찰 때문에 신호 범위의 5%(0.6 psi 또는 0.8 mA 또는 이에 상응하는 양방향 전자 신호)를 초과할 때이다.
- 빠른 작동 속도를 위해 부스터를 사용할 때와 밸브에 과도한 불감대가 있을 수 있을 때이다.
- 당신이 라인에 진단 기능을 갖고 싶어 할 때이다(스마트 포지셔너만 해당).

나는 밸브 포지셔너가 사용되어야 하는 분명한 이유를 알고 있다. 밸브가 I/P 변환기가 설치된 제어 룸으로부터 너무 멀리 떨어져 있는 경우 응답속도를 높이기 위해 포지셔너가 사용되는 경우도 있다. 이와 같은 곳에서는 밸브에 장착된 변환기 또는 부스터 릴레이가 상기 기준에 맞지 않은 일반 밸브에서도 우수한 성능을 발휘한다. 하드웨어뿐만 아니라 배관, 공기 공급설비 및 유지 보수에서도 얼마나 많은 돈이 절약될 것인지 생각해 보자.

그러나 포지셔너가 대부분의 경우에 필요하기 때문에 포지셔너(연결된 밸브 포함)의 다양한 작동 특성에 대해 최신 버전을 명시할 수 있도록 하자. 이전 밸브 포지셔너는 비례대와 리셋 조정장치가 없는 프로세스 조정기와 같았다. 운이 좋으면 모든 것이 안정적일 수 있으나 밸브(또는 제어루프 전체)가 불안정한 모드에서는 헌팅(Hunt)이 일어날 수 있다. 이것은 전형적인 석유 정제 또는 화학 공장을 돌아보고 밸브 포지셔너가 연결되어 있지 않거나 우회모드에서 작동되는 제어밸브를 세는 것이 교육적으로 도움이 될 것이다.

오늘날 프로세스 운전원을 더 편하게 하기 위해서 신규 포지셔너는 속도 조정이나 게인 조정 또는 두 가지의 조합을 가지고 있다. 이것은 컨트롤러 하우징뒤쪽에 조정 손잡이를 추가하는 것과 같다. 이것은 프로세스를 최적화하기 위해 최종 제어 요소의 주파수 응답 특성(또는 시정수)을 변경할 수 있게 한다. 만약 프로세스 시정수가 컨트롤러/

밸브 조합한 것과 같거나 가까우면 루프가 안정될 수 없다는 것을 알 것이다. 안정적인 루프를 만들기 위해서는 밸브와 시스템 시정수 사이의 비율은 최소 3 : 1(또는 0.3 : 1)이어야 한다. 5 : 1(또는 0.2 : 1)이면 더 좋다. 이상적으로는 어렵기는 하겠지만 밸브/포지셔너 루프는 프로세스 루프보다 더 빨라야 한다.

전통적인(비디지털) 밸브/포지셔너 조합을 사용함에 있어서 포지셔너가 지나친 밸브 스템 마찰 때문에 불안정할 때 여러분은 밸브를 느리게 하기 위해 컨트롤러 설정(높은 비례 밴드 – 긴 재설정 작업)을 줄이거나 포지셔너에서 구동기로 가는 출력 튜브관을 구부릴 수밖에 없었다. 누군가가 현장에서 조정기를 만지작거리는 위험을 피했다고 하면 당신은 밸브가 운전 중이어도 밸브 행정의 속도(보통 5 : 1로) 그리고/또는 포지셔너의 개방 루프 게인*의 설정(감도)(보통 10 : 1)을 변경할 수 있다(**주의** 게인 설정 후에 영점 조정을 다시 해야 한다).

밸브의 시정수가 어떻게 변하는가에 대한 전형적인 예는 그림 9-1에 표시되어 있다. 최대 공기유량과 낮은 게인 설정으로는 "절점 주파수(Break Frequency)"가 0.75 cps이다. 극단적으로 다른 쪽에서는 0.6 m^3/h의 공기 유량과 더 높은 게인 67(1.5% 비례 밴드에 해당)은 절점 주파수를 0.32 cps로 만들어 시정수는 거의 220%나 변한다. 제어밸브의 시정수는 전체 신호(full signal)가 가해질 때, 0부터 66.7%의 행정을 진행하는 데 걸리는 시간(sec)으로 정의된다. 아래는 포지셔너가 달린 제어밸브에 대한 전형적인 시정수이다.

---

* 포지셔너의 개방 루프 게인(Open-loop Gain)의 정의는 피드백이 연결되어 있지 않은 상태에서 입력신호 변화에 대한 출력신호의 변화이다. 이와 같이 게인 200:1은 입력신호 0.1 psi 변화 당 출력신호 20 psi 변화를 유발한다. 게인은 상호간의 백분율 밴드이며, 게인이 200:1은 0.5% 비례 밴드와 동등하다. 어떤 포지셔너는 30:1로 낮은 것도 있으며 어떤 포지셔너는 200:1을 초과하는 것도 있다. 어떤 디지털 포지셔너는 I/P 변환을 위해 Push-pull형 솔레노이드 밸브를 채택하고 있는데 내부 장치의 채터링 현상을 피하기 위해 아주 작게 게인 설정을 해야 할 경우도 있다.

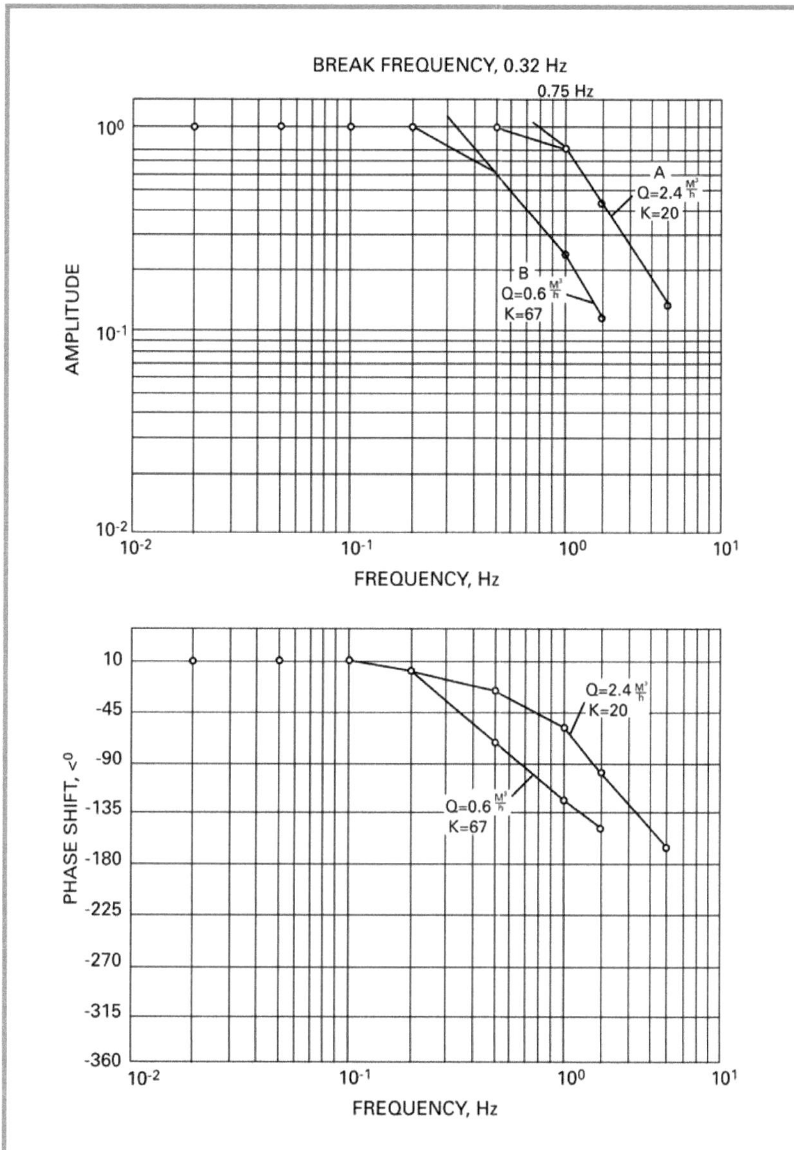

[그림 9-1] 게인과 속도 조정이 분리되어 있는 밸브 포지셔너에서 구동기/포지셔너 조합에 따른 동적 성능에 대한 일반 조정 범위(SAMSON AG사의 허가를 받아 게재)

시정수(Time Constant)

Actuator Size	Rated Travel	Air In	Air Exhaust
32 in^2	1/2 in.	1.1	2.5
32 in^2	3/4 in.	1.8	2.6
54 in^2	3/4 in.	5	7
108 in^2	2-1/4 in.	10	12

프로세스 역학에 대해 전혀 개념이 없는 경우일지라도 다음을 기억하자.

- 온도 제어와 같은 느린 프로세스인 경우, 게인을 최대 또는 거의 최대로 설정한다. 이 방법으로 밸브가 더 작은 증가 신호 변경(컨트롤러의 재설정 동작으로 인해)에 반응할 것이다. 그러나 불안정한 구동기 동작을 피하기 위하여 거의 최저로 속도(공기 출력)를 설정해야 한다.
- 압력 또는 유량 제어와 같은 빠른 프로세스인 경우, 매우 민감하지만 안정된 밸브를 만들기 위해서는 거의 최저로 게인을 설정하고 구동기 진행 속도를 최대치로 설정해라.

☞ 포지셔너 또는 변환기 선정 시 고려사항

대부분의 제어루프는 4 ~ 20mA 아날로그 또는 디지털 신호를 사용한다. 따라서 전자 신호를 공압 신호로 바꾸거나 디지털 포지셔너를 사용할 수밖에 없다. 아날로그 신호(4 ~ 20mA)를 사용해야 하는 경우라면 I/P 포지셔너를 선택하여야 한다. 대안으로, I/P 변환기가 어디의 출력인지 명시될 수 있다면 공압 포지셔너를 선택할 수 있다. 참고 : 공압 포지셔너가 사라지는 추세에 있을지 모르지만 여전히 값싸며 설계 측면에서 방폭의 이점을 가지고 있다.

첫째, 밸브가 가연성 액체가 취급되는 지역에 설치되어 있는지 여부를 고려한다. 당신은 방폭(또는 본질적 안전) 버전이 필요할 수 있다. 둘째, 밸브 위치에서 진동 수준을 확인한다. 예를 들어 밸브가 원심 펌프에 가까운 경우, 파이프 진동은 60Hz 주파수 범위, 또는 다중 진동 모드에 존재 할 수 있다. 좋은 I/P 포지셔너 또는 변환기는 최소 3g(at

30cps), 1g(at 100cps, g = 중력 가속도, 31.1 ft/s^2)의 진동 수준에서 안정된 출력을 유지해야 한다. 셋째, 공급되는 공기의 질을 고려한다. 건조 하고 기름기 없는 계기용 공기 또는 공장 압축기에서 직접 나오는 공기 중에 어떤 걸 사용할까? 후자의 경우에는 내장 증폭기 릴레이가 사용되는 포지셔너는 사용하면 안 된다. 왜냐하면 작은 유로가 막힐 수 있기 때문이다. 넷째로 실외에 설치된다면 날씨의 영향을 고려하고, 예를 들어 밸브가 용광로 근처에 위치한다면 주변 온도를 고려해야 한다. 마지막으로, 좋은 주파수 응답이 필수적이라면(유량 제어, 터빈 또는 압축기 우회, 압력 제어 등) 원격 계기 패널에 장착된 I/P 변환기를 사용하지 않아야 한다. 대신 신호 지연*을 방지하기 위해 밸브 구동기에 I/P 변환기를 탑재한다. 변환기 또는 포지셔너의 공기 출력 용량이 적절한 행정 속도를 제공하기에 충분한 지를 확인해라.

주의 일부 선반에 장착된 I/P의 변환기는 1 ~ 4 scfm의 공기 용량을 갖고 있으며, 온도 제어프로그램이나 작은 밸브에만 적용(포지셔너가 사용되지 않은 경우) 되도록 제한한다.

이것은 유량이나 압력을 제어하는 “빠른 루프(Fast Loop)”에 있어 매우 중요하다. 왜냐하면, 트랜듀서와 밸브 구동기 사이의 긴 신호 전달은 10% 신호 변화당 0.2 ~ 2초의 시간 지연을 줄 수 있기 때문이다.

대강 계산하면 20 psi로 공기 공급 시 다이아프램(3 ~ 15 psi 신호)의 매 inch 마다 최소 1 scfh가 필요하다. 예를 들어 100인치 다이아프램 구동기와 밸브는 적어도 100 scfh의 공기 출력 용량을 갖는 포지셔너가 필요하다. 매우 큰 구동기를 위해서 포지셔너와 구동기 사이에 부스터 릴레이가 필요할 수도 있다. 1 psi 차이를 갖는 1 : 1 압력비의 볼륨 부스터와 조절 가능한 우회 니들밸브가 권장된다. 1 psi 차이는 부스터가 포지셔너에서 출력 신호가 1 psi 이상으로 뛸 때 활성화 될 수 있도록 보장한다. 이것은 보통 비상사태(특정한 압축기 서지 제어 프로그램)에 밸브가 빠르게 열려야 하는 경우이다. 조절 가능한 니들밸브는 부스터 릴레이의 불안정을 피하기 위해 사용된다.

---

* 유량 또는 압력 조절 같은 “빠른 루프”에서는 매우 중요하다. 왜냐하면 변환기와 밸브 구동기 사이의 긴 전송관 때문에 시간 지연은 10% 신호 변화당 0.2~2초가 변할 수 있기 때문이다.

추가로 추천되는 특성은 다음과 같다. 모든 외부 연결은 18-8 스테인리스강, 모든 알루미늄 부품은 산화 처리(내부 및 외부)와 에폭시 코팅, 포지셔너는 적어도 게인 조정 내장, I/P 변환기는 1 ~ 17 psi의 공기 출력 범위 용량(10장의 On-off Balance Plug Force 참조) 그리고 폐쇄 루프 디자인(압력 변환기 피드백 내장)이라면 작은 다이아프램 구동기 가까이에 장착했을 때 불안정을 막기 위해서는 게인 또는 불감대 조정 기능이 있어야 한다.

☞ 스마트 포지셔너 – 스마트 밸브

많은 마케팅 표어의 경우처럼 "스마트 포지셔너"는 아직 정의가 잘 되어있지 않다. 그것은 일반적으로 동등한 HART™ 프로토콜이나 필드버스(Fieldbus) 기기에서 양방향 디지털 신호를 사용하여 원격 프로그래밍 송신기와 동일하다. 그럼에도 불구하고 대부분은 아직 4 ~ 20 mA 아날로그 신호를 내부적으로 사용하고 있다.

입력 부분에는 신호와 밸브 행정(앞 장에서 언급한 비균일 밸브 포지셔너 시정수 결과 참고), 밸브 행정의 조정과 측정, 제어범위 분리(Split-ranging) 및 불감대와 같이 프로그램이 가능한 디지털 전자기기가 있다. 그럼에도 불구하고 공기 변환 메커니즘의 최종 출력 신호는 보통 아날로그 형태이다. 이러한 대부분의 장치는 외부 전원이 불필요하므로 본질적으로 안전하다(방폭). 필드버스 포지셔너는 PID 컨트롤러(디지털 송신기 또는 컴퓨터의 입력과 분산 컨트롤러 역할)의 기능을 수행할 수 있다. 전자 포지셔너 회로의 고장은 오직 로컬루프(Local Loop)에만 영향을 미친다.

이러한 포지셔너의 비용은 아날로그 대응품보다 3분의 1정도 비싼 반면에 제어 밸브를 감시할 수 있다. 예를 들어 컴퓨터로 현재의 행정 위치를 알려주며 포지셔너 신호와 구동기로의 공기 출력 압력 사이의 관계 측정을 통해 불감대가 너무 크게 시작하는지 식별할 수 있다(예를 들면 정비원이 스템 패킹을 너무 세게 조였을 경우). 다른 한편으로는 설치 후 포지셔너의 영점과 범위 설정에 대한 원격 교정이 큰 기능인 반면에 이러한 일은 거의 생기지 않는다.

아마도 더 많은 관심은 이 포지셔너의 하드웨어일 것이다. 특정 모델에서는 마이크로 컨트롤러가 압전밸브를 열도록 명령하여 신호의 증가에 따라 구동기로 공기를 들어가게 하고, 두 번째 압전밸브를 열도록 명령하여 신호가 감소에 따라 구동기로부터 공기를 빼내게 한다. 만약 아무런 신호 변화가 없다면, 두 압전밸브들은 닫힌 채로 있다. 따라서 낮은 공기 소비량을 가진다. 이러한 장치는 반대쪽 밸브의 "헌팅(Hunting)"을 방지하기 위해 최소 불감대를 요구한다. 그러나 대부분의 스마트 포지셔너 또는 디지털 포지셔너는 공압 출력신호를 생성하기 위하여 내장된 I/P 변환기를 이용하고 있다. 이러한 모든 포지셔너는 현재 4 ~ 20 mA 신호에서 작동 할 수 있으며 어떠한 보조 전원도 필요하지 않다.

디지털 포지셔너는 1차 제어 기능을 수행하기 위하여 PID 제어회로를 포함할 수 있다(컴퓨터가 감시 기능을 무효화하고 설정치를 변경할 것이다). 미래 버전은 "Fuzzy Logic"과 같은 더 개선된 제어 기능을 제공할 수 있다. 로컬 컨트롤러와 같은 포지셔너를 사용하기 이전에 밸브의 위치에 있는 주변 환경 상황을 알아야 한다. 예를 들어 밸브가 뜨겁고 습한 보일러실에 놓여 있거나 높은 진동과 관련된 높은 압력강하를 다루면 모두 제어 루프의 신뢰도에 잠재적인 영향을 준다. 일부 공급 업체는 위치 포지셔너에 밸브의 행정 위치를 알려주는 전자 스템 위치 측정 기기가 따로 장착된 포지셔너를 제공한다.

밸브를 분산제어시스템과 같이 사용하는 것이 일부 "스마트 밸브" 설계에 사용되고 있다(그림 9-2에 개략적으로 표시). 이것은 밸브 오리피스의 상하류에 압전 압력 측정 요소로 구성된 내장 유량계에 온도 감지기가 추가되어 있다. 이미 주어진 행정 위치에서 오리피스 면적(C_v), 이를 통과하는 차압과 밀도(압력과 온도의 함수)를 알면 밸브의 유량률을 계산하고 제어할 수 있게 된다(유사 개략도로 그림 9-3 참조).

스마트 밸브는 많은 장점을 가지고 있는데 첫째로, 유량계를 사용하면 유량률 범위가 약 25 : 1인 점과 비교할 때 스마트 밸브는 더 높은 범위의 유량률(최대 100 : 1 까지)을 제공한다. 이것은 이동하는 밸브 플러그가 다양한 오리피스 역할을 하기 때문이다. 둘째로, 스마트 밸브는 아날로그에서 디지털 신호로의 변환에 따라 생성된 오류를 제거하게 된다. 마지막으로, 루프 업셋(Up-set)에 빠른 응답을 제공한다.

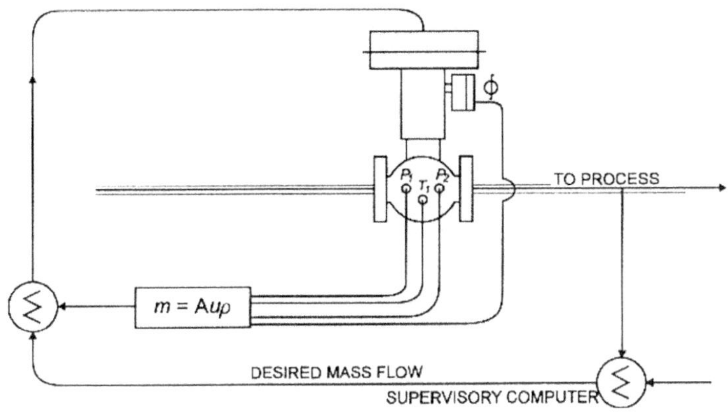

$$A = N_3 C_r \phi(\mathrm{ft}^2);\quad U = N_2\sqrt{P_1 - P_2}(\mathrm{ft/s});\quad \rho = N_f \gamma P_1 P_2 / T_1(\mathrm{ibs/ft}^3)$$

m = MASS FLOW, lbs/s	T_1 = INLET TEMPERATURE, °R
N_1, N_2, N_3 = NUMBER CONSTANTS	U = ORIFICAL VELOCITY, ft/S
P_1 = ABSOLUTE INLET PRESSURE, lbs/ft^2	γ = SPECIFIC WEIGHT, lbs/ft^3 @70°F AND 14.7 psia
P_2 = ABSOLUTE OUTLET PRESSURE, lbs/ft^2	ϕ = FRACTIONAL VALVE TRAVEL

[그림 9-2] 캐스캐이드 제어 시스템 내에서 질량 유량을 현장에서 조절할 수 있는 "스마트 제어밸브"의 기능도(FLOWSERVE INC. 사의 허가를 받아 게재)

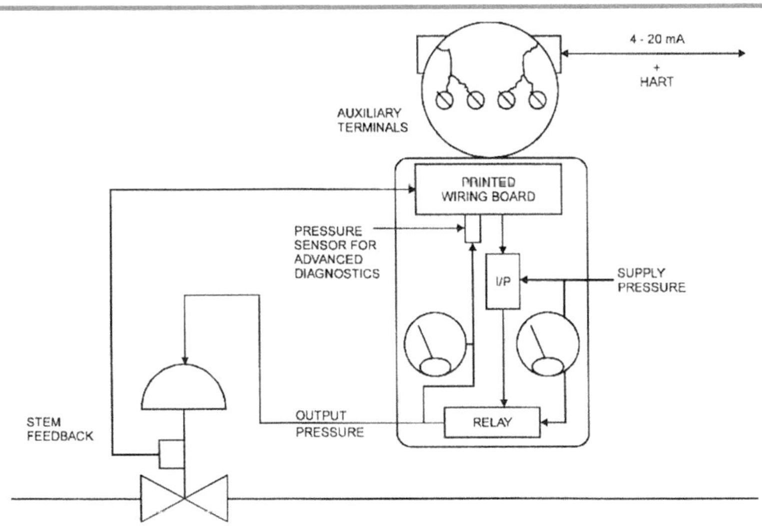

[그림 9-3] 전형적인 지능형 디지털 밸브 포지셔너의 작동 원리

기존의 대응 부품보다 훨씬 더 비싸지만 이러한 밸브는 더 복잡한 제어 구조에서 중요한 요소가 될 수 있다. 예를 들어 가열 매체가 증기일 경우 분리장치(Fractionator)의 온도를 제어하고자 할 때(긴 시정수와 시지연을 갖는 온도 제어 시스템) 이것은 전형적인 캐스캐이드 시스템(Cascade System)에서 온도 제어와 상호 작용하는 압력 또는 유량 제어 시스템이 필요하다. 여기에 스마트 밸브는 열교환기에 증기의 공급을 제어하기 위한 이상적인 선택이 된다. 온도 컨트롤러는 시지연(보통 온도 변화)이 있는 반면, 증기를 제어하는 스마트 밸브는 현장의 어떠한 증기 압력의 변화에도 거의 즉각적으로 반응할 수 있다.

심지어 가장 똑똑한 밸브도 유량계의 대체품이 될 수 없다는 것을 기억하자. 다양한 트림 구조, 벽 부착 현상(Conada 효과), 초생 캐비테이션, 질식 유동, 그리고 밸브 난류 때문에 발생하는 압력변환기의 노이즈로 인해 부정확도가 매우 커지게 된다. 그럼에도 불구하고 이것은 제어에 중요치 않다. 왜냐하면 이것은 측정해야 할 유량률의 절대값이 아니라 제어해야 할 편차이기 때문이다.

자동 제어 분야에서 스마트 또는 디지털 포지셔너는 현재 사용 가능한 제어밸브의 기능을 강화하며 그에 따라 높은 유연성을 제공한다. 그림 9-3은 이런 포지셔너의 개략도를 보여준다. 감시 컴퓨터로부터의 통신은 현재 4 ~ 20 mA 신호의 배선 또는 필드버스 배선을 통해 이루어진다. 이 같은 배선은 컴퓨터 또는 디스플레이 패널에 밸브 상태에 대한 정보를 피드백 한다.

이 “피드백” 정보는 아날로그 4 ~ 20 mA 신호의 HART™ 프로토콜을 통해 디지털 형태로 전송될 수 있다. 특별한 소프트웨어가 메시지를 해독하기 위해 받는 쪽에 필요하지만 밸브가 작동하는 동안에도 이를 수행할 수 있다. Fieldbus Foundation™과 같은 완전한 디지털 통신 프로토콜에서 신호 및 반송 정보는 모두 디지털 형태로 전송된다.

그림 9-3의 인쇄회로기판은 온보드 컨트롤러 및 신호 처리기처럼 동작한다. 이것은 일반적으로 캡슐화 되며 현장 교체 요소이다. 회로는 스템 위치 센서에서 나오는 신호에 이 신호 레벨을 비교하며, 만약 동일하지 않으면 스템 위치 오류를 교정하기 위해 “출력 압력”이 공압

밸브 구동기로 공급되기 전에 별도의 릴레이에서 출력이 증폭되는 I/P 변환기 요소로 교정신호를 내보낸다.

별도의 압력 센서는 일체형 진단 회로의 핵심 요소이다. 예를 들어 밸브 스템을 움직이기에 필요한, 말하자면 50% 행정에서, 출력 압력 측정을 통해 이것을 새 밸브였을 때와 비교함으로써 마모 혹은 막힘 여부 그리고 패킹 박스가 너무 꽉 조여졌는지를 감지해 낼 수 있다. 앞에서 설명했듯이 이러한 데이터를 피드백 함으로써 운전원에게 경고하고 밸브 보수작업을 착수할 수 있도록 한다. 이러한 예방정비 테스트는 프로세스가 종료된 후 또는 현장에서 실제 운전 중 수행될 수 있다. 후자는 현장 온도와 압력 환경에 대한 실제 작동 환경을 경험할 수 있는 장점이 있다. 그러나 이러한 테스트는 제어 변수의 큰 혼란을 방지하기 위해 작은 단위로 밸브 스템을 이동시키면서 수행할 수 있다. 이것은 당연하다고 할 수 있는데 널리 시행되지는 않는다.

참조 3에서 발췌한 아날로그 필드 장치와 디지털 장치를 비교 요약하면 다음과 같다.

1. 아날로그 0.3% ~ 2%에 비해 0.1% ~ 1% 정확성 증가
2. 0.1% ~ 0.75%의 아날로그에 비해 대략 0.1%로 안정성 증가
3. 10 : 1에 비해 50 : 1까지의 더 넓은 범위의 사용 영역(정확도 변함없음)
4. 멀티 기능을 수행 할 수 있는 능력(위 참조)
5. 진단과 자기 테스트
6. 소형화 능력
7. 물리적으로 장비에 손대지 않고 교정하거나 조정할 수 있는 능력
8. 아날로그 방법으로 측정할 수 없거나 평가할 수 없는 수 없는 물리적 효과의 활용
9. 마지막으로 디지털 처리는 CENELEC(유럽)과 CESI(일본) 코드뿐만 아니라 미국/C.S.A가 포함된 "삼위일체" 정책하에 고유 안전성을 수용하며 매우 적은 에너지 소비

☞ 부속기기와 소프트웨어

추가로 이러한 포지셔너는 필수적인 진단 또는 원격 측정 기능을 수행하기 위해 소프트웨어를 필요로 한다. 디지털 포지셔너에 대한 일반적인 액세서리는 내장 마이크로 스위치인데 다음은 소프트웨어 패키지가 지원해야 할 몇 가지 기능들이다. 이것들은 일반적으로 낮은 전압(24V)을 사용하여 작동한다. 이러한 스위치는 컨트롤러에서 독립적으로 신호를 받아 밸브의 안전한 닫힘을 제공할 수도 있다. 또한 디지털 또는 아날로그 행정위치 지시장치가 가능하다.

- 밸브의 진단 데이터 읽기
- 그래픽 진단 디스플레이를 지원
- 밸브 구성 및 밸브 구성 데이터베이스
- 장치 기능을 모니터링
- 밸브 특성의 구성
- 일반 과정과 밸브 데이터베이스
- 사용자에 대한 보안 레벨
- 진단 데이터베이스

☞ 제어시스템에 연결하기

공장의 제어 시스템은 송신기, 포지셔너, 제어기, 알람장치, 컴퓨터 등 뿐 만 아니라 연관된 소프트웨어들은 올바른 상호 작용을 위해 각각의 장치와 효율적으로 통신할 수 있고 효과적으로 기능할 수 있는 구조의 통합된 “시스템 구성”이 필요하다.

효율적인 필드 기반의 시스템 구성은 네트워크 지능형 필드 장치, 확장성 제어 시스템 플랫폼 및 소프트웨어를 통하여 프로세스 관리 솔루션을 구축할 수 있다. 게다가 예를 들어 스마트 포지셔너와 같은 지능형 필드 장치는 모듈식의 기능 소프트웨어가 필요하다. 만약 제대로 된다면 이러한 소프트웨어는 프로세스관리 문제를 재정립하고 프로세스 제어를 확장하며 자산관리 문제에 대해 해결 방안을 줄 수도 있다. 따라서 다음과 같은 조건을 가진다.

- 설치비용을 줄여야 한다.
- 성능을 향상시켜야 한다.
- 기존의 장치와 호환되어야 한다.
- 프로세스 오프셋을 감소시켜야 한다.
- 확장이 가능해야 한다.
- 유지보수 비용을 줄여야 한다.
- 공장 안정성을 향상시켜야 한다.
- 교육 시간을 줄여야 한다.
- 프로세스를 변경하여도 적용할 수 있어야 한다.
- 비용을 줄여야 한다.

그림 9-4에 표기된 바와 같이 이러한 시스템 구성은 이전의 전형적인 아날로그 신호 방식인 4 ~ 20 mA “DCS-Centric” 시스템을 새로운 현장 기반 시스템으로 변경될 것이다. 이것은 운전원을 제어실에서 현장으로 되돌려 보내게 될 것이다. 제어 기능(PID)이 있는 스마트 밸브 포지셔너와 같은 스마트 필드 장치가 로컬 수준에서 다음의 모든 작업을 수행할 수 있다. 루프 제어, 신호 처리, 데이터 수집, 분석, 경보 감지, 동향 수집 및 유지 보수 기록이다.

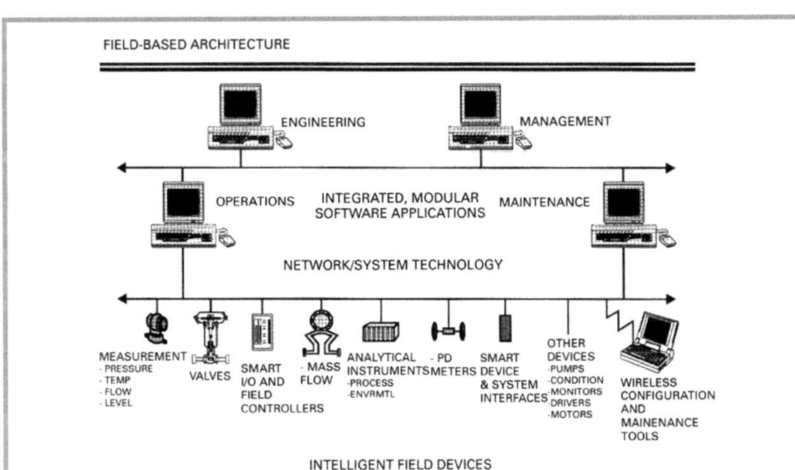

[그림 9-4] 지능형 현장 장치를 갖춘 현장 기반 구조(EMERSON PROCESS CONTROL 사의 허가를 받아 게재)

☞ 부속품

Bud Keyes[5]에 따르면 중앙 제어실의 기능을 필드 장치로 내 보내는 이러한 과정은 컴퓨터 업계의 메인 프레임 컴퓨팅에서 PC 기반의 네트워크로의 움직임과 유사하다.

궁극적 목적은 공장 관리, 생산 제어, 프로세스 제어, 공장의 효율성 및 유지 보수의 모든 측면을 통합하는 "실시간" 관리 제어 시스템을 만드는 것이다. 제어밸브의 유지 보수 프로그램은 온라인 진단, 원격 측정, 예방 유지 보수 계획, 부품 재고의 제어를 포함할 수 있다.

☞ 참고문헌

1. Lloyd, S. G., "Guidelines for the Application of Valve Positioners," *Proceedings of the Texas A&M Instrumentation Symposium*, January (1969).
2. St. Clair, D. W., "Controller Tuning and Control Loop Performance," p. 19, Newark, DE. Straight Line Control Company.
3. Schneider, Hans-Josef, "Digitale Feldgerate. Vorteile, Probleme und Anforderungen aus Anwendersicht," *atp - Automatisierungstechnische Praxis*, April (1995), pp. 50-54.
4. Lipták, Béla, G. "Process Control and Optimisation," Fourth Edition, Vol. 2, Taylor & Francis Co. N.Y. 2006, pp. 1197.
5. Keyes, M.A., "Field-based Distributed Control Opens Door to Performance Improvements," *I&CS*, January 1997, pp. 25-35.

Chapter 10

라인 압력에 의한 밸브 스템 힘의 미스터리와 올바른 구동기 사이즈 선정하기

제작자는 일반적으로 밸브 구동기 선택을 잘 하여야 한다. 만약 밸브가 동작하는 압력 조건이 낮거나 밸브 사이즈가 작다면 구동기 동작에 큰 문제가 없다. 그러나 잘못된 구동기(너무 작은 사이즈의 구동기)를 선택할 경우 많은 문제점이 발생할 수 있다. 가장 낮은 가격으로 입찰을 받은 제작자가 제작 단가를 떨어뜨리기 위해 구동기의 사이즈를 작게 제작하여 계통에 설치할 경우 어떤 문제점이 발생하는지 알아보자.

☞ 밸브가 잘 닫히지 않는다

우회로를 설치하지 않은 제어밸브는 ANSI/FCI Class Ⅳ 밀봉력(운전 정지 시 닫히는 밸브는 두 배의 힘 필요)에 대한 요구조건을 갖는다. 따라서 초기장착 스프링 및 공기압력은 잘 동작되고 구동기의 사이즈는 밸브 플러그(단일시트 글로브 밸브 가정)에 작용하는 유체 압력을 극복하는데 적합하여야 한다.

이를 위해 밸브 입구압력을 제작자에게 알려야 한다. 이것은 밸브가 닫힐 때 플러그에 작용하는 차압을 계산하고 통상 밸브 개도 설계 시 참고하며 또한 유량계수 C_v 값을 계산에도 사용된다. 책임감 있는 밸브 제작자는 최대 입구압력에서 출구압력이 0일지라도 밸브가 완전히 닫히도록 설계할 것이다. 그러므로 P_1은 규격서 양식에 기술되어야 한다(그림 10-1 참조).

예를 들면 유체가 고온의 오일이고 2인치 오리피스로 된 가열 밸브가 있다고 하자. 정상 유량일 때 75% 행정이고, 입구압력은 125 psig, 하류압력은 110 psig 라면 밸브 구동기에 의해 감지되는 스템 힘은 $(2^2\pi/4)\times(125-110) = 47$ lb이다.* 그러나 밸브가 닫힌다면 입구압력은 펌프의 특성에 의해 압력이 증가하여 140 psig가 되는 반면 하류압력은 제로가 될 것이다. 이 경우에 최소 스템 응력은 플러그의 시트 면적(1/16인치 밀봉부 직경 사용)에 140 psi를 곱하고 여기에 패킹 마찰력을 더 하면 되는데 즉, 스템 힘(닫혀있는 상태) = $(2.063^2\pi/4)\times 140$ + 패킹 마찰력으로 계산된다.

---

* 밸브 스템 면적은 단순 계산을 위해 무시함.

CONTROL VALVE DATA SHEET

PROJECT	DATA SHEET ___ OF ___
UNIT	SPEC
P.O.	TAG
ITEM	DWG
CONTRACT	SERVICE
MFR. SERIAL*	

1 Fluid ___ Crit Press PC ___

	SERVICE CONDITIONS	Units	Max Flow	Norm Flow	Min Flow	Shut-Off
2	Flow Rate					—
3	Inlet Pressure					
4	Outlet Pressure					
5	Inlet Temperature					
6	Spec Wt. / Spec Grav / Mol Wt.					—
7	Viscosity / Spec Heats Ratio					—
8	Vapor Pressure P_v					—
9	Required C_v*					—
10	Travel*	%				0
11	Allowable / Predicted SPL*	dBA				—
12						

LINE
13 Pipe Line Size In ___
14 and Schedule Out ___
15 Pipe Line Insulation ___

VALVE BODY / BONNET
16 Type* ___
17 Size* ___ ANSI Class ___
18 Max Press/Temp ___
19 Mfr & Model* ___
20 Body / Bonnet Matl* ___
21 Liner Material / ID* ___
22 End In ___
23 Connection Out ___
24 Flg Face Finish ___
25 End Ext / Matl ___
26 Flow Direction* ___
27 Type of Bonnet* ___
28 Lub & Iso Valve ___ Lube ___
29 Packing Material* ___
30 Packing Type* ___
31

TRIM
32 Type* ___
33 Size* ___ Rated Travel ___
34 Characteristic* ___
35 Balanced / Unbalanced* ___
36 Rated* C_v ___ F_L ___ X_T ___
37 Plug / Ball / Disk Material* ___
38 Seat Material* ___
39 Cage / Guide Material* ___
40 Stem Material* ___
41
42

SPECIALS / ACCESSORIES
43 NEC Class ___ Group ___ Div ___
44
45
46
47
48
49
50
51
52

ACTUATOR
53 Type* ___
54 Mfr & Model* ___
55 Size* ___ Eff Area ___
56 On / Off ___ Modulating ___
57 Spring Action Open / Close ___
58 Max Allowable Pressure* ___
59 Min Required Pressure* ___
60 Available Air Supply Pressure:
61 Max ___ Min ___
62 Bench Range* ___ / ___
63 Actuator Orientation ___
64 Handwheel Type ___
65 Air Failure Valve ___ Set At ___
66

POSITIONER
67 Input Signal ___
68 Type* ___
69 Mfr & Model* ___
70 On Incr Signal Ouptut Incr / Decr* ___
71 Gauges ___ By-Pass ___
72 Cam Characteristic* ___
73

SWITCHES
74 Type ___ Quantity ___
75 Mfr & Model* ___
76 Contacts / Rating ___
77 Actuation Points ___
78

AIRSET
79 Mfr & Model* ___
80 Set Pressure* ___
81 Filter ___ Gauge ___
82

TESTS
83 Hydro Pressure* ___
84 ANSI / FCI Leakage Class ___
85
86

Rev	Date	Revision	Orig	App

* Information supplied by manufacturer unless already specified

© 1981 ISA Second Printing ISA FORM S20.50, Rev. 1

[그림 10-1] 제어밸브 데이터 시트(ISA-20.50-1981)

패킹 마찰력은 여러 가지로 인해 변하는데 예를 들어 TFE를 함유하는 패킹 재료로 시험 시 처음 움직이기 시작할 때의 마찰력은 일정하게 움직일 때의 동적 마찰력보다 1.5배 높다. 통상적으로 스템 마찰력은

1.5×스템 면적×Max. P_1을 사용해야 한다. 3/8인치 스템을 가정할 경우 P.E = $1.5(0.375^2\pi/4)\times140$ psig = 23 lb이고, 총 스템 힘(닫혀 있는 상태)은 468 + 23 = 491 lb이다.

여러분도 알다시피 구동기의 구동력은 열 배 이상 차이가 난다. 피스톤 구동기의 경우 사용 공기압력을 최소 80 psi로 가정 시 닫힘에 필요한 공기압력을 공급하기 위해 최소 실린더 면적은 491 lb/80 lb/in^2 = 6.2 in^2 이거나 혹은 피스톤 직경이 3인치가 되어야 한다. 공기공급 차단 시 닫히는 밸브일 경우에는 최소한 스프링 힘은 491 lb가 필요하다.

만약 공기 상실 시 닫히게 되는 스프링-다이아프램 구동기가 필요하고 밸브 포지셔너를 명시한다면 6 ~ 15 psi 스팬에 스프링 내부 면적이 100 in^{2}인 구동기가 적합할 것이다. 여기에 포지셔너로부터 나오는 신호는 다음과 같이 변할 것이다.

- 제로 행정(밸브가 닫혀 있음)에서 스프링 힘은 6 psi × 100 in^2 = 600 lb이고 시팅 스템 힘이 491 lb이면 밸브를 열수 있는 힘은 600 lb – 491 lb = 109 lb이다. 여기에 공기 신호는 109 lb/100 in^2 = 1.1 psi이다.
- 75% 밸브 행정(통상 열림 상태)에서 스템 힘은 47 lb로 감소한다. 이때 스프링에 [(15 psi – 6 psi)×0.75 + 6 psi] ×100 in^2 = 12.75 psi × 100 in^2 = 1,275 lb의 힘이 미치게 된다. 이 값에서 47 lb을 빼면 1,275 – 47 = 1,228 lb이 순수한 스프링 힘이 작용한다. 이것은 1,228 lb/100 in^2 = 12.28 psi의 포지셔너 출력 신호로 변환된다.
- 밸브 개도 0%로부터 최대 유량이 형성되는 밸브 개도 75%까지 설치된 포지셔너의 출력신호는 1.1 ~ 12.28 psi가 된다. 이것은 포지셔너에 대한 3 ~ 12 psi의 조절기 신호와는 현저하게 대비된다. 이것은 포지셔너의 출구신호와 입구신호가 상응되어야 한다는 일반적인 오류를 부정하고 있다.

위 예시에서 알 수 있는 것처럼 만약 포지셔너를 연결하지 않는다면 이 밸브는 I/P 트랜듀서에서 나오는 일정한 3 psi 입력신호로는 결코 닫히지 않을 것이다. 이것은 프로세스 제어를 위해 컴퓨터 또는 단일 루프 디지털 조정기를 사용하는 여러 플랜트에서 어떤 문제점이 발생되고 있는지를 분명히 알 수 있다.[2] 이러한 장치들은 영점 상태에서 4 mA 신호로 고정되어 있다*. 만약 4 ~ 20 mA의 입력신호(대부분 사용)에 대해 3 ~ 15 psi의 출력 범위를 갖도록 계산된 I/P 트랜듀서가 있다면 밸브에는 계속하여 3 psi를 제공하게 되므로 밸브는 누설이 발생할 수 있다. 불행하게도 이와 같은 상황은 제작자에게 불량한 밸브로 통보된다. 그렇다면 어떻게 해결할 수 있을까? 이에 대해 경제적이고 기술적으로 처리할 수 있는 방법은 다음과 같다.

- I/P 트랜듀서의 제로 세팅을 4 mA의 1 psi로 줄이던지 혹은 ANSI/FCI Standard 87.2에 의거 I/P 트랜듀서를 1 ~ 17 psi 출력으로 기술할 것
- 밸브 제작자에게 벤치 범위가 8 ~ 15 psi의 구동기 스프링을 선택하도록 요청할 것(이것은 상기 예로 제시한 것처럼 닫힌 상태에서는 8-4.9 psi **, 100% 열린 상태에서는 15-0.5 psi***로 설치 범위로 제공하면 3.1 ~ 14.5 psi가 되어 소위 3 ~ 15 psi에 근접하게 된다)
- 밸브 포지셔너를 기술할 것

초기 스프링 세팅을 3 psi에서 6 psi까지 단순하게 올리려 하지 말라. 6 ~ 18 psi의 벤치 범위로 올리고 나면 밸브는 유량 변동 상태에서 열리지 않을 수도 있다(표준 I/P 신호는 20 mA 입력에서 15 psi를 초과하지 않음을 기억하라).

---

* 5% 혹은 0.8 mA 이하 혹은 초과하여 컴퓨터를 조정하는 것이 가능하다. 그러나 2 mA 이하로 신호를 감소시키는 것은 I/P 트랜듀서의 손상과 계통 루프에 치명적인 결과를 야기할 수 있다.

** 492 lb. 시팅 강도/100in^2

*** 47 lb. 스템 강도/100in^2

☞ 밸브가 불안정하다

불안정성은 플러그, 디스크 혹은 볼에 미치는 다이내믹한 유동 압력에 기인된다. 포지셔너 혹은 제어 루프의 불안정성과 혼동해서는 안 된다(어느 경우에는 구별이 어렵다). 앞의 예시에서 보여준 것처럼 밸브 플러그 혹은 버터플라이 밸브에 작용하는 힘들은 유동 상태에 따라 매우 다양하다. 많은 논문들이 이 문제를 다루고 있으므로 여기에서는 간단하게 언급하고자 한다.

밸브 트림을 안정화하기 위해 인치당 스템 움직임에 따른 스템 응력의 변화는 구동기로 인한 인치당 구동거리의 스템 응력 변화보다 적어야 한다. 후자는 구동기 강직도 계수, K_n 이라고 말하고 lb/in로 표시한다. 스프링 다이아프램 구동기에 대하여 이것은 단순한 구동기 스프링의 비율이다(공기에 의한 습기는 무시).

피스톤 구동기의 경우에는 좀 더 복잡하다. 주어진 거리로 움직일 때 구동기 내부 공기 압력을 압축함으로써 발생하는 힘이 피스톤의 강직도(Stiffness)를 결정하는데 이것은 스템 위치, 최초 실린더 볼륨(L), 절대 공기압력에 따라 변한다. 따라서 피스톤 구동기는 스프링 다이아프램보다 더 높은 강도를 갖는다. 따라서 피스톤 구동기는 닫힘 방향(Flow-to-close) 구조의 단일 시트 글로브 밸브들을 작동시킬 수 수 있으나 일반적인 스프링 다이아프램 구동기는 운전할 수 없다.

일반적인 방법으로는 단일 시트 글로브 밸브를 열림 방향(Flow-to-open)으로 설치하는 것이며, 이것은 통석으로 불안정한 문제점이 거의 발생하지 않는다. 그러나 플러그 후단에서 캐비테이션이나 플래싱이 발생하는 강제 밸런스 케이지 밸브(Force-balanced Cage Valve)와 앵글밸브는 유동이 밸브를 닫히게 하는 경향이 있어 문제가 될 수 있다.

닫히는 포인트에 근접할 때 플러그의 유효면적은 증가하지 않고 하부관 압력이 급속히 감소한다. 대략적으로 유동비율의 자승까지 감소한다. 이러한 현상을 물을 채운 목욕통에서 경험할 수 있는데 체인이 달린 고무 플러그는 배수되는 방향으로 처음 느리게 움직이지만 시트로부터 약 3/16인치 근접 시 플러그는 세차게 시트 위로 부딪친다. 이와 같은 일이 밸브에도 발생한다. 따라서 구동기의 강도는 밸브 플러그의 고정을 위해 충분하여야 한다.

경험적으로 밸브 구동 거리의 1/3 또는 오리피스 직경 1/4 이내의 거리에서 불균형 플러그(Off-balanced Plug)가 움직인다고 생각하자. 그러면 정상 유량의 $P_1 - P_2$에서 P_1까지 차압이 증가할 것이다. 예를 들면 오리피스 직경 2.5인치를 가진 3인치 앵글밸브에서 스템 직경은 0.5인치이다. 압력은 정상적으로 $P_1 = 165$ psig, $P_2 = 125$ psig, Max. $P_1 = 175$ psig에서 구동기의 이동 거리는 1.5인치이다. 여기서 스템의 면적이 상대적으로 작아 이것을 무시하고 밸런스 플러그 면적은 2.5인치로 오리피스 면적 4.9 in.^{2}로 가정하면, 먼저 면적 변화에 대한 거리를 고려해야 하는데 1.5인치 구동거리의 1/3은 0.5인치이며, 2.5인치 오리피스 직경의 1/4는 0.625인치다. 그래서 더 작아지는 0.50인치를 선택한다.

스템 강도에 있어서 변화율은

$$\text{Off-Balance Area} \times \text{P change} / \text{Distance} \qquad (10\text{-}1)$$

여기서, $\triangle P$ change $=$ max. $P_1 - \triangle P = 175 - (165 - 125) = 135$ psi

따라서 10-1의 공식으로부터, 4.9 in.$^2 \times 135$ psi / 0.05 in. = 1,323 lb/in. 이다. 100 in.^{2}의 면적과 3 ~ 15 psi 벤치범위를 가진 스프링 다이아프램 구동기를 가정하면, 스프링 비율(15−3 psi)×100 in.^{2} / 1.5 in. travel = 800 lb/in. 이 된다. 이것은 스템 강도 변화율에 크게 부족하므로 175 in.^{2}의 구동기 혹은 6 ~ 30 psi로 스프링의 벤치 범위를 교체할 것을 권한다. 이것은 1,600 lb/in.로 구동기 강도가 증가될 것이며, 충분한 안전 여유도를 갖게 될 것이다. 구동기 안에서 공기 압축은 강도를 증가시킬 것이고 어떤 안전 인자를 갖게 된다. 비록 많은 공기 체적으로 인해 실린더 구동기보다 강도가 다소 약해질 수는 있지만 말이다.

로터리 제어밸브도 유사한 강도상 문제점을 갖는다. 이것은 힘(Force) 대신 토크를 다루어야만 하기 때문에 더 복잡하다. 버터플라이 밸브의 혼합된 토크의 특징을 고려해 보자(그림 10-2 참조). 토크의 가장 큰 변화는 60도 각도에서 나타나는데 이것은 ±5° 행정에 대해

(0.011 in.−lb/d^3 psi)×P_1의 비율로 혼합된 토크가 변화된다. 예를 들면 0.064 @ 55°로부터 0.075 @ 65° 까지 변한다. 87 psig의 최대 차압(밸브가 닫혀 있을 때)이 있는 10 in의 밸브를 가정할 때 60° 열림에서(60° 열림 위치에서 최대 유량이 통과한다고 가정) 0.011 in.−lb ×10in.^{3}×87 psi = 960 in.−lb per 10°의 토크 변화가 있다.

4인치 구동거리의 75 in^2 실린더 구동기로 베인이 0°에서 90°까지 열리는 것을 가정해 보면, 앵귤러 코싸인 효과를 무시하고 65° 열림에서 피스톤 구동거리가 (4 in./90°)×65° = 2.88 인치 그리고 55° 베인 이동 = (4 in./90°)×55°이면 2.44인치가 된다.

이때 알아야 할 것은 2.44인치에서 2.88인치 피스톤 행정 거리까지 구동기가 작동하는데 있어서의 체적 변화이다. 그리고 실린더의 0.3인치의 행정 초과를 가정하여 2개의 행정 위치 사이에서 공기체적의 비율을 계산해보자.

$$\text{Volume Ratio} = \text{Area}\times(\text{Initial travel}+\text{Over travel})\ /\ \text{Area}\times(\text{Final travel}+\text{Over travel})$$

따라서,

$$\begin{aligned}\text{Volume Ratio} &= 75\ \text{in.}^2\ (2.88\ \text{in.}+0.3\ \text{in.})\ /\ 75\ \text{in.}^2\ (2.44\ \text{in.}+0.3\ \text{in.})\\ &= 239\ \text{in.}^3/\ 206\ \text{in.}^3 = 1.16\end{aligned}$$

65° 행정에서 실린더 내 포지셔너 출력 압력을 65 psia로 가정 시 공기압축으로 인하여 힘의 변화를 계산할 수 있다. 만약 구동기가 다이내믹 토크 효과(대부분 로터리 밸브는 닫히려 하는 경향이 있음) 때문에 65°로부터 55°까지 갑자기 움직이려 한다면,

$$\begin{aligned}\text{Act. force change} &= (\text{Volume ratio}-1)\times\text{Area}\times\text{Air pressure} \quad (10-2)\\ &= (1.16-1)\times 75\ \text{in.}^2\times 65\ \text{psia} = 780\ \text{lb}\end{aligned}$$

상기 강도 변화을 토크로 환산하면 90° 회전에 4인치 이동거리로 인하여 샤프트를 터닝하는 레버의 효과적인 길이는 구동기 이동거리/2 ×tan 45° = 4/(2×1) = 2.00 인치와 같다.

그리하여 780 lb의 강도 변환은 780 lb × 2.00 in. = 1,560 in.-lb /10° 행정의 토크로 바뀔 수 있다. 이것은 상기 960 in.-lb/10°의 다이내믹 베인 토크 변환이다. 그리고 피스톤 씰의 마찰은 갑작스런 변화에 대한 추가적인 저항을 제공하기 때문에 안정된 운전을 기대할 수 있다.

만약 이것이 같은 4인치 구동거리를 가진 스프링 다이아프램 구동기라면, 베인 거리 10°당 960 in.-lb의 토크 요구조건이 구동기의 이동 거리 0.44 인치당 960 in.-lb/2 in. lever = 480 lb의 강도 변환이 요구될 것이다. 그러므로 480 lb/0.44 in. = 1,091 lb/in.의 스프링 비율이 필요할 것이다. 공기 압축으로 인한 추가적인 강도를 무시하고 이것은 6 ~ 30 psi 벤치 범위의 180 $in.^2$ 구동기와 같다.

구동기 사이즈가 꾀 상당히 증가된다. 상기 예는 재래식 베인, 소위 "저 토크" 베인이 강도 요건을 감소시킬 것이라는 가정 아래 스프링 다이아프램 구동기가 더 낮은 강직도 계수를 가졌음에도 불구하고 이를 사용하고자 할 때 매우 효과가 있다.

주의 15인치 버터플라이밸브의 60° 열림은 앵글 시트의 저토크 베인의 45° 행정이다(그림 10-2 참조).

다음은 강도 계산식의 요약이다.

- 스프링 다이아프램 구동기(공기 압축에 의한 작은 변화는 무시)

$$K_n = (\text{Diaphragm area} \times \text{Signal span})/\text{Travel lbs/in.}$$

- 실린더 구동기(싱글 액팅)

$$K_n = \{\{A_C(H_i + h_0 + \triangle h)/A_C(h_i + H_o)] - 1\} \times S \times A_C/\triangle h \text{ lbs/in.}$$

여기에서,

A_C = 실린더 유효면적, in^2
h_i = 초기 구동 위치, 인치
h_o = 피스톤의 초과 구동거리(사용되지 않음), 인치
S = 주어진 구동위치에서의 신호압력, psia
$\triangle h$ = 난류로 인한 구동거리 변경, 인치

• 실린더 구동기(더블 액팅). 싱글 액팅 실린더 구동기 결과의 2배이다.

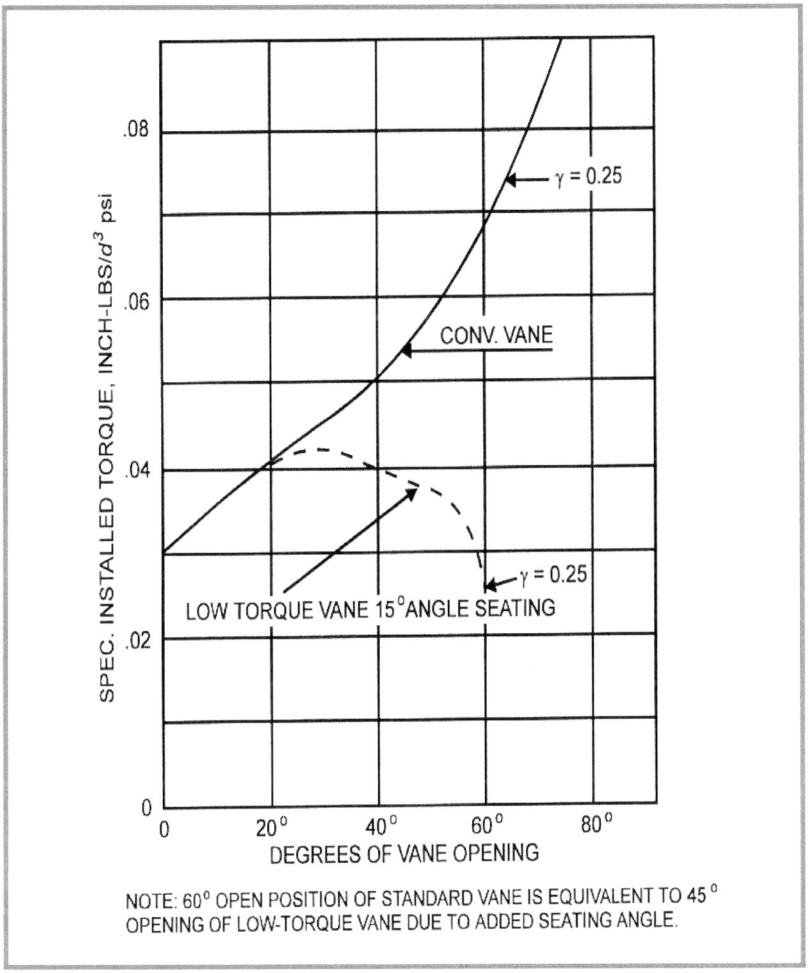

[그림 10-2] Swing-through 버터플라이 대 앵글 시팅 저토크 베인에 대한 다이내믹 토크 특성

☞ 참고문헌

1. Jeschke, N., et al., "Untersuchungen der Stopfbuchsreibung an Stellventilen mit pneumatischen Membranantrieb", *RTP*, Volume 3. West Germany, (1968).
2. Baumann, H. D., "The Need for Pneumatic Power Signals for Control Valves," *INTECH*, pp. 34-41, Jan. (1988).
3. Keith, G. A., "Analytical Prediction of Valve Stability," ISA Paper 838-70, Research Triangle Park, NC : ISA, (1970).
4. Schafbuch, P. J., "Fluid Inertia Effects On Unbalanced Valve Stability," ISA Paper 85-0207, Research Triangle Park, NC : ISA, (1983).
5. Baumann, H. D., "A Case for Butterfly Valves in Throttling Applications," *Instrument and Control Systems*, pp. 35-38, May (1979).

Chapter 11

제어밸브 설치 방법

잘 선정된 제어밸브라 할지라도 제대로 성능을 발휘할 지는 보장할 수 없다. 밸브를 잘 설치하는 것이 매우 중요하다. 불행하게도 이 일은 배관 설계 경험자에게 크게 의존할 수밖에 없다. 그러나 제어밸브 설치에 관해서 그들에게 몇 가지 질문을 하여 주의사항을 환기함으로써 밸브를 손상시키지 않도록 할 수 있다. 이것도 아니라면 그들에게 유의점을 알려주어야 한다. 이것은 당신이 훗날에 비난받을 만한 중요한 실수를 방지할 수 있게 된다. 그러면 여기에서는 제어밸브 설치에 관한 중요한 고려 사항을 살펴보자.

접근성

수리가 필요할 때 구동기를 제거할 수 있는 충분한 공간이 있는가? 플랜지 볼트나 타이로드가 제거될 수 있는가(특히 플랜지 없는 밸브로서 밸브 몸체가 배관 리듀서 사이에 설치된다면 문제가 될 수 있다). 포지셔너 게이지 혹은 밸브 개도 지시계가 잘 보이게 되는가? 포지셔너는 잘 맞게 되어 있는가? 만약 핸드휠이 있다면 회전하는데 문제가 없는 위치에 있는가? 밸브에 연결된 배관으로 감압을 하거나 배수를 할 수 있는가?

수동운전 시 고려사항

비상시에 대비하여 프로세스의 정지 없이 교체 혹은 수리를 위해 제어밸브의 양쪽에 적절한 차단 밸브와 배수 밸브를 설치하고 밸브 주의에 우회시킬 수 있는 수동 조절 밸브가 필요할 수도 있다.

위치

밸브가 수리 가능한 위치에 있는가? 캐비테이션을 방지할 수 있는 위치에 있는가? 밸브 후단 배관이 너무 길어서 정상적인 플래싱 환경에서도 캐비테이션을 발생하게 하는 것은 아닌가? 만약 밸브가 증기 모관의 바닥에 있다면, 증기 트랩을 밸브 입구에 설치해야 한다. 밸브의 유량 용량에 영향을 주지 않도록 버터플라이 밸브 또는 볼밸브에는 밸브 후단으로부터 파이프 직경의 6배 거리 이내에 엘보우나 파이프 티를 설치하지 말라.

고압가스 혹은 증기 압력을 감소시켜야 하는 곳에서는 배관 소음을 피하기 위해 밸브의 후단을 직관으로 하던지 혹은 롱 스위핑 엘보우

(Long Sweeping Elbow)를 사용하여야 한다. 이것은 위생시설 밸브 또는 위험한 액체를 취급하는 밸브라면 특히 중요하다.

플랜지 개스킷이나 밸브 스템 패킹의 누설에 의해 밸브 하부에 있는 설비에 부식이 발생할 가능성도 고려해야 한다. 또한 밸브가 과도한 열원 근처에 있는지 혹은 부속기기가 겨울철에 동결될 수 있는 위치에 있는가? 구동기나 포지셔너의 주변 온도 범위를 고려하고 밸브나 공기 라인의 보온도 고려해야 한다.

밸브가 화재에 안전하고 전기적 부속품들이 위험지역에서 폭발 위험 등이 없는지 생각해 보아야 한다. 최소한 밸브 제작자의 제작도면을 확인하고 밸브가 설치될 배관에 적합한지 검토하여야 한다. 플랜지가 없는 밸브 구매 시 타이로드와 너트의 공급 여부를 확인하여야 한다.

마지막으로 밸브의 수리 및 교체를 위해 밸브 구매 기록을 유지해라. 시간이 지나면 원래의 명판이 지워질 수 있다.

☞ 잘못될 수 있는 여러 요소들

- 설치자가 플랜지 없는 제어밸브를 고정하는 타이로드의 초기 토크를 망각한다.
- 설치자는 밸브 몸체에 있는 유동 화살 표시에 주의를 기울이지 않았다.
- 밸브 플러그가 작은 틈새로 되어 있는 밸브(C_v <0.1)의 앞쪽에 필터를 설치하지 않았다.
- 버터플라이 혹은 볼밸브의 몸체가 배관 플렌지와 일직선이 되지 않았다. 이것은 최대 C_v를 20%나 감소시킬 수 있다.
- 포지셔너의 공기 공급 배관에 차단 밸브를 설치하지 않았다. 또한 압력 레귤레이터나 공기 필터도 설치하지 않았다.
- 합성수지 도포 버터플라이 밸브를 슬립형(Slip-on Type) 배관 플랜지 사이에 설치한다. 이것은 개스킷 표면의 좁은 폭 때문에 라이너가 잘 지탱하지 않게 되면 손상이 발생하게 된다.

- PTFE 도포된 부식방지 밸브를 플라스틱으로 도포된 배관 플랜지 사이에 설치한다. 이것은 PTFE 표면의 온도가 낮아지면 몸체와 배관 플랜지 사이에서 누설이 발생하게 된다.
- 제어가 중단되었을 때 배관의 압력을 방출하기 위한 유출 밸브 또는 배수 밸브를 배관에 설치하지 않았다.
- 밸브 설치자가 극저온용 밸브의 연장형 보닛(Extension Bonnet)에 보온을 하였다. 이것은 패킹박스를 얼어붙게 만든다.
- 화재 위험이 있는 지역에서 웨이퍼형(Wafer Style) 밸브 몸체와 타이로드 주변에 보호용 금속 덮개를 두지 않는다.
- 밸브와 배관에 수압시험을 하는 동안 벨로우 씰을 제거하지 않았다. 이것은 벨로우가 터질 수 있다.
- 외부의 결빙 온도가 되는 밸브의 포지셔너에 건조된 계기용 공기를 공급하는 대신 작업장용 공기 공급관을 연결하였다.

물론 일차적인 관심은 항상 안전에 두어야 한다. 밸브의 설치는 모든 안전 요건을 만족하여야 한다. 공해 유발 가능성을 포함하여 모든 위험성이 제거될 수 있도록 조사하여야 한다. 이들 밸브가 최소한 20년 동안 잘 유지되고 발전소나 프로세스의 정지로 매우 큰 손실을 유발하지 않도록 한다면 당신 회사는 막대한 금액을 절약하게 된다는 것을 생각해야 한다.

☞ 참고문헌

1. API RP550, 2nd Edit., *Manual on Installation of Refinery Instruments and Control Systems*, New York, NY : American Petroleum Institute.
2. *Valves, Piping and Pipe Line Handbook*, 2nd Edit., Surrey, U.K. : The Trade and Technical Press Limited, (1986).
3. *Control Valves*, Guy Borden Jr. Editor, 1998., ISA, Research Triangle Park, NC. P. 543.

Chapter 12

내가 구매한 밸브는 어떠한가?

이것은 제어 밸브 바이어와 사용자에게 합법적인 질문이다. 플랜지 압력용기 코드 그리고 올바른 용량 및 유량 특성 등의 분명한 요건을 만족하는 것 이외에 시스템 안에서 밸브가 제 성능을 낼 것인지가 중요한 질문이다.

대부분의 사용자는 이와 같은 질문에 접근할 수 있는 내부적인 기준을 갖고 있다. 대부분 이런 기준들은 최소한의 성능에 관한 기준인데 예를 들면 선형성, 민감도(일반적으로는 포지셔너로 0.2%의 스팬), 데드 밴드(포지셔너로 최대 0.5% 스팬, 포지셔너 없이는 5% 스팬), 히스테리시스 등이다.

그러나 비록 이와 같은 기준을 모두 만족한다 하더라도 지정된 제어 루프에 설치하였을 때 2개의 다른 제작자로부터 공급된 밸브가 같은 성능으로 동작하리라고 기대할 수는 없다. 그 이유는 유체의 유동 특성, 데드 타임(구동기내의 공기 체적 혹은 스템 마찰에 기인) 그리고 밸브의 시정수 등의 상호작용 때문이다.

좀 더 실제적으로 루프 작동 특성(Loop Behavior)에 접근하기 위해 제어밸브의 제작자들은 실제 유로 루프에서 밸브를 시험하는데 이것은 펌프를 사용하여 유량을 조절하면서 수행하는 것이다. 이와 같은 제어 루프는 매우 빠르고 밸브에 대해 높은 요구사항과 계통을 제어하게 된다. 성능 기준은 다양한 유동(부하) 조건에서 제어기 설정치로부터 제어되면서 변동하는 편차량이며 루프의 시정수와 제어기의 게인(비례적인 밴드) 설정치를 변동하게 한다.

실제 대비 설정치 에러에 대한 정규화 된 평균 편차는 소위 "변동성"이라고 불리는데 주어진 부하 또는 밸브 행정 설정 상태에서 폐쇄 루프 시정수에 대응하여 나타나게 된다(그림 12-1 참조). 여러 다른 밸브들과 함께 시험하는 이것을 소위 "성능 차이점 시험"이라 부르는데 정적 시험(오픈 루프 제어, 수동 제어기)으로 보충될 수도 있다. 제어기 신호의 스텝 변화(최소 변화 = 0.5%) 이후의 밸브의 행정 이동과 유량 변화를 관찰하고 기록하게 되는데 그림 12-2를 참조하라.

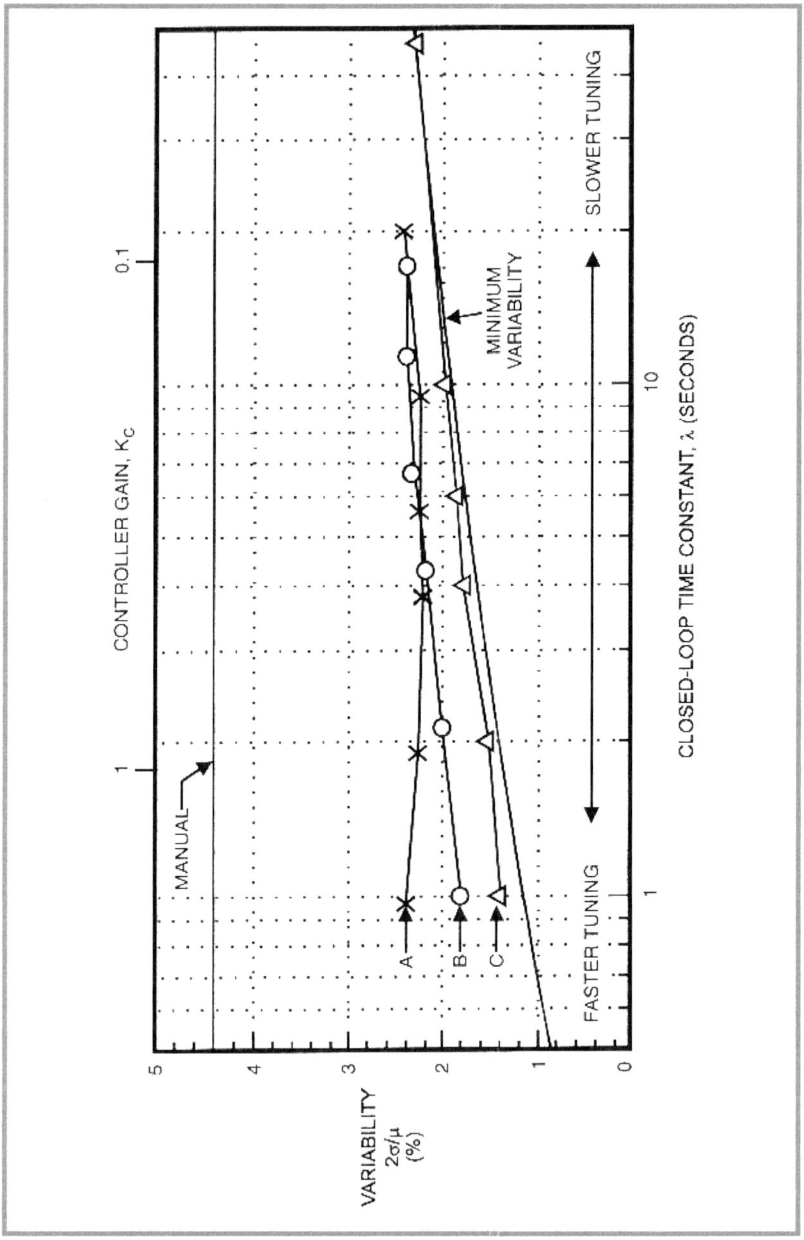

[그림 12-1] 제어기의 설정치를 유지할 수 있는 3개의 밸브 형식에 대한 폐쇄 루프 시험 결과. **주의** 밸브 C는 이상적인 커브에 가장 근접한 성능이다(EMERSON PROCESS CONTROL 사의 허가를 받아 게재)

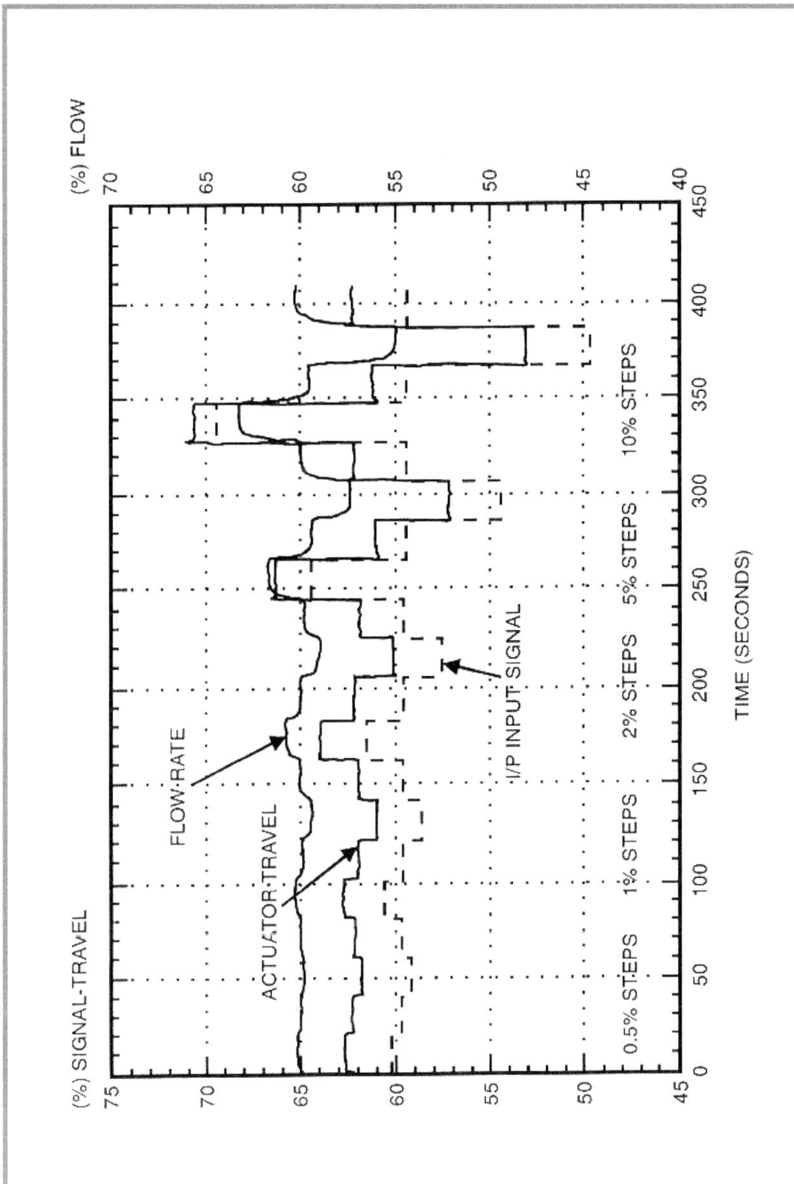

[그림 12-2] 포지셔너가 있는 로터리밸브의 정적(오픈 루프) 응답시험. **주의** 밸브 스템은 0.5% 신호 변화까지 응답하지만 유량은 그렇지 않은데 스템과 개폐부품 사이의 움직임이 없음을 지시하고 있다(EMERSON PROCESS CONTROL 사의 허가를 받아 게재).

그림 12-1에서 보는 바와 같이 다른 밸브 형식 또는 다른 제작사에서 만든 밸브들은 고객이 요구하는 밸브의 요구 기준을 만족하였다 할지라도 비슷하게 작동하지 않는다.

그래프에서 보면 느린 온도 제어 계통과 같은 루프 시정수가 매우 길 때는 모든 밸브 형식에서 성능이 좋다는 것을 알 수 있다. 그러나 속도가 증가하면(압력 또는 유량 제어 루프에서처럼 더 짧은 시정수) 편차가 크게 나기 시작한다. 예를 들면 밸브 A가 시정수 1초에 대해 2.4%의 변동성을 나타내지만 밸브 C와 비교할 때 밸브 C는 제어 범위가 좁은 1.4%의 변동성을 갖는다. 밸브 B는 밸브 A와 C의 중간영역에 있는데 이들 밸브의 카탈로그 데이터를 보아서는 차이점을 예견할 수가 없다.

그림 12-2의 정적 시험 데이터를 볼 때 좀 둔감한 밸브/포지셔너는 가끔 1%의 신호 변화에 반응하지 않음을 알 수 있다(너무 큰 스템 마찰 때문일 수도 있음). 특정 행정 위치에서 동적 불안정성 때문에 밸브 스템 힘의 변화를 유발하는 동적 영향이 나타나며 이를 진단할 수도 있다.

정확한 제어를 위해서 제어밸브가 1% 이하의 프로세스 변화에 응답할 수 있을 것으로 기대하기도 한다. 그림 12-2에서 0.5%의 적은 입력신호에 대해 밸브는 정확하게 행정 이동 능력이 있다는 것을 알 수 있다. 그러나 입력신호 변화가 1%에 이를 때까지 유량 변화에는 별다른 차이가 나타나지 않는다. 이것은 구동기와 개폐 장치 사이의 연결이 헐거워졌음을 알려준다. 이러한 현상은 구동기 스템과 밸브 스템 사이 연결부에 틈새가 있는 로터리 밸브에서 나타날 수 있다. 이와 같은 종류의 시험을 할 때 입력 신호와 스템 행정을 비교하기보다는 입력 신호와 연관된 유량 변화를 비교하는 것이 중요하다. 스템 위치 변화에 대응하여 유량 변화에 나타나지 않는다면 프로세스 변수는 바뀌지 않는다.

마지막으로 이와 같은 시험 체계로 테스트 루프에서 지정된 밸브로 조절되는 최대 및 최소 유량률과 밸브 게인(밸브 설치 상태의 유량특성 기울기)을 측정할 수 있다. “프로세스 게인(Process Gain)”은 전형적인 트랜스미터 세팅에서 1인 반면에 설치된 밸브의 게인은 보통 더 높다.

밸브의 "평균 게인(Average Gain)"(보통 1.2에서 2.5)* 은 소위 말하는 2 : 1 이상의 비율까지 편차가 나지 않는다는 것이 중요하다. 예를 들면 설치된 밸브의 평균 게인이 1.5이며 7%의 정격 유량에서 게인 3.2가 8%의 정격 유량에서는 3이 되며 90%의 정격 유량에서 측정된 게인은 겨우 0.75(게인의 최고한도 3, 최소한도 0.75)가 되어 우리는 "제어 가능 유량 범위"를 90%/8% = 11.25 : 1이라고 말할 수 있다. 이것은 "설치 레인지어빌리티(Installed Rangeability)"를 정의하는 좋은 방법이 될 것이다.

아마도 놀랍지 않겠지만 본 "성능 차이점 시험"을 통해 잘 설계된 로터리 제어밸브는 좋은 글로브 밸브만큼 좋은 성능을 발휘하지만 우리의 직관과는 반대로 대형 글로브 밸브는 잘 설계된 작은 밸브보다 더 성능이 우수하지 않다는 것이 입증되었다. 이것은 예를 들면 작은 밸브가 고차압에 사용될 수 있다는 것을 의미하지는 않는다. 결국 루프 작동 특성은 밸브 평가 과정의 한 부분일 뿐이다.

---

* 설치된 제어밸브 게인은 제어기 신호 변화에 대한 유량 변화의 비율로써 정의된다. 예를 들면 5%의 신호 변화에 대해 최대 10%의 유량 변화를 갖는 밸브는 설치된 게인이 2가 된다. 많은 사람들이 10%의 신호 변화에 대해 10%의 유량 변화 즉, 설치된 게인이 1이라고 잘못 생각한다. 이것은 정격 유량에서 100% 밸브 행정이 필요할 것이라고 할 수는 없기 때문이다(이것은80% 규칙을 위반한다. 5장의 "어떤 사이즈의 밸브를 선택할 것인가?"에 대한 내용을 참조하라). 게인이 어떤 값이든 "비례 밴드(Proportional Band)" 또는 제어기의 게인은 적용 유량률을 통해 상대적으로 일정하게 되는 한 밸브의 게인에 맞도록 쉽게 조절될 수 있다.

☞ 참고문헌

1. Taylor, C., Davey, B., "Control Valve Performance Requirements for Optimum Process Control", *Proceedings of the 34th Annual Int'l Pulp & Paper Symposium*, ISA, (1994) pp. 5-1-5-7.
2. ISA-75.25.01, *Test Procedure for Control Valve Response Measurement from Step Inputs*. ISA, Research Triangle Park, NC : 2000.
3. ISA-75.13, *Method for the Evaluating the Performance of Positioners with Analog Input Signals and Pneumatic Output*. ISA, Research Triangle Park, NC, 1996.
4. ISA-75.25.02, ISA, Research Triangle Park, NC.
5. Ali, R., "Smart Positioners to the Rescue", *InTech*, June 2002. pp. 72-73.

Chapter 13

밸브 트림의 표면경화 시기 및 밸브 재료와 관련된 의문점

습식 부위에 대한 부식에 대해서는 우수한 핸드북을 이용하여 적합한 재료를 선정할 수 있다. 이러한 부식 외에도 침식(Erosion)은 대부분 밸브 고장의 원인이 된다. 내구성을 제고하기 위해서는 침식의 원인을 구별하는 것이 필요하다.

☞ 유체 유동 속의 고체입자 또는 석탄 슬러리 같은 입자상 물질에 의한 침식

침식성을 갖고 있는 유체에 있어 그 속도가 충분히 느린 상태(밸브의 압력강하가 10 psi 이하)라면 합성고무 라이닝은 매우 좋은 방법이 되는데 특별히 천연고무 혹은 GRS (BUNA-S) 형태의 합성고무가 사용되기도 한다. 이런 경우에는 핀치 밸브 혹은 고무로 입혀진 버터플라이 밸브를 고려해야 한다. 입자가 부유 상태를 유지하기 위해서는 밸브에서 최소 1 psi의 압력강하가 필요하다(3 ~ 7 feet/sec 속도). 더 높은 압력강하 또는 온도가 높은 곳에서는 "유동에 의한 닫힘 방향 플러그"가 적용된 앵글밸브를 고려해야 한다. 배관 벽 내 침식을 막기 위해 하류 배관을 적어도 오리피스 사이즈의 4배 이상 크게 설치하여 유체 흐름을 유도해야 한다. 밀봉부 표면, 시트링의 구멍, 플러그의 표면 등에 표면 경화를 하는 것은 밸브 수명을 연장하는 좋은 방법이다. 밀착 단힘을 위해 플러그(40 ~ 46 RC*)와 시트링(56 ~ 62 RC)의 경도를 다르게 하는 것이 좋은 방법이다. 또한 플러그 가이드와 가이드 부싱 간에도 경도를 다르게 한다. 사이즈가 작은 플러그에는 고체 세라믹(ALO_2) 혹은 텅스텐 카바이드를 사용하는 것이 효과적이다. 그러나 여기서의 중요한 사항은 플러그/시트의 유동 제한부(Vena Contracta)에 접근하는 모든 구역의 유체 흐름을 유선형으로 하고, 밸브 하우징 표면에 근접하여 직접적인 유체 충격을 유발하는 어떠한 것도 피하도록 하는 것이 좋다. 이상적으로 말하자면 밸브는 오직 유체만을 가속시켜야 한다.

---

* 로크웰 C 경도

그러나 결과적으로는 실제적인 감속(압력 강하)이며 매우 파괴적이며 높은 난류는 대형 밸브의 안쪽 혹은 용기의 하류에서 발생하도록 해야 하며, 밸브 플러그의 가까운 곳에서 발생해서는 안 된다.

플러그와 시트링의 수명이 얼마나 짧은지를 알기 위해 Ref. 3을 인용하면 316 스테인리스강으로 만든 6인치 시트링이 순수 점토를 취급하는 고온 오일설비에서 압력 강하가 50 psi 밖에 안 되는 조건일 때 몇 주 만에 완전히 파손되었다(나는 이 밸브가 캐비테이션을 겪으면서 파손이 가속된 것으로 판단한다).

다른 예로서 1-1/2 in. 밸브 플러그를 Stellite® 1번으로 전체 피복하였으나 압력강하 100 psi 에서 2주간 운전 중 우라늄 불순물에 의해 완전히 닳아 못쓰게 되었다. 고가를 들여 경화한 밸브 트림도 파손되는 것을 잠시 늦출 수는 있어도 완전히 예방할 수는 없음을 기억해라. 어떤 경우에는 가장 값싼 밸브를 사다가 교체하는 것이 경제적이고 더 효과적일 수도 있다. 알루미늄 슬러지가 있는 유체의 이송에는 단순한 카본 스틸 버터플라이 밸브를 사용하면서 정기적으로 교체하는 것이 효과적이다.

☞ 캐비테이션(Cavitation)

캐비테이션을 피하기 위한 대부분의 방법으로는 F_L이 높은 형식의 트림을 선정하고 밸브를 정압이 더 높은 곳으로 재배치, 또는 밸브 후단에 흐름제한장치(Restrictor)를 설치, 또는 플러그 혹은 베인 근처 밸브 안으로 공기나 가스를 주입하는 것이다(그림 14-7을 보라). 경화 트림을 선택하면 운전 기간을 연장하게 될 것이며, 물론 공급자도 예비품 판매로 매출은 증가하게 될 것이다(목록 14 참조). 고온에서 발생에는 어떤 캐비테이션은 밸브가 플래시 탱크에서 아주 멀리 떨어진 곳에 설치되어 있어서 발생하기도 한다.

☞ 습증기에 의한 침식

온도가 물이 응축되는 조건이라면 이것은 탄소강을 공격한다. 이 경우는 밸브 몸체 재질로써 크롬-몰리브덴 합금, 청동, 스테인리스강을 사용해야 한다. 밸브 몸체가 탄소강일 경우에는 개스킷을 스테인리스강 시트링 밑에 두어야 한다. 다른 한편으로는 과열증기 조건이 있는데 밸브 내에서 등엔트로피 조절로 인해 작은 물방울이 배출될 수 있다. 여기에는 마르텐사이트 크롬 스테인리스강 트림을 권고한다. 특별히 AISI Type 440C이며 58 RC까지 경화시킬 수 있다. 낮은 온도(<750°F)에서는 열처리한 17-4 pH 스테인리스강이 유용한데 1075°F에서도 약 38 RC의 경도를 가진다. 증기에서는 pH 상태를 주목해야 하는데 부식할 수 있는 조건(>pH 7)에서는 경도가 35 RC보다 더 높은 부품에서도 응력부식이 유발될 수 있다. 이것 역시 유황이 함유된 천연가스에도 적용된다.

밸브 트림에 대해 표면 경화를 해야 할 압력 조건이나 시기 등에 대한 법칙은 없다. 가스 상태의 유체는 3,000 psi에서 500 psi까지 혹은 단지 15 psi에서 대기상태까지의 압력 강하에도 오리피스에서 속도는 음속(증기의 경우 보통 1,350 feet/sec)이 된다. 트림이 닳은 이유는 더욱 복잡하다. 밸브가 보일러에서 멀리 떨어져 있기 때문에 밸브에 이르러서 습해지는 것은 아닌가? 유체에 고체 촉매제가 함유되어 있는가? 유체가 어떤 상태에서 결정화하려는 경향이 있는가? 2상 유동(액체 + 가스)이 존재할 수 있는가? 유정에서 나오는 천연가스에 모래가 포함되어 있는가? 이것들은 밸브의 재질 선정 시 고려해야 하는 질문사항들이다. 다른 한편으로 보통 용도의 트림 재질 즉, AISI 타입 316 스테인리스강 같은 경우에는 대부분의 핸드북에서 스테인리스강 트림의 경우 허용 압력강하를 150 ~ 200 psi로 제한하고 있지만 압력강하가 1,000 psi를 초과할지라도 깨끗한 액체나 가스에서는 적합한 재질이다.

마지막은 가이드 재질이다. 글로브 밸브와 저압 조건($\triangle P$<500 psi)에서는 플러그 스템 가이드 부싱 혹은 스템 가이드 부싱은 기계적 가공으로 경화처리를 한 316 스테인리스강을 사용할 수 있다. 좀 더 용량이 큰 밸브 형식에는 440C 스테인리스강의 가이드 부싱이 사용된다. 부식이 우려되는 곳에는 스텔라이트와 같은 코발트 크롬 텅스텐 합금강으로 만들거나 표면을 처리한다.

로터리 밸브의 경우 TFE 글라스 파이버 부싱은 350°F 까지, TFE 브론즈 부싱은 450°F 까지 사용한다. 베어링에 적합한 재질로는

Nitronic 60®로 스테인리스강 합금으로 800°F에도 적합하며, 적절하게 지지될 수만 있다면 고형화 그래파이트 부싱이 있다. 더 높은 온도(1,250°F) 또는 부식의 우려가 있는 곳에는 코발트 크롬 텅스텐 합금 혹은 그래파이트를 사용한다.

무수히 다양한 부식성 화학물질에 대해 적합한 재질을 권하는 것은 불가능하다. 따라서 우려되는 경우라면 PTFE(테프론)로 도포된 밸브가 최상의 선택이 될 수 있다. 여기에서 C_v 범위가 0.001 ~ 100일 때는 글로브 밸브로 그리고 더 큰 용량일 때는 로터리 밸브로 선정하면 된다.

☞ 참고문헌

1. *Compass Corrosion Guide II*, "A Guide To Chemical Resistance of Metals and Engineering Plastics", La Mesa, CA : Compass Publications.
2. Kennicott, W.L., "Use of Hard Carbide Components", *In Petrochemical Processing*, ASME PAPER 61-SA-51 (1962).
3. Wing, Paul, "Selecting Control Valve Trim For High Pressure Drop And Erosive Service", *ISA Journal*, Vol. 2 : 332-337, Sept. (1955).

Chapter 14

환경에 대한 우려

☞ 내 밸브가 너무 시끄럽지는 않을까?

밸브의 소음 원인은 3가지이다. 첫째는 기계적 진동, 둘째는 난류 및 캐비테이션, 셋째는 공기역학적 소음이다. 플러그 가이드와 가이드 부싱 사이 원주상의 틈 안에서 밸브 플러그의 진동 혹은 플러그 스커트와 시트링 사이에서 발생하는 소음은 과도한 유체 난류의 결과로 0.5 ~ 7 kHz 사이에서 90 dB을 쉽게 초과할 수 있다. 이 현상은 압력강하 그 자체보다 플래싱이나 캐비테이션 등과 같은 불안정한 액체 유동 때문이다. 다행이도 이것은 다소 드물게 발생한다. 경험상 공진은 질량 m에 대해 비감쇄 고유주파수(밸브 플러그의 중량을 중력가속도로 나눈)가 밸브 스템의 강직도 Kn(수직 변위 비율)과 상관성이 높을 때 자주 나타나게 된다. 이것은 보통 비감쇄 고유주파수 f_n이 5,000 Hz 이하인 곳에서 발생한다. 여기서 $f_n = 0.16(K_n/m)^{1/2}$ cycle/sec이다. 속이 빈 플러그는 질량 m을 감소시키는 반면 스템의 길이가 짧거나 스템 직경이 크면 f_n이 증가하게 되는데 이것이 가능한 해결책이다. 밸브 가이드의 틈새를 줄이는 것은 진폭을 작게 할 수는 있으나 확실하게 점검하지 않으면 스템 혹은 플러그 가이드의 피로 파괴를 유발할 수 있다. 다행스럽게도 대부분 100 ~ 1,500 Hz 사이의 주파수에서 발생하는 밸브 플러그의 공명 진동을 청취할 수 있는데 소리가 90 dBA를 초과할 수 있다.

작업자가 90dB에서 8시간 동안 노출될 수 있는 OSHA 제한치는 A 가중 스케일(A-weighted scale)로 측정되는데 이것은 인간의 귀가 주파수에 대한 반응 곡선으로 나타낸다. 이와 같이 해서 90 dBA가 한계치로써 기준이 된다. 다른 한편으로는 소음은 단지 청각적 진동에 지나지 않지만 진동은 밸브, 파이프 및 부속기기의 손상을 야기할 수 있다.

비록 밸브를 지하에 설치하여 OSHA 제한치를 무시할지라도 파이프 벽에서 1 m 떨어진 거리에서 130 dBA[1]을 초과하는 음압이라면 파이프가 파열될 수도 있다. 그러므로 “소음저감 트림”을 사용하지 않거나 밸브를 땅에 매립하여 내부 소음을 감쇄하는 수단이 아니라면 오직 110 dBA 만큼만 허용된다.

만약 가스나 증기를 취급하는 밸브가 1,000보다 작은 에너지 계수(EC)라면 다음 내용을 읽을 필요는 없다. 이 에너지 계수는 입구 절대 압력에 C_v와 F_L을 곱해서 유도한다. 예를 들어 증기를 150 psig에서 감압하고 밸브의 C_v가 125, F_L 인자가 0.9인 밸브는 EC = 150×125×0.9 = 16,875 이며 소음이 발생할 수 있는 표준 밸브가 된다. 다른 한편으로 C_v가 6인 밸브라면 EC는 6×150×0.9 = 810이 되므로 압력 감소에도 불구하고 소음은 OSHA 제한치인 90 dBA 이하가 된다.

ISA는 합리적이고 정확한 예측 방법에 대해 ISA-75.17, Control Valve Aerodynamic Noise Prediction으로 출간했는데 이것은 수정된 자유 제트 소음이론을 근거로 하였다. 이 기준은 ISA-75.17 방법론의 대부분을 적용하고 있는 국제기준 IEC 60534-8-3으로 최근에 대체되었다.

대형 컴퓨터를 소유하고 있다면 46개 이상의 공식에 대해 걱정하지 않아도 되며, 대다수 밸브 공급자는 컴퓨터 프로그램을 사용하고 있으며 당신도 사용할 수 있다. 그러나 좀 더 쉬운 방법으로 이 자료를 요약하였으며 휴대용 소형 계산기로도 계산할 수 있다.

$$L_a = A + L_{pi} - T_L + L_G \text{ dBA} \quad (14\text{-}1)$$

$$L_{pi} = 147 + \eta m + 10\log(C_v F_L P_1 P_2 / D_i^{\,2}) + 10\log(C_o/1128) \text{ dB} \quad (14\text{-}2)$$

ηm = (실제가 아닌) 보정 음향효율 인자 (이것은 약식임을 기억하라)

P = 압력, psia(P_1 = 입구, P_2 = 출구압력)

D_i = 출구 배관의 안쪽 직경(인치)

C_o = 유체 음속, ft/sec(전형적인 수치로 공기는 1,125 ft/sec, 과열증기는 1,350 ft/sec)

k = 비열비(공기 1.4, 증기 1.33)

T = 유체 온도 °F

M = 몰 중량(공기 29, 증기 18)

A = 5 − 10 log (f_o / 6,000) dB, 여기에서,

$$f_o = f_r \times C_o \text{ gas}/4\ C_o \text{ air} \ ;\ f_r = 62,420/D_i$$

$$C_0 = 223\sqrt{\frac{k(T+460)}{M}}\ ;\quad \text{ft/sec}$$

예를 들면, 70°F에서 C_o air = 1,128 ft/sec. C_o Helium = 3,188 ft/sec 이며, 만약 P_1/P_2가 P_1/P_2 critical 보다 작으면 아음속이다(표 14-1 참조).

이것은 Regime Ⅰ이라고 한다. 즉, $P_1/P_2 < P_1/P_2$ critical이다.

여기에서,

$$\eta m = 26\log[(P_1 - P_2)/(P_1 {F_L}^2 - P_1 + P_2)] + 10\log({F_L}^2) - 38.6\text{dB} \tag{14-3}$$

Regime Ⅱ, Ⅲ에서는 즉, $P_1/P_2 > P_1/P_2$ critical이고, 유동은 음속인 마하 1.4까지는

$$\eta m = -40 + 37\log[(P_1/P_2)/(P_1/P_2\ critical)] + 10\log({F_L}^2)\text{dB} \tag{14-4}$$

Regime Ⅳ 즉, $P_1/P_2 > P_1/P_2$ break 이고, 제트 속도는 마하 1.4 이상일 때

$$\eta m = -31.2 + 10\log(F_L^2 + 10\log[(P_1/P_2)/(P_1/P_2\ break)]\text{dB} \tag{14-5}$$

Regime Ⅴ 즉, $P_1/P_2 > 22\alpha$이고, 제트 속도는 마하 3 이상 그리고 음향 효율이 일정하므로

$$\eta m = \eta m \text{ Max. of Regime IV} \tag{14-6}$$

주의 P_1/P_2 critical $= P_1/(P_1 - 0.47F_L^2 P_1)$.
P_1 = 입구압력, psia; P_2 = 출구압력, psia

전송 손실은

$$T_L = T_{Lfo} + \triangle T_{Lfp} \quad \text{dB} \tag{14-7}$$

여기에서

$$T_{Lfo} = 10\log[9\times 10^6((P_1/P_2)+1)rt_p^2/D_i^3] \text{ dB} \tag{14-8}$$

D_i = 파이프 내경, 인치

G_g = 중력(공기 = 1, 포화증기 = 0.49)

r = 배관으로부터의 거리 = 39인치 + 1/2D_i

t_p = 배관 벽두께, 인치

C_o = 유체의 음속(공기 = 1,128 ft/sec,
증기 = 1,320 ft/sec)

T_{Lfp}는

$$f_p \leq f_o\text{일 때} \quad \triangle T_{Lfpo} = 20\log(f_o/f_p) \tag{14-9}$$

$$f_p \leq 4f_o\text{일 때} \quad \triangle T_{Lfp} = 13\log(f_p/f_o) \tag{14-10}$$

$$f_p > 4f_o\text{일 때} \quad \triangle T_{Lfp} = 20\log(f_p/f_o)+7.8 \tag{14-11}$$

$$f_p > 4f_r\text{일 때} \quad \triangle T_{Lfp} = 12+10\log(f_p/4f_r) \tag{14-11a}$$

여기에서,

$f_r = 62420/D_i$, cps

$f_o = 0.25f_r$ based on air, cps(14-12)

$$f_p = 0.2C_o \times M_j/D_j, \text{ if } P_1/P_2 < 3, \text{ cps} \tag{14-13}$$

$$f_p = 0.28C_o/D_j(M_j^2-1)^{0.5}, \text{ above } P_1/P_2 = 3 \tag{14-14}$$

마하수는,

$$M_j = \left\{\left(\frac{2}{k-1}\right)\left[\left(\frac{P_1}{P_2\alpha}\right)^{(k-1)/k} - 1\right]\right\}^{0.5} \tag{14-15}$$

[표 14-1] 공기의 중요 압력비(P_1/P_2)

F_L	0.5	0.6	0.7	0.8	0.9	1.0
α	0.60	0.63	0.69	0.75	0.85	1.00
P_1/P_2 critical	1.13	1.20	1.30	1.43	1.61	1.89
P_1/P_2 break	1.95	2.07	2.24	2.40	2.76	3.25
P_1/P_{vc} crit. = 22α	13	14	15	16	19	22
P_{vc} crit. = 0.53 P_1						

제트 직경 D_j는 유동 면적과 밸브 스타일 보정인자 F_d(표 14-2 참조)에 대한 함수이다. $\alpha = (P_1/P_2 \text{ critical})/1.89$(표 14-1을 참조하라)

만약 다중의 구멍으로 된 저소음 트림을 가지고 있다면 $F_d = 1/(N_0)^{0.5}$이며, N_0은 노출된 구멍의 숫자이다.

$$D_j = 0.015F_d(C_vF_L)^{0.5} \text{ ft} \tag{14-16}$$

(대표적인 F_d 값은 표 14-2를 참조하라)

[표 14-2] 표준 트림(Full Size Trim) 제어밸브의 전형적인 F_d 값

Valve Types	Flow Direction	Max. C_V/d^2	F_N	F_d @% of Rated Flow Capacity (C_V)					
				10	20	40	60	80	100
Globe, parabolic plug	To Open	13	0.28	0.10	0.15	0.25	0.31	0.39	0.46
Globe, 3 V-port plug	To Open	10	0.44	0.29	0.40	0.42	0.43	0.45	0.48
Globe, 4 V-port cage	Either*	10	0.38	0.25	0.35	0.36	0.37	0.39	0.41
Globe, 6 V-port cage	Either*	10	0.26	0.17	0.23	0.24	0.26	0.28	0.30
Globe, 60-hole drilled cage	Either*	8	0.14	0.40	0.29	0.20	0.17	0.14	0.13
Globe, 120-hole drilled oago	Either*	6.5	0.09	0.29	0.20	0.14	0.12	0.10	0.09
Butterfly, swing-through, to 70°	Either	32	0.34	0.26	0.34	0.42	0.50	0.53	0.57
Butterfly, fluted vane, to 70°	Either	26	0.13	0.08	0.10	0.15	0.20	0.24	0.30
Eccentric rotary plug valve	Either	13	0.26	0.12	0.18	0.22	0.30	0.36	0.42
Segmented V-ball valve**	Either	21	0.67	0.60	0.65	0.70	0.75	0.78	0.80

주 : * 중심을 향한 유동에 있어 제한된 $P_1 - P_2$

d = 밸브 사이즈(inch)

F_N = 밸브의 특정 소음 변수, 저자가 $6.5d^2$과 동등한 용량(C_v)에서 F_d로 정의한다. 배관 사이즈에 따라 근 배관 벽 김쇠로 인해 낮은 F_N은 낮은 외부 소음을 의미한다.

** 6인치 이상에 대한 것임.

마지막으로 배관 속도 수정 인자 L_G는,

$$L_G = 16\log\left[1\Big/\left(1-\frac{0.02P_1 C_v F_L}{D_i^{\,2} P_2}\right)\right]\ \text{dB} \tag{14-17}$$

주의 상기 방법은 표준 밸브에 대한 밸브 출구의 마하수인 M_{ni}이 0.3까지 그리고 저소음 밸브에 대해서는 0.2까지로 제한한다. 여기에서 M_{ni}는 다음과 같다.

$$M_{ni} = 1-\frac{0.02P_1 C_v F_L}{D_i^{\,2} P_2} \tag{14-18}$$

주어진 제한치보다 더 높은 파이프 내의 유속에서 소음 수준을 계산하기 위해서는 참고문헌 10번을 참조하라. 이것이 너무 복잡하다면 간단한 두 번째 방법이 있는데 간단하게 A(+)B(+)C이다.

첫 번째 "A"를 보면, 이것은 단일시트 글로브 밸브, 편심형 로터리 플러그 밸브, 버터플라이 밸브 또는 4개 이하의 포트를 가진 케이지 밸브의 기본적 소음 수준이다. 이들 밸브가 스케줄 40, 입구압력 100 psia일 때 그림 14-1에 보는 바와 같이 C_v 70%에 해당하는 개방 상태라면 정격 C_v는 $10D^2$(예를 들면 2인치 밸브에서 C_v는 40)이다. 곡선 "A" 그 자체가 모든 소음 평가의 50% 정도를 차지하고 있다는 것에 유의해야 한다. 취지상 더 높은 압력비 곡선을 나타내지는 않았다.

다음 "B"는 입구압력이 약 100 psia 이상 차이가 날 때의 수정인자이다. B = 12 log(P_1/100) dBA이다. 따라서 입구압력이 540 psia라면 B = 12 log(540/100) = 8.8 dBA이다.

마지막 "C"는 스케줄 40과 차이가 있는 배관 두께에 대한 수정인자이다(표 14-3 참조).

[표 14-3] 배관 벽 인자 "C"

Pipe Schedule:	20	40	80	160
C, dBA =	+4	0	-4	-8

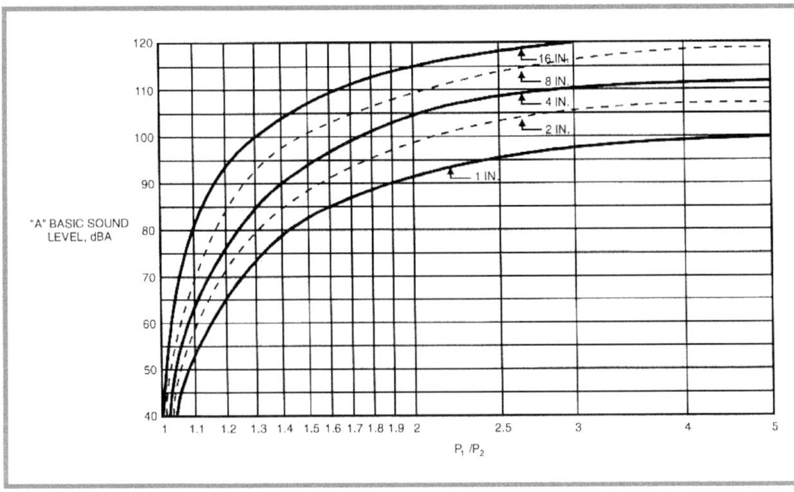

[그림 14-1] 일반 제어밸브에서 유량 용량은 약 70%, 스케줄은 40, 입구압력은 100 psia일 때에 밸브 후단 배관의 벽으로부터 1 m에서 공기역학적 소음(dBA)

대부분의 가스는 공기와 비슷한 소음을 유발한다. 증기에서 총 소음을 3 dBA 만큼 저감하고 싶은 경우가 있다. 예를 든다면, 540 psi의 증기를 315 psi로 감압하는 3인치 스케줄 80 파이프에 설치된 포물선형 플러그형 3인치 글로브 밸브의 C_v는 F_L 번호 0.87에서 65로 계산된다. $P_1/P_2 = 540/315 = 1.7$이다. 커브 "A"로부터 3인치에 대한 자료는 없으나 선도들 사이에서 읽을 수 있다. $P_1/P_2 = 1.7$이므로 커브 "A"에서 97 dBA로 추정할 수 있다. 다음에 "B" = 12 log(540/100) = 8.8 dBA이다. 마지막으로 "C" = −4 dBA이며, 총량은 97 + 8.8 − 4 = 101.8 dBA이다. 증기의 경우에 저감량 3 dB은 하류부 파이프의 1 m 떨어진 지점에서 98.8 dBA이다.

☞ 공기역학적 밸브 소음 저감법

공기역학적 소음과 같은 소음 공해의 발생에 대하여 좀 더 알아보면, 교축 소음 수준(Throttling Noise Level)에 대해 앞의 계산식을 보면 두 가지 기본적인 변수가 소음 수준에 관련이 있다. 따라서 소음을 감소하려면 이것을 변화시켜야 한다. 이것은 제트 속도 U_{vc}와 내부

최고 소음 주파수 F_p이다. 제트 속도는 소음원의 가장 중요한 요소이며 다루기가 매우 어렵다. 속도는 내부 오리피스 압력비 P_1/P_0의 분율이다. 여기에서 P_0는 오리피스 내부 정압이고, 본 비율을 조정하기 위해서는 속도를 줄이는 것이 유일한 방법이다. 여기에서,

$$P_o = P_1 - \left\{(P_1 - P_2)/F_L{}^{0.5}\right\}$$

아음속 Regime I(예를 들면 $P_1/P_0 \leq 1.9$)에서 밸브 트림이 덜 유선형이라면 높은 F_L 번호(0.9 에서 1.0)가 되는데 더 낮은 제트속도가 될 것이다. 더 높은 압력비에서 유일한 해결책은 아음속 Regime에서 제트보다 낮은 유속으로 운전되도록 연이은 오리피스나 저항 통로를 사용하는 것이다. 그림 14-2는 다단 저항 트림(지그재그 유로)을 가진 밸브를 보여주고 있다. 입구압력 1,500 psia의 천연 가스를 750 psia까지 조절하여 낮춘다고 할 경우 또한 밸브 압력회복 인자가 0.9일 경우 1단 감압에 대한 내부 압력비(P_1/P_0)는 2.35 : 1이며, 계산식 14-4에 따라 보정 음향효율 인자는 -34.8 dB로 산출된다. 그러나 그림 14-2의 10 단계로 된 트림을 가진 각 단계별 오리피스의 압력비는 단지 1.089 : 1 로서 보정 음향효율은 단지 63.1 dB이 되어 다른 인자를 무시하면 28.3 dB이 절감된다.

10개의 개별 소음원에 대해 부분적인 적용을 무시하면 29 dB의 소음 감소를 보여준다. 실제 소음 감소분은 소음원 추가나 주파수 등의 변화로 인해 약 20 dB이 될 것이다.

가청 교축 소음을 적은 비용으로 감소시키는 방법은 그림 14-3과 같이 다단 오리피스 트림을 사용하여 피크 주파수를 증가시키는 것이다. 그림 14-3에서 교축은 1단(Single-stage) 상태이다. 제트류는 수많은 병렬 포트로 나누어진다. 이것은 밸브 스타일 보정인자 F_d로 표시되는데 즉 $F_d = 1/(N_0)^{0.5}$이다. 여기서 N_0는 동등 사이즈의 병열 포트 수이다. 또한 F_d는 제트의 직경 D_J에 대해 비례하기 때문에 주파수는 더 높은 수준으로 이전될 수 있다.

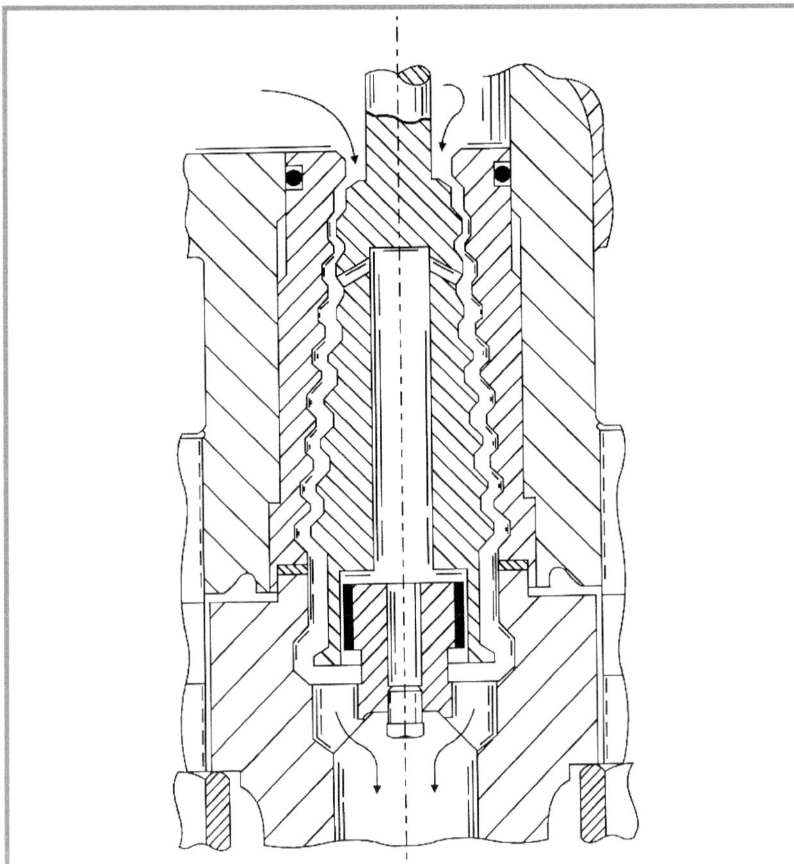

[그림 14-2] 단일 유동 면적을 형성하는 다단 밸브 플러그. 단일의 환형 면적으로 11개의 교축 단계를 사용하는 저소음 밸브 트림. 주의 면적은 감압으로 인한 가스 밀도의 변화를 수용한다. 이점은 교축 속도가 낮은 것이다.

예를 들면 그림 14-3에서와 같이 $N_0 = 16$ 이라면 F_d는 0.25가 되어 최종 피크 주파수는 1/0.25가 된다. 이것은 총 유량이 동일한 단일 오리피스($F_d = 1$)일 때보다 4배나 더 높다. 대부분의 경우처럼 피크 주파수가 배관의 대량 유량조절 구간에서 일어난다면 외부 가청소음 수준의 전체 감소량은 즉, $\triangle T_{Lfp} = 20 \log(f_{pl}/f_p{}^{0.25}) = 12$ dB이 된다(내형 배관이 아니라면 아래를 참조하라). 이 방법은 게이지 벽에 내해 3 : 1의 압력비까지만 적용된다. 더 큰 비율에서는 제트류가 하류에서 혼합될 수 있고 높은 주파수의 이점이 없어진다.[4] 주의할 점은 상기 계산식은 내부소음 피크 주파수(f_p)가 배관의 링 주파수(f_r) 보다 2 옥타브(4배) 이상 크지 않은 영역에서만 적용된다. 그 이유는 이 비율 아래에서 내부 소음이 옥타브 당 20dB에서 옥타브 당 10dB로만 이전되기 때문이다. 이것은 보통 저소음 트림(높은 F_P)을 적용한 밸브가 큰 배관(8인치 이상)에 설치되었을 때 발생한다.

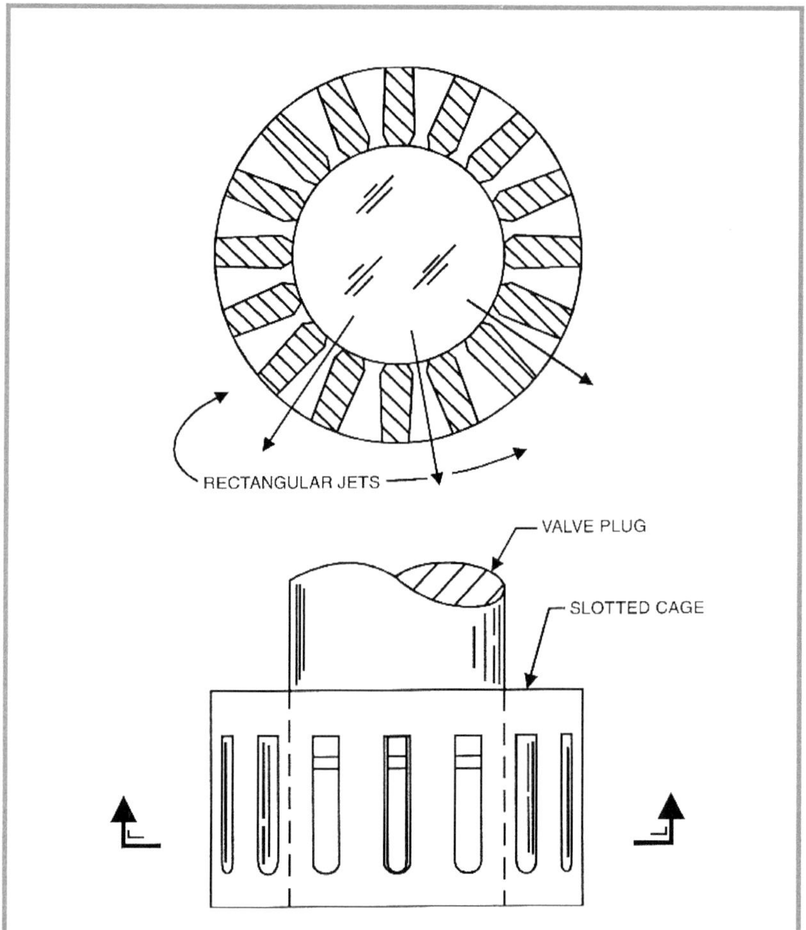

[그림 14-3] 다단 오리피스 케이지 트림. **주의** 이 케이지 트림은 단일 단계와 다중 유동 유로가 특징이다. 외부 소음 주파수가 높아지고 그 결과로 배관 전송손실이 증가하는 이점이 있다.

더 정교한 트림은 그림 14-4에서 볼 수 있다. 여기서 다단(Multi-step)은 각기 주형 또는 방정가공으로 만든 디스크 층에서 다중 유로(Multi-path)를 형성한다. 이 디자인에서는 속도의 감소 그리고 주파수 증가로 야기되는 높은 전송손실의 이점이 결합된 두 가지 이득 효과를 가지고 있다. 전형적으로 소음은 30 dB 까지 감소한다.

주의 밸브 출구 직경에 유의해야 한다. 출구 속도가 마하 0.2 이상이면 그 결과로 생긴 난류가 후단 배관에서 소음을 유발하기 때문에 이 트림의 이득 효과는 쓸모없게 될 수도 있다.

[그림 14-4] 래비린스 타입 케이지 내장품. **주의** 와셔처럼 생긴 케이지를 쌓아 만든 트림으로서 홈으로 된 다단과 다중 유로를 조합한 것이 특징이며 속도 감소와 주파수 증가 이점이 있다.

그림 14-5는 최근 개선된 래비린스 트림을 보여준다. 레이저로 자른 판이 다단 층으로 구성되며 각 디스크 안쪽에 단일 유로에서 바깥 원주에 여러 개의 비 유선형의 직각 출구 유로까지 3D 유동 유로를 형성한다. 출구 수와 입구유로 수 사이의 비율은 밸브를 통과하는 전체 압력비와 관련이 있다. 최대한으로 소음을 감소시키기 위해서 첫 번째 단은 초음속 유동속도를 보이는 반면에 출구단은 아음속을 유지한다(여기에서 덜 유선형인 유로가 더 낮은 음향 효율을 가진다). 여기서 유선형 유로는 대부분의 압력 감소 에너지를 충격파 형태(소음을 만드는 난류 대신)에서 변환하는 초음속 디퓨져 역할을 한다. 첫 번째 단에서 발생한 대부분의 소음 에너지는 두개의 단 사이의 수직 유로인 "안정 공간"에서 유지된다. 예를 들면, 출구와 입구 통로의 면적비가 6 : 1이라면 첫 단에서의 압력비는 대략 5 : 1이 되고 양 쪽 단에 미치는 전체 압력비는 8 : 1 정도까지 높아지며 최적의 저소음 성능을 유지한다. 이 트림은 전형적인 래비린스 트림(그림 14-4)보다 더 좁으며 길고 꼬불꼬불한 유로를 가지고 있다. 따라서 주어진 트림 사이즈에 비해 더 큰 유체 용량을 갖는다. 다른 이점은 이물질이 있는 유체라도 유체 통로가 막힐 가능성이 적다. 일반적인 트림 장치의 문제점은 가스 속도가 낮은 미세한 유동 유로로 운전하는 것이다.

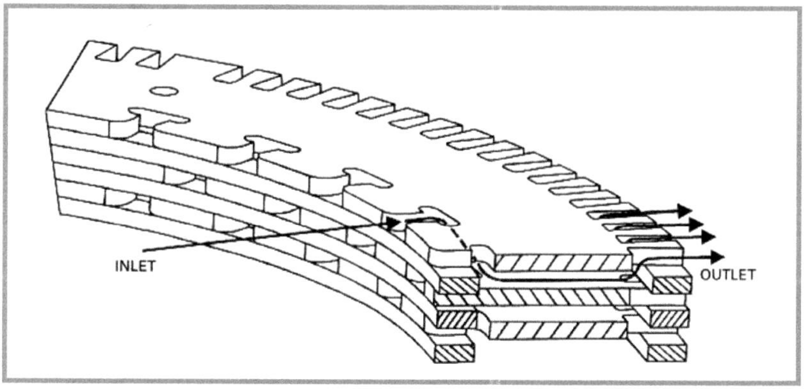

[그림 14-5] 동일한 스테핑이나 레이저 절단으로 만들어 두 개의 단과 구역으로 된 저소음 트림. 입구 통로는 높은 압력비에서 제트를 확장하여 초음속을 만들도록 유선형 형상으로 되어 있는 반면 출구통로는 유동 면적을 키워 출구속도가 아음속이 되도록 한다.

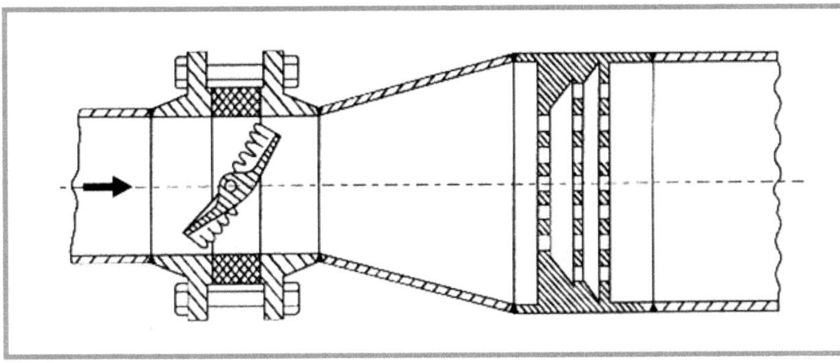

[그림 14-6] 플루트 모양의 저토크 버터플라이 밸브 같은 제어밸브와 다단 유체 제한기가 결합된 상태. **주의** 제한기는 최대 유량조건에서 이용 가능한 차압의 90~ 95%를 흡수하도록 설계된다.

최종적으로 더 경제적인 해결책은 하류의 압력을 줄이는 장치를 장착하는 것인데 예를 들면 그림 14-6에 나타낸 플루트 디스크로 된 버터플라이 밸브와 같은 교축 밸브에 다중 구멍 제한기(Multiple-hole Restrictor)이다. 다시 말하면 플루트 디스크는 다중 병열의 제트류를 발생 시키는데 소음 주파수가 증가하는 것이 포트 케이지 밸브와 유사하다. 그러나 압력 에너지의 대부분은 고정판에서 변환될 것이며 최대 유량에서 소음을 약 20 dB 감소시킨다. 최대 설계 유량에서 밸브는 1.1 또는 1.15의 낮은 압력비를 가지도록 설계되는데 나머지 압력 감소는 고정판을 통과하면서 일어난다. 이것이 다단 다중구멍 설계 특징으로 인해 고유의 저소음 교축이 된다.

밸브의 하류에 소음기를 설치하면 소음은 약 10 dB 까지만 감소시킬 수 있기 때문에 비경제적이다. 이것은 소음의 대부분이 상류로 이동하거나 밸브 몸체와 구동기를 통해서 퍼지기 때문이다. 유사한 것으로는 배관에 차음재를 적용하는 것인데 이것도 약 15 dB까지만 감소시킬 수 있다.

다음은 밸브의 소음 감소 절차를 요약한 것이다.

- $Cv \times F_L \times P_1$이 1,000보다 작다면 문제가 없음[SL $\leq$ 90 dB(A)]
- 1 인치 두께의 배관 보온은 5 dB ~ 10 dB 감소

- 파이프 벽 두께 2배가 되면 약 6 dB 감소
- 하류 측에 소음 감소기가 있으면 약 10 dB 감소
- 소음 감소기가 상류측과 하류측 두 군데에 있으면 약 20 dB 감소
- 밸브 하류에 다중 포트 저항판은 15 dB ~ 20 dB 감소(최대 유량에서 밸브의 △P는 밸브 입구압력 50% ~ 10%만 사용하라)
- 특수 저소음 밸브는 15 dB ~ 30 dB 감소

물론 상기 방법을 조합하여 적용할 수 있는데 이 경우 더 많은 비용이 소요된다.

주의 5,000 Hz와 20,000Hz 사이의 높은 주파수에서 운전되는 저소음 트림은 높은 주파수를 만들기 때문에 이러한 밸브의 하류측에 설치된 초음파 유량계에 간섭을 줄 수 있어서 정확도가 떨어지거나 심지어는 유량계가 고장을 일으킬 수도 있다.[5]

☞ 캐비테이션은 무엇인가?

캐비테이션은 트림 부분에 대한 교체 수요가 발생하므로 제작자에게는 좋은 친구이다. 캐비테이션(액체 유동의 둔화 및 후속 압력회복이 되는 액체 속에서 기포의 격렬한 붕괴)은 구조상 밸브 플러그 표면, 몸체 안쪽 혹은 파이프 벽에 1.5×10^3 N/mm^2(218,000 psi)까지 충격을 줄 수 있다. 캐비테이션 손상에 영구히 견딜 수 있는 재질이 '존재하지 않는다'는 것을 의아해 할 것도 없다. 물론 단단한 재질(높은 탄성 응력 한계치)은 연한 재질보다 오래 견딜 것이다. 다음은 동일한 캐비테이션 조건에서 일부 재료에 대한 상대적인 수명이다.

Soft Aluminum Alloy	1
Type 1020 Carbon Steel	2.4
Type 304 Stainless Steel	6.5
Hardened 42% Cr, 4% Mo Steel	13

이것은 스테인리스강보다 경화 Cr-Mo 트림이 아마 다음의 두 가지 요소(13/6.5) 만큼 상대적인 수명이 증가될 것이다. 현명한 방법은 (a) 캐비테이션을 유발하는 압력조건을 피하거나 (b) 덜 유선형인 트림의 밸브(높은 F_L)를 선정하는 것이다. 불행하게도 프로세스의 조건은 거의 변경할 수가 없다. 그러나 밸브 설치 위치를 더 좋은 곳으로 선정하면 도움이 될 수 있다. 예를 들면 밸브를 긴 파이프나 열교환기 앞쪽에 설치하면 밸브의 입구 및 출구의 정압이 증가할 것이다. 높은 위치 대신 바닥에 위치한 배관에 밸브를 설치하여야 한다(위치에 따른 입구 및 출구 정압 증가). 이러한 것들은 허용 가능한 압력을 증가시켜 캐비테이션 문제점을 피할 수 있도록 한다.

여기에 다음과 같이 캐비테이션과 관련한 3가지 유동 조건 또는 압력비가 있다.

<u>초생 캐비테이션(Incipient Cavitation)</u>

이것은 첫 번째 버블이 형성되는 압력비이다(소음기로 측정).

$$X_{Fz}{}^{*} = \triangle P/(P_1 - P_v) \text{ 또는 } \triangle P_{inc} \text{ cavitation} = X_{Fz}(P_1 - P_v) \qquad (14\text{-}19)$$

여기에서,

P_1 = 입구 압력(psia)

P_2 = 액체에 대한 증기압(psia)

비록 초생 캐비테이션이 실제적인 목적상 무시된다 하더라도 X_{Fz}는 어떤 밸브에서는 0.10 만큼 낮게 된다. 실제 대형 밸브를 제외하고는 과도한 소음은 발생되지 않으며 큰 손상도 유발되지 않는다.

X_{Fz}는 다음 식을 사용하여 정확하게 계산할 수 있다.

$$X_{Fz} = 0.90/[1 + 3.2F_d(0.85\,C_v/F_L)^{1/2}]^{1/2} \qquad (14\text{-}20)$$

* IEC Standard 60534-8-4를 참조하라. 초생 캐비테이션 인덱스는 σ_i로 표시된다. 여기에서 $\sigma_i = 1/X_{Fz}$이다.

예를 들어, F_d가 0.46, F_L이 0.88, C_v가 200인 밸브는 X_{Fz}가 0.194이다.

손상 유발 캐비테이션(Damage Inducing Cavitation)

이것은 우리가 고려하여야 할 중요한 비율이다. $\triangle P_{damage}$를 초과하면 트림 수명은 심각하게 감소하게 된다. 아마 운 좋게 우연히 일치하는 것이지만 이 비율은 스케쥴이 40인 배관에서 85 dBA의 소음으로 정의된다.

$$\triangle P_{damage} = K_D(P_1 - P_v) \qquad (14\text{-}21)$$

대략적으로 기존 글로브와 로터리 제어밸브(표준 트림)는

$$K_D = X_{Fz}(1 + K_S \times K_P \times F_L^2) \qquad (14\text{-}22)$$

여기에서, K_S = 사이즈 계수$(1/d)^{0.125}$

예를 들면 8인치 밸브 K_S는 $(1/8)^{0.125} = 0.77$

d = 밸브 사이즈, 인치

K_p는 압력 수정 계수, $K_p = (100/P1)^{0.125}$

예를 들면 P_1 = 225 psia일 때 $K_p = (100/225)^{0.125} = 0.90$

8 인치 밸브가 버터플라이 밸브이고 C_v가 640, F_L이 0.75, X_{Fz}이 0.16이라고 가정하면 손상계수 K_D는 다음과 같이 계산된다.

계산식 (14-22)에서

$$K_D = 0.16 \times \{1 + 0.77 \times 0.90 \times 0.75^2) = 0.22$$

유체가 P_v가 0.5 psia인 차가운 물인 경우로 가정할 때 소음과 캐비테이션 손상을 방지하기 위한 최대 허용차압 $\triangle P$는

$$\triangle P_d = K_D(P_1 - P_v) = 0.22(225 - 0.5) = 49.4 \text{ psi}$$

다른 예를 들면, 증기압이 13.5 psia인 180°F의 액체를 180 gpm으로 제어하려고 한다. 이때 입구압력 P_1은 125 psia, P_2는 38 psia일

때 C_v 계산식으로부터 $F_L = 0.9(G_f = 1)$로 가정하면 유량은 임계가 되지 않고 C_v는 19.3이 된다. 1-1/2 인치 글로브 밸브를 선택할 경우 계산식 (14-22)로부터 K_D 인자는 0.54가 된다.

$$\triangle P_{damage} = 0.54(P_1 - P_v) = 0.54(125 - 13.5) = 60.2 \text{ psi}$$

실제 $\triangle P$가 87 psi이고 손상과 소음 문제점을 가지고 있는데 이 경우에 캐비테이션 방지용 트림(Anti-cavitation Trim)이나 밸브 하류에 저항판을 설치할 필요가 있다(그림 14-6 참조). 후자를 선택한다고 가정하면 출구 압력은 최대 유량에서 115 pisa 까지 증가하게 되고, 이것은 밸브 $\triangle P$를 $\triangle P_{damage}$ 보다 작은 10 psi로 감소시킨다. 이렇게 되면 밸브의 요구되는 C_v는 57까지 증가하게 되므로 2 인치 밸브를 선택하게 될 것이다. 유량을 반으로 줄였을 때 어떤 일이 발생할까? 소음 제한기는 C_v 값이 고정되어 있기 때문에 소음 제한기의 $\triangle P$는 $(Q_1/Q_2)^2$ 만큼 또는 4배까지 감소한다. 이것은 밸브 $P_2 = 38 + [(115 - 38)/4] = 57.3$이 된다. 그리고 밸브 C_v는 90 gpm/$\sqrt{125 - 57.3}$에서 F_L이 0.9 이기 때문에 11이 된다. 2인치 밸브의 K_D 인자는 0.97이고 $\triangle P_{damage} = 0.97(125 - 13.5) = 108.2$이다. 이것은 실제 $\triangle P = 125 - 57.3 = 67.7$ psi 라는 제한치 이상이다. 또한 유량이 2. : 1 이상 변하지 않는다면 하류측에 고정되어 있는 제한장치가 작동한다는 것을 보여주고 있다.[7]

<u>질식 캐비테이션 유동(Choked Cavitation Flow)</u>

최종 캐비테이션 압력비는 $K_{choked} = F_L^{\,2}$ 이다. 이것은 P_2 압력이 더 감소하여도 유량이 일정한 점에서의 질식 압력비이다. $\triangle P_{choked} = F_L^{\,2}(P_1 - P_v)$

이때 캐비테이션 소음은 최대치에 가깝고 예를 들면 로터리 밸브의 하류 배관에서 심한 캐비테이션 손상이 발생될 수 있다. 이것은 또한 초공동현상(Super Cavitation)이라고 불린다. 이 조건은 아주 짧은 비상조건 동안 외에는 확실하게 피하여야 한다.

캐비테이션에 대응하는 방법

앞에서 언급한 것과 같이 $\triangle P_{damage}$를 초과하는 것을 피하도록 해라. 만약 프로세스 조건을 변경하는 것이 불가능하면 제작자 카탈로그에서 캐비테이션 방지용 트림을 선택해라.

두 번째 해결책은 앞에서 설명한 것처럼 단단 혹은 다단 저항판을 감압 밸브의 하류에 설치하는 것이다. 가장 중요한 열쇠는 적합한 밸브 사이징이다. 최대 유량에서 밸브를 통한 총 감압은 10%, 저항판을 통한 총 감압은 90%가 되도록 할당해야 한다.

세 번째 해결책은 두 개의 동일한 밸브를 일렬로 설치하는 것이다. 이것은 2단 트림과 같은 효과가 있다. 설치된 밸브의 F_L 또는 K_D는 이제 $\sqrt{F_L}$ 또는 $\sqrt{K_D}$가 된다. 즉, 밸브의 F_L이 0.7이면 조합된 F_L은 이제 $\sqrt{0.7} = 0.84$이 되고 이에 따라 $\triangle P$ 용량은 증가하게 된다.

놀랍게 들리겠지만 가스용으로 설계된 소음 감소 트림이 액체용으로도 잘 작동한다. 점차적으로 유동 면적이 넓어지는 다단으로 된 트림이 가장 효과적이다. 그러나 가스용에서 압력이 떨어질 때의 밀도 변화를 허용하는 대신에 액체용에서는 확대된 유동 면적이 액체의 속도를 서서히 낮아지게 하여 출구에서 는 작은 압력 감소만 일어나게 한다. 쌓아서 만든 래비린스 트림을 주목해 보자(그림 14-4). 여기에서 정상적인 유동 방향은 플러그 바깥쪽에서 안쪽이다. 가스일 경우는 별 문제가 없으나 고압의 액체는 플러그 표면에 캐비테이션 손상을 초래한다(플러그 표면과 케이지 보어 사이의 틈새를 통하여 최대 압력강하 발생). 유체 유동 방향을 거꾸로 하는 것은 캐비테이션 손상 방지에 도움을 준다. 이 경우에는 래비린스 통로에 대한 구조적 재배치(입구 쪽으로 더 확대)가 필요하며 결과적으로 유량 용량(C_v)이 감소한다.

마지막으로 캐비테이션 손상이나 소음은 그림 14-7과 같이 가스나 공기 주입으로 줄일 수 있다. 이와 같은 간단한 방법은 P_v가 7 psia 이하인 경우 적용되며, 유체에는 가스나 공기의 유입이 용인될 수 있다.

이 방법을 실제 적용한 것으로는 냉각탑 물의 배압 조절이다. 제트가 수축되는 지점의 하류 가까이에 공기 주입 위치를 설치함으로써 절대

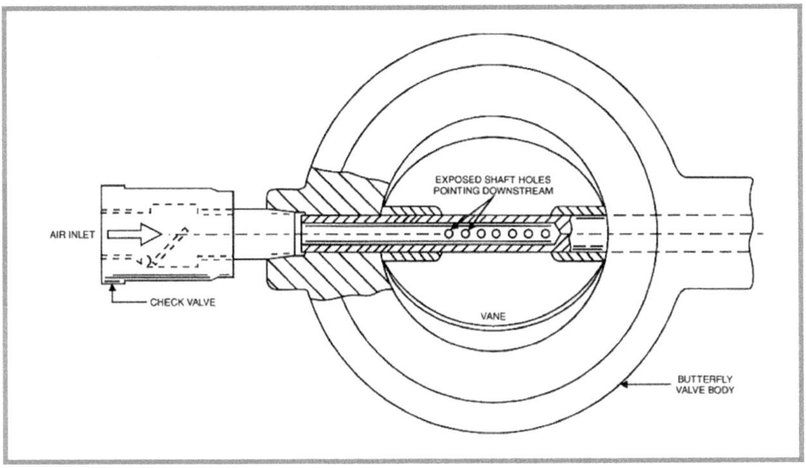

[그림 14-7] 캐비테이션 소음과 손상을 줄이기 위한 공기주입형 버터플라이 밸브 (Baumann Inc. 사의 허가를 받아 게재). **주의** 베인 하류의 캐비테이션 유발 진공으로 인하여 공기가 왼쪽의 체크 밸브를 통하여 주입된다.[11]

진공에 가까운 압력(냉수의 P_v는 0.5 psia)과 14.7 psia의 대기압력 사이의 차압이 체크 밸브를 통해 공기를 밀어 넣게 되어 증기 버블의 내파에 대한 쿠션 작용을 하게 한다. 이런 과정은 하류에서 일어나므로 밸브 용량에는 영향을 주지 않는다.

수력학적 소음 계산

난류 유동에 의한 소음(대형 배관인 경우 더 중요)과 캐비테이션에 의한 소음을 구별하여야 한다. 보통 후자가 일반적 현상이고 1인치 정도의 적은 사이즈의 밸브라도 90 dBA을 초과하는 소음을 발생할 수 있다.

난류에 의해 발생하는 소음

참고문헌 8에 따라 소음을 dBA로 계산하면 다음과 같다.

$$Lp_a = 2 + Lp_1 + TL_{fptrb.} - 10\log(D_i + 2t_p + 2/D_i + 2t_p).\ \text{dBA} \tag{14-23}$$

여기서, $Lp_i = 10\log(3.2 \times 10^9\, Wa\, \rho_L c_L / D_i^2)$ dB

$$Wa = 0.25 \times 10^{-4} (U_{vc}/c_L)(m U_{vc}^2 F_L^2 / 2) \text{ Watt} \qquad (14\text{-}24)$$

여기서, U_{vc} = 제트 속도, m/s

$U_{vc} = (1/F_L^2)(2\triangle P_C/\rho_L)^{1/2}$

D_i = 배관의 직경, m

t_p = 배관의 두께, m

m = 유량률, kg/sec

공기역학적 소음과 대조적으로 배관에서 물에 대한 가장 작은 전송 손실은 링 주파수 f_r일 때이다.

여기서,

$$T_{Lfr} = -10 - 10\log(c_p \rho_p t_p / c_o \rho_o D_i) \text{ dB} \qquad (14\text{-}25)$$

P_c는 밸브의 압력 강하(Pa), ρ_L은 액체의 밀도(kg/m^3, 물=1,000)이다. 다른 밀도에 대해서는 아래첨자 p는 배관 재료에 대한 것이고 아래첨자 o는 공기에 대한 것이다. C는 음속인데 아래첨자 o는 공기에 대한 것이고 아래첨자 p는 배관 재료에 대한 것이다. t_p는 배관 벽의 두께이다. 불행히도 피크 주파수의 변화와 복잡한 계산식으로 인하여 전송손실에는 추가적인 변화가 있다. 그럼에도 불구하고 상기의 계산식을 통해 비교적 양호한 결과를 얻을 수 있으며 그 외에는 그래픽 방법으로 살펴보아야 한다(그림 14-8 참조).

이러한 계산식은 난류 소음이 일반적으로 조용하다는 것을 보여주고 있다. 주의할 것은 난류 소음은 밸브 오리피스에서의 제트 속도의 5 제곱까지 증가한다는 것이다. 이것은 25 log($\triangle P$)에 비례한다.

☞ 난류와 액체의 캐비테이션에 의해 발생하는 소음

$$L_{a,liq.} = A + B + C \text{ dBA} \qquad (14\text{-}26)$$

난류 소음을 예측하기에는 상대적으로 간단한 반면에 물의 캐비테이션에 의해 발생하는 복잡한 소음은 아주 복잡하며 참고문헌 8에서

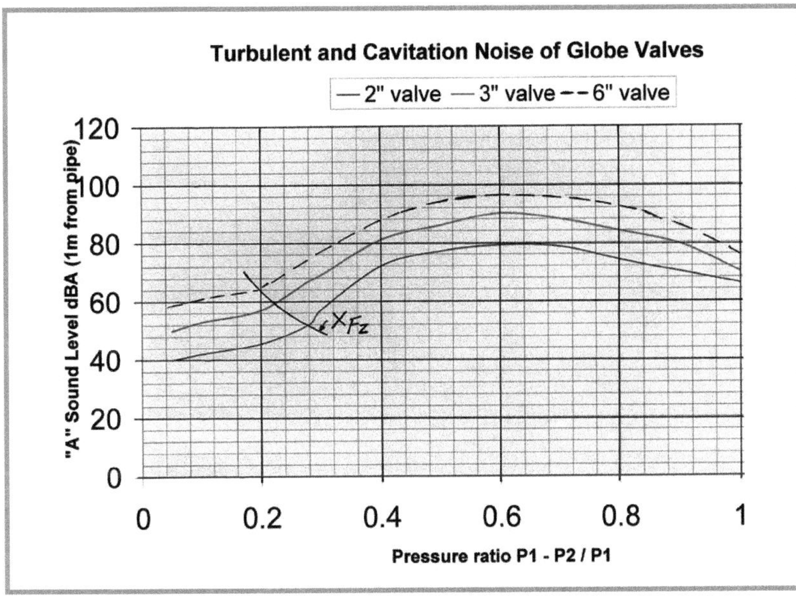

[그림 14-8] 그래픽 소음기준 계산 방법. 본 자료는 스케쥴 40 배관과 입구압력 100 psig, 정격 유량의 70%인 글로브밸브의 실제 측정치이다. 매체는 실내 온도의 물이다.

언급한 계산식은 경험적 자료에 근거한 과학적 법칙과 요소들을 근거로 하고 있다. 밸브 몸체 내벽표면의 거칠기, 물속에 혼입된 수많은 불순물 등 수많은 변수들로 인하여 정확한 결과치를 얻을 수 없다. 복잡하고 많은 공식을 유도하기보다는 독자에게 간단한 그래픽 방법을 제공하는 것이 최선이라고 생각한다.

여기에서 A는 아래 그래프에서 볼 수 있는 기본 수준이다. B는 압력 조정 인자로서 $B = 10 \log(P1/100)^{1.625}$이며, P_1은 입구 압력(psig)이다. C는 배관 벽 수정 인자로서 스케쥴 번호가 20일 때 C는 4, 스케쥴 번호가 40일 때는 0, 스케쥴 번호가 80일 때는 −4, 스케쥴 번호가 160일 때는 −8이다(dB 기준).

여기에 예제가 하나 있다. 입구압력이 1,500 psig이고 출구압력이 800 psig인 4인치 글로브 밸브의 최대 소음은 얼마일까? 배관 스케쥴은 80이다. 우선 압력 강하를 계산하면 1500 − 800 = 700 psi이다. 이것은 압력강하비로 700/1500 = 0.47이다. 그림 14-8을 보면 A 값은 90(3인치와 6인치 사이로 추정), B 값은 10 log(1,500/100)$^{1.625}$ 로 19.1 dB, 마지막으로 C는 상기 표에서 스케줄이 80이므로 −4가 된다. 따라서 예상되는 총 소음 수준은 90 + 19.1 − 4 = 105.1 dBA이다.

X_{Fz} 값은 계산식 (14−19)를 이용하여 계산할 수 있다.

☞ 밸브 스템 패킹의 누설 방지

밸브 스템 패킹수는 제어밸브에서 아직 충분히 이해되지 않고 있는 가장 중요한 요소 중 하나이다. 낡은 스템 패킹은 유체의 외부누설을 일으키지만 우리 중에 얼마나 많은 사람이 패킹을 꽉 조이는 것이 밸브 제어를 얼마나 불안정하게 만드는지 알고 있을까? 작은 마찰에서 스템 누설이 작다면 양호한 패킹이라고 할 수 있다. 누설이 작다는 것이 무누설이 아님을 유의해야 하는데 무누설이라는 것은 없기 때문이다.

과거에 석면이 패킹의 표준 재료일 때에 패킹 박스는 윤활제 주입기가 있어서 정비원이 패킹 안으로 그리스를 주입하여 마찰을 감소하고 패킹 보어와 스템 외면 사이에 기밀 향상을 위해 높은 점도를 유지하였다. 어떤 정비부서는 특별히 어떤 유체에 의한 부식방지를 위해 운전 조건에 따라 다양한 점성도를 가진 여러 패킹용 그리스를 갖고 있어야만 했다. 테프론(Teflon®)은 모든 것을 바꾸었는데 테프론 V−링(Teflon V−ring), 일부 사람들이 선호하는 쉐브론(Chevron) 패킹과 TFE−아스베스토스(TFE−asbestos) 패킹이 공업용 표준이 되었다. 지금 또한 Kalrez®라고 하는 다양한 플라스틱 재료를 사용하고 있다. V−링 패킹은 밸브 전체를 분리하지 않고는 수리할 수 없지만(보통 프로세스의 정지를 의미) 이 패킹은 압축 스프링의 초기 힘으로 스템의 마찰을 일정하게 해준다. TFE−아스베스토스 패킹 혹은 그것과 관련된 패킹, TFE−그래파이트 혹은 TFE−Kevlar® 패킹은 쪼개지는 링 형태로 만들어지며 배관의 밸브에 대해 패킹 팔로워(Packing Follower) 아래로 한 개 또는 두 개의 보조 링을 미끄러지게 하여 비상 정비가 가능하다. 이런 종류의 패킹의 약점은 보수원의 느낌으로 조임 작업을 수행하는 것인데 과도하게 조이면 스템 마찰력이 증가(밸브 데드 타임 증가)하여 조심스럽게 조정된 프로세스 제어기가 불안정한 상태가 된다.

여기에 밸브 스템 패킹의 문제점을 방지하기 위한 몇 가지 규칙을 소개한다.

- 밸브를 운전하기 전에 패킹의 조임 상태를 확인해야 한다. 어떤 제작자는 패킹 플랜지나 너트를 느슨한 상태로 공급한다.
- 밸브를 뜨거운 유체에 사용한다면 처음 운전할 때 충분히 예열한 후 패킹의 재조임 작업을 해야 한다.
- 밸브를 설치하는 동안 포지셔너 위치 변경 등을 위해 구동기를 회전시켜야 할 경우 패킹을 느슨하게 풀지 않고는 구동기를 회전시키지 않아야 한다. 스템의 중심과 패킹의 중심은 완전하게 축정렬되지 않는다는 것을 인식하여야 하며 느슨한 패킹은 중앙에 맞춰져야 한다.
- 제어 루프나 구동기를 장시간 불안정한 상태로 두지 말아야 한다. 초당 1회 씩 동작하게 된다면 한 달에 250만 회를 동작하게 되어 패킹을 마모시킨다. 이 패킹은 이때에 완전하게 닳게 된다.
- 뜨거운 유체나 증기를 취급할 때는 열팽창 계수가 높은 패킹 재료는 사용하지 않아야 한다.
- 밸브 패킹의 깊이는 밸브 행정거리보다 커야 한다. 이것은 밸브 스템 표면에 어떤 흠집이 있는 경우 패킹 보어 안쪽에 홈이 생기는 것을 피하기 위함이다.
- 로터리 밸브용 패킹은 로터리 밸브의 샤프트가 수직형 구동기의 추력 또는 로터리 구동기와 스템의 축이 오정렬됨으로써 야기되는 편심 응력을 흡수하기만 하면 왕복운동을 하는 스템 밸브용 패킹보다 성능이 우수하다.
- 밸브 스템과 구동기 스템 사이에 축 정열이 안 되어 있으면 마찰이나 마모의 원인이 된다. 이것은 운반 시 떨어뜨릴 경우 철이나 알루미늄으로 제작된 구동기 요크가 휠 경우 발생한다. 주물용 요크는 휠 경우보다는 깨질 것이다. 또한, 축 정열이 안 되어 있는 경우는 무거운 구동기가 적당한 지지대 없이 수평위치로 설치되어 있을 때 이런 현상이 발생한다.

패킹이 조여지지 않은 한 강철을 통한 침투율[9]은 단지 질량분석기의 측정 민감도 이내라는 것을 기억해야 한다. 그래서 너무 많이는 기대하지 않아야 한다. 여기에 패킹 누설 형태에 대한 대략적인 예가 있다.

딱딱한 TFE 쉐브론 링으로 된 직경 5/16인치 스템 패킹은 100,000번의 반복 동작 후 70°F, 55 psi의 공기에서 약 0.4 scc/min(약 550 scc/day)의 스템 누설을 나타냈다. 이것은 대략 2×10^{-5} kg/hr 이며 여전히 500 ppm 이내이다. 동일한 밸브는 동일한 조건에서 물의 누설이 1×10^{-5} Kg/hr로 나타났다. 상기 시험자료는 실제 수명을 더 악화시키는 부식이나 더러움 등의 환경적 조건을 제외한 실험실에서의 측정 결과이다.

안정된 제어 루프에서는 100,000번의 전행정 동작이란 너무 많은 수치이고 수년 동안 밸브 패킹은 교체되지 않을 수도 있다. 다른 사례는 철저한 점검계획이 수립되어야 한다. 다른 한편으로는 1/2인치 행정으로 100,000번 동작하면서 패킹이 마모된다면 625일 동안 운전할 수 있다고 생각할 수도 있다. 하지만 ±030인치의 스템 편심에서 1분당 2회 주기로 동작하는 불안정한 밸브는 1년에 약 백만 번 동작하게 된다. 이것은 다시 말하지만 안정된 루프와 안정된 구동기가 필요함을 보여준다.

밸브 스템 기밀에서 자유로운 다른 밸브를 소개하면 다음과 같다. Diaphragm Valve(금속 혹은 합성고무), Pinch Valve(오직 합성고무), Flexible Sleeve Valve(TPE, 플라스틱 혹은 합성고무) 그리고 Bellows Seal Valve 등이 있다.

☞ 벨로우즈 씰(Bellows Seal)

벨로우즈의 사용은 밸브 스템 누설을 방지하기 위한 한 형태이며, 위해 누설 방지와 관련한 EPA 규정을 만족하는 방법이다.[12] 벨로우즈는 잘 관리하고 과부하만 피하면 기능이 비교적 잘 유지된다. 이것에는 보조 패킹을 항상 사용하여야 하고 벨로우즈 씰과 패킹 사이에 연결된 압력 스위치 또는 압력계를 구비하여 벨로우즈 고장 시에 운전원에게 정보를 제공하거나 경보가 발생하도록 해야 한다. 일반적으로 벨로우즈는 바깥쪽에서 높은 압력으로 가압하게 된다.

마지막으로 추가적인 누설 방지를 위해 이중벽 벨로우즈(Double Walled Bellows)가 사용되기도 한다. **주의** 벨로우즈를 교체하기 위해서는 벨로우즈 고정부와 보닛 사이에 품질이 좋은 개스킷이 필요하다.

다음은 벨로우즈의 손상 원인이다.

과압력

이것은 보통 배관 수압시험 압력으로 벨로우즈가 설계되지 않아 발생하게 된다(제작자 상의). 다른 과압력 원인은 수격작용 같은 압력 변동이다. 이것은 갑작스런 밸브 열림이나 대기 온도 변화에 의해 밸브나 배관에 갇혀 있던 액체의 열팽창에 의해 발생한다(압력방출밸브가 필요할 수도 있다).

피로

이것은 과도한 밸브 반복 동작에 의해 발생할 수 있다. 대부분 벨로우즈는 최소 100,000번의 전행정을 반복할 수 있다. 이것은 수년 동안 운전할 수 있음을 의미한다(하루에 전행정을 두 번 동작한다면 100,000번 동작하는데 137년 소요). 그러나 밸브가 개폐 모드(On-off Mode)로 사용되며 5분당 1회씩 동작한다면 100,000번 동작은 1년 내에 도달하게 된다.

그러나 피로 문제는 더 미묘하다. 예를 들면 분당 100회 주기로 운전되는 왕복펌프의 압력 요동에 영향을 받는 벨로우즈는 주당 1백만 회 주기로 각 벨로우즈 주름이 부분적으로 영향을 받으며 결과적으로 벨로우즈는 파손된다(여기에서는 펌프 후단의 맥동 댐퍼가 정답이다). 구동기에 대한 불안정하고 반복되는 전자 제어신호도 스템과 벨로우즈에 같은 손상을 초래할 수 있다.

기계적 손상

이것은 대부분 부적합한 설치나 정비에 기인한다. 대부분의 공통된 문제점은 밸브 스템이 회전할 때 벨로우즈가 뒤틀어진다는 것이다. 잘 설계된 밸브는 조립이나 해체할 때 벨로우가 틀어지는 것을 막는다. 일이 잘못된 후에나 지침서는 읽는다는 것을 기억해라. 구동기 해체

시 주의하여야 하고, 벨로우즈가 부착된 상태에서 밸브 스템을 정상적인 행정거리 이상으로 강제적으로 밀거나 당기지 마라.

벨로우즈에 대한 외부 쪽의 가압은 작동 압력의 약 50%까지 저항을 증가시킨다. 그러나 이것은 보닛을 가압 상태로 유지하고 부식 저항을 위해서도 필요하다. 벨로우즈의 내부 쪽에 밸런싱 압력이 더해질 경우 압력 등급은 증가된다. 그러나 유체가 주입되어야 하고 액체일 경우에는 밸브 행정으로 인한 체적 변동이 배출되도록 압력 방출이 적절하게 이루어져야 한다.

☞ 참고문헌

1. Carucci, V. A., and Mueller, R. T., “Acoustically Induced Piping Vibration in High Capacity Pressure Reducing Systems”, ASME PAPER 82-WA/ PVP-8 (1982).
2. Baumann, H. D., “n The Prediction of Aerodynamically Created Sound Pressure Level of Control Valves,”ASME PAPER W A/ FE-28, (1970).
3. IEC Standard 60534-8-3 (2000), “Control Valve Aerodynamic Noise Prediction Method”, International Electrical Commission, Geneva, Switzerland.
4. Reed, C., “Optimizing Valve Jet Size and Spacing Reduces Valve Noise”, *Control Engineering*, pp 63-64, Sept. (1976).
5. Singleton, E. W., “An investigation into control valve-generated turbulence and noise”, *Measurement + Control*, Volume 37, Issue 6, July 2004.
6. Dobben, T., “Cavitation in Stellglieder”, Frankfurt, Germany : Samson A.G.
7. Baumann, H. D., “A Practical Guide For The Cavitation Prevention of Throttling Butterfly Valves,” ISA PAPER C.l.84-R777, Research Triangle Park, NC : ISA, Oct. (1984).

8. Baumann, H. D., Kiesbauer, J. "A method to estimate hydrodynamic noise produced in valves by submerged turbulent and cavitating water jets." *Noise Control Engineering Journal*, Volume 52-2. March-April 2004. pp. 49-55.

9. Baumann, H. D., "Should a Control Valve Leak?", *Instrument And Control Systems*, August (1966).

10. Baumann, H.D., "Predicting Control Valve Noise at High Exit Velocities", *INTECH*, pp 56-59, February(1997).

11. Page, George W. Jr., "Predict Control Valve Noise," *Chemical Engineering*, pp 137-142, July (1997).

12. OSHA 1910.119-1992, "Process Safety Management for Highly Hazardous Chemicals", Washington, DC, Occupational Safety and Health Administration, 1992.

Chapter 15

시트 누설 및 시트 재료

대부분의 사용자는 비용 및 배관 설치 공간을 절약하기 위하여 차단 밸브(Shut-off Valve) 기능도 하는 제어밸브를 찾는다. 이것이 일을 어렵게 만든다.

첫째로 드립 타이트(Drip Tight, ANSI/FCI Class Ⅵ 수준)를 위하여 시트링과 플러그 사이에 합성고무 혹은 플라스틱 재질과 같은 것으로 부드러운 접촉이 유지되어야 한다. 이것은 높은 온도에는 적용할 수 없다.

둘째로 제어밸브는 항상 교축상태를 유지한다. 이것은 시트 표면이 침식을 유발하는 높은 유속에 영향을 받게 한다. 제어되는 유체에는 부식을 촉진하는 미립자가 존재하기도 한다. 이것은 제작자가 밸브를 발전소에 공급하기 전에 누설을 측정하여 확인할지라도 발전소에서 밸브가 운전될 때는 적용하기가 어렵다는 것을 암시한다.

그럼에도 불구하고 제어밸브는 비상용일지라도 차단 밸브로서 사용될 수 있다. 원자력발전소의 증기 우회밸브가 그런 경우이다. 누설이 조금 허용될 수 있고 누설된 유체가 프로세스의 재료에 손상을 입히지 않고 안전상 위험이 없는 덜 중요한 곳에 적용하는 경우이다.

다른 기준은 레인지어빌리티(Rangeability)이다. 우리는 누설률보다 더 작게 조절해야 하는 최소 유량률을 원하지 않는다. 이 경우에는 작은 유량 밸브나 버터플라이 밸브를 고려할 수 있다. 시트 재료에 따라 예상되는 시트 누설률이 결정되기도 한다. 앞에서 언급한 것과 같이 부드러운 시트 재료는 ANSI B16.104-1976(FCI 70-2)의 Class Ⅵ 기준인 아주 작은 누설률을 가진다. Buna NTM 같은 탄성중합체는 180°F 까지 중간 온도에서 사용된다. 반면 Teflon™은 부식성 유체에서 널리 사용되며 사용 온도 제한치는 450°F 이다. 만약 테프론이 버터플라이 밸브나 볼 밸브 등과 같은 로터리 밸브에서 시트 재료로 사용된다면 주의가 필요하다. 여기에서 문제는 "눌어붙음 현상" 또는 정적 마찰과 동적 마찰과의 차이인 "개방 토크(Break-away Torque)"이다. 이것은 밸브의 불안정을 초래하는 정적 마찰인데 이를 극복할 수 있는 구동력이 필요하게 된다.

[표 15-1] ANSI B16.104(FCI 70-2)[a]에 따른 제어밸브 시트 누설등급

등급	허용 누설	시험 매체	시험 차압
I	시험이 필요하지 않음		
II	정격 용량의 0.5%	실내 온도에서 공기나 물	45 ~ 60 psi에서 대기로
III	정격 용량의 0.1%	실내 온도에서 공기나 물	45 ~ 60 psi에서 대기로
IV	정격 용량의 0.01%	실내 온도에서 공기나 물	45 ~ 60 psi에서 대기로
V	최대 운전 차압에서 시트 직경(D) 인치당 물이 0.0005 ml/min.	시트 직경 인치당 공기 또는 질소가 4.7ml/min.(c)	50 psig에서 대기로(c)
VI	표 15-2 참조	공기나 질소 50 ~ 120°F	50 psig 또는 운전 압력[b]

a. 개정된 IEC 표준 60534-4-4(2008)

b. 50 psi 이하보다 더 낮은 경우

c. 공기 혹은 질소로 시험하는 경우

[표 15-2] Class VI의 누설률

D) Seat Diameter in inches	Leakage Rate in ml per minute (cc/min)	Bubbles per minute
1 (25 mm)	0.15	1
1-1/2 (40)	0.30	2
2 (50)	0.45	3
2.5 (65)	0.60	4
3 (80)	0.90	6
4 (100)	1.70	11
6 (150)	4.00	27
8 (200)	6.75	45
10 (250)	11.1	_
12 (300)	16	_
14 (350)	21.6	_
16 (400)	28.4	_

고성능의 버터플라이 밸브와 같은 메탈 시트 밸브(Metal-seated Valve)에도 같은 문제점은 있으나 덜 심각하다. 메탈 대 메탈 시트 밸브(Metal-to-metal Seat Valve)는 글로브 형태의 제어밸브에 대부분 사용된다. 압력강하가 작은 경우에는(500 psi 까지) 316 스테인리스강을 선호하여 사용하는데 이때 단좌 밸브의 누설률은 Class IV 정도이고 복좌 밸브의 누설률은 Class II 수준이다. 440C 경화 스테인리스강은 800°F 까지의 증기에 사용된다. 스텔라이트 같은 코발트 합금은 더 높은 압력과 온도(1,500°F 지)에 사용된다. 일반적으로 시트 누설은 Class IV이며, 스테인리스강의 시트에서 Class V는 특별한 랩핑

기술이 필요하다.

시험 매체로 가스를 사용하는 Class V 누설 기준은 상대적으로 새로운 기준이다. 허용누설량은 층류 유동조건을 가정하여 물의 시험 체적에서 유도한 것이다. 여기에서 예를 들면 시트 직경이 4인치일 때 허용 누설은 4.7×4 = 18.8 cc/min이다.

Chapter 16

위생 또는 무균 환경에서 사용하는 밸브

위생 제어밸브는 유제품을 자동으로 처리해 온 만큼 오랫동안 주변에 있어왔다. 밸브는 즉시 분리할 수 있고 사용할 때마다 세척이 가능하도록 몸체 부품들이 고도로 연마되어 있다.

바이오 프로세싱 분야에서 사용하는 제어밸브는 또 다르다고 할 수 있다. 위생제어밸브는 "청결"하기만 하면 되는 반면 바이오프로세싱 밸브는 세균이 없어야 한다(무균).

위생식품 처리 밸브(그림 16-1 참조)와는 대조적으로 바이오 프로세싱 밸브는 분해할 수 없지만 "정치 세척(Cleaned-in-place, CIP)"과 "정치 멸균(Sterilized-in-place, SIP)"이 가능하다[3]. 이러한 밸브는 자주 오비탈 용접(Orbital Welding) 기법을 통해 배관에 용접하곤 한다.

조절형 제어밸브는 자동 온오프 밸브와 달리 그 사용량이 증가하고 있는데, 작은 시스템에서 규모가 큰 생산 시스템으로 업그레이드 된 바이오프로세스 시스템에서 특히 더욱 증가하고 있다. 적용 분야로는 무균 증기의 압력 감소에서 고순도수의 주입과 유동 제어까지 다양하며, 유량은 분당 0.001 ~ 500 리터에 이른다. 이러한 밸브의 설계 고려 사항은 CIP와 SIP 요건[1]을 충족하여야 하고 양호한 유량 특성, 높은 레인지어빌리티, 긴밀한 차단 성능을 제공해야 한다. 또한 캐비테이션을 견딜 수 있어야 하고 자체적으로 배수가 되어야 한다. 더불어 제어요소에 의해 최소한의 불감시간을 요구하는 제어 루프 요건을 충족하기 위해서 운전 마찰도 작아야 한다.

바이오 프로세스 기기에 사용하던 초기의 밸브 유형은 원래 "위생" 요건 충족을 위해 3-A 협의회(3-A Council)의 지침에 의거 식품 산업계용으로 설계되었다[2].

그림 16-1은 전형적인 앵글밸브의 예를 보여준다. 이 밸브는 모든 위생 설계 요건을 충족한다. 이는 자체적으로 배수되는 구조이며 조도(Ra)가 보통 0.15 ~ 0.20 μM인 표면 처리 요건에 맞게 연마되고 스템을 안내하는 보닛과 상부 하우징 플랜지 사이의 경계면에 충분한 밀봉 건전성을 가진다. 하지만 무균적 사용을 위해 살균하고 세정하기 어려운 부분이 스템 오링 씰이다. 여기에서는 살균 과정 동안 지속적인 밸브의 사이클링이 이러한 임무를 달성할 수 있는 유일한 방법이며 이를

위해서는 보조 타이밍 제어 시스템이 필요하게 된다. 밸브 플러그는 허용 가능한 유량 특성을 제공한다. 하지만 "닫힘 방향 유동(Flow-to-close)" 형태의 유체 유동 방향은 압력 회복을 촉진시켜(낮은 FL) 주어진 압력 강하에서 속도가 더 높아지고 캐비테이션이 발생하는 경향이 있다. 또한 금속 플러그는 긴밀한 차단을 제공하지 않는다. 그림 16-2에 제시되어 있는 유형은 좀 더 현대식으로, 불안정하기 쉬운 "닫힘 방향 유동"을 안정적인 "열림 방향 유동(Flow-to-open)" 설계로 대체하였다. 여기서 오링 씰은 세정할 수 있으며 ASME의 바이오 프로세싱 규격 요건을 충족시키는 곳에 위치하고 있다.[1] 이 밸브는 위생 분야뿐만 아니라 무균 분야에서도 사용할 수 있다.

오랜 시간을 통해 입증된 다른 설계로는 그림 16-3에 제시되어 있는 다이아프램 밸브가 있는데 이 또한 위생 분야 외에서 사용할 수 있다. 이 밸브는 우수한 차단 성능을 보유하고 있고, 시스템의 무균 요건을 충족시킬 수 있도록 구성되어 있다. 주요 결점은 유량 특성이 열악하다는 점이다. 이것은 일부 제조사에서 제시한 2단계 구동 장치를 사용하여 개선할 수 있다. 유체 압력이 상대적으로 넓은 다이아프램 면역에 작용하므로 구동력이 커야 하므로 공기 압력이 높은 피스톤 구동기(값비싼 밸브 포지셔너) 또는 밸브 사이즈 대비 사이즈가 큰 스프링 대향 다이아프램 구동기(Spring-opposed Diaphragm Actuator)가 필요하게 된다.

다른 보편적인 설계는 그림 16-4에 제시되어 있듯이 하우징 밀폐구와 밸브 밀봉 부재가 조합된 다이아프램을 사용한다.[3] 이는 위어(Weir) 대신 원형 오리피스를 사용하고 다이아프램 이동거리가 상대적으로 짧기 때문에 본질적으로 유량 특성이 선형이다. 이 밸브 하우징은 모든 무균 재질 및 표면 처리 요건을 충족시킬 수 있고 자체적으로 배수가 된다. 다이아프램 밸브의 큰 구동력 요건은 밸브 보닛 내부에 스테인리스강 토글 기구를 사용하여 극복할 수 있는데, 여기에는 다이아프램의 파단에 대비한 2차 밀봉부와 텔테일 연결부(Telltale Connection)가 구비되어 있다. 추가적으로 흥미로운 점은 다이아프램의 특별한 유동 프로파일이다. 오리피스 위에 있는 움푹 꺼진 압입부를 주목하라. 이로 인해 오리피스 가장자리를 따라 좁은 교축 지역으로 가는 유체의 입구 경로가 구부러지게 된다. 유체는 이러한 "교축 틈새"를 지난 후 약 45도로 수축된 경사로 인해 갑자기 다이아프램에서 분리된다. 이러한 갑작스러운 유동 패턴을 통해 유체의 취부를 피할 수 있고 유체 분출의 압력 회복을 줄여서($F_L \geq 0.85$) 캐비테이션 경향을 낮출 수 있다.

이 밸브에는 일반적으로 화학 결합을 통해 PTFE(Teflon®)가 덮인 EPDM 다이아프램이 장착되어 있다. 다이아프램의 회전 동작은 신장 현상을 예방할 수 있으나 PTFE 코팅이 벗겨질 수도 있다. 경험상 이러한 재질이 조합된 밸브를 증기 압력 감소용에 연속하여 사용한다 하더라도 160℃(330°F) 이상의 가혹한 증기 환경에서도 견뎌낼 수 있다. 기계식 증폭 토글 기구 또한 밸브 내부 부품의 이동에 따른 마찰을 줄여준다. 결과적으로 밸브의 "불감대"는 보통 신호 스팬의 2% 이하인데 이것은 별도의 밸브 포지셔너 없이 공기를 많이 소모하지 않고도 밸브를 사용할 수 있게 한다.

이러한 제작 방법은 배수 확보를 위해 구동기를 수평면으로 장착해야 한다는 점이 단점이다. 따라서 구동기 지지대를 큰 사이즈로 해야 한다.

[표 16-1] 표면 처리 비교[2]

평균 조도, R_a				
Grit Finish	μ inch	μ meter	RMS	ISO No.
150	30 - 35	0.8 - 0.9	45	N6
240	15 - 20	0.4 - 0.5	17	N5
320	8 - 12	0.2 - 0.3	9	N4

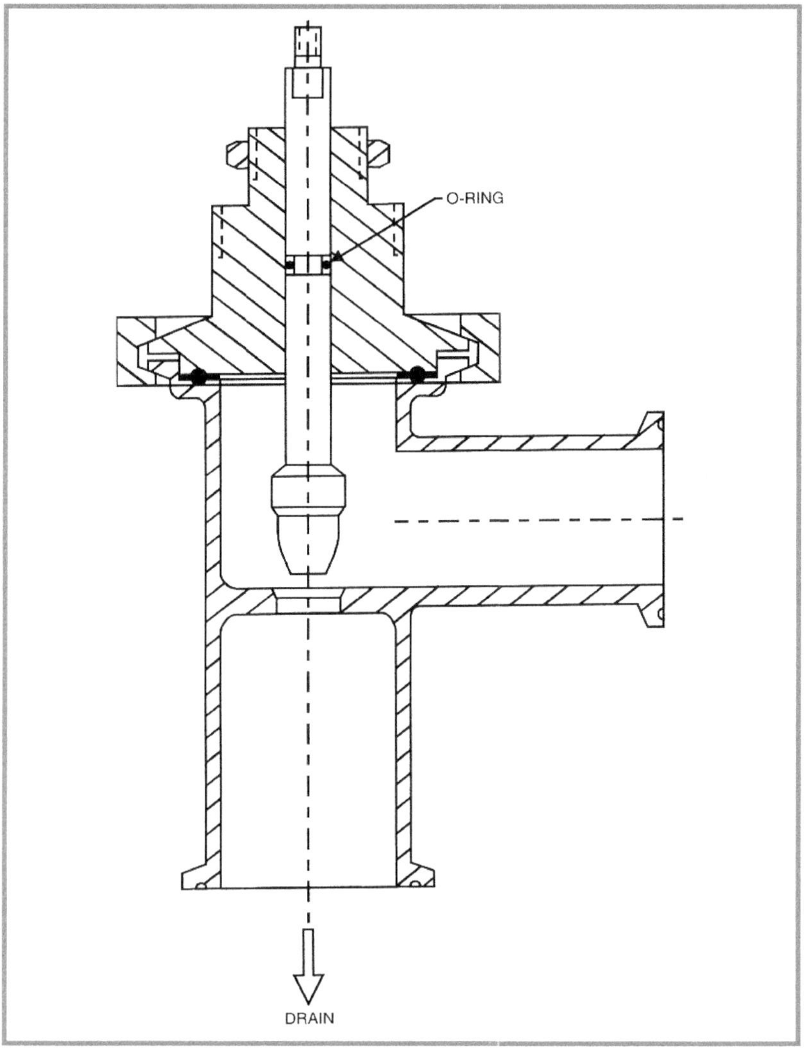

[그림 16-1] 금속 플러그로 설계되고 자체적으로 배수되는 전형적인 앵글밸브. 3-A 협의회 지침에 의거 식품 산업계용으로 설계되었다.

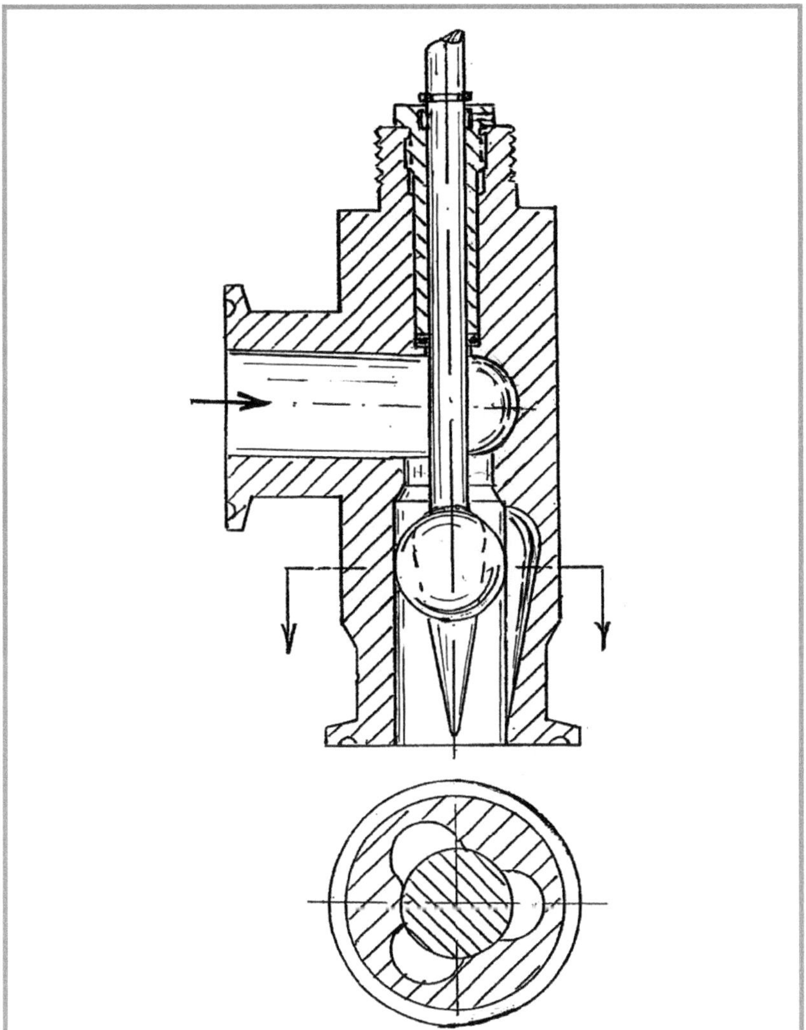

[그림 16-2] 플러그가 안정적인 "열림 방향 유동"으로 작동하는 현대식 위생 및 무균 밸브. 유로는 테이퍼 홈으로 연마와 세척이 용이하다. 홈의 수는 유량 용량을 결정한다. 유량 특성은 거의 "균등비율"에 가깝다. 씰을 장착하여 Class VI의 차단을 제공한다(여기에는 제시되어 있지 않음). 대형 밸브의 경우 실린더형 플러그가 연마한 볼을 대체한다. 참고자료 : 미국 특허 7,201,188호

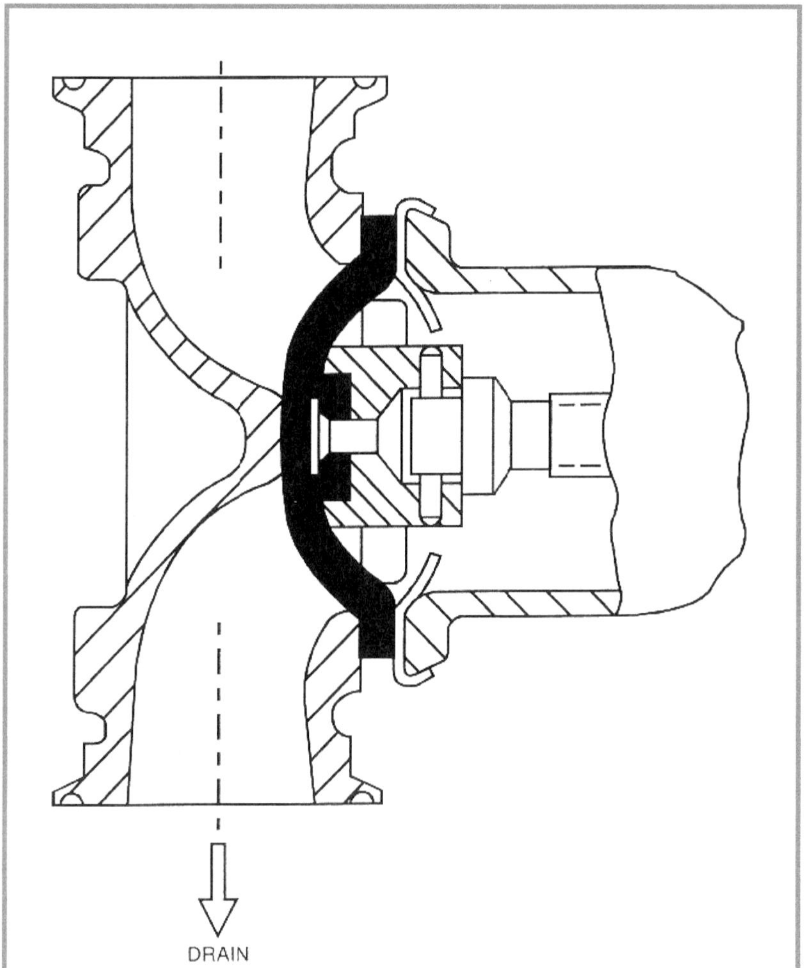

[그림 16-3] 전형적인 장착 위치를 보여주는 다이아프램 밸브. 차단 성능이 우수하지만 유량 특성은 열악하다.

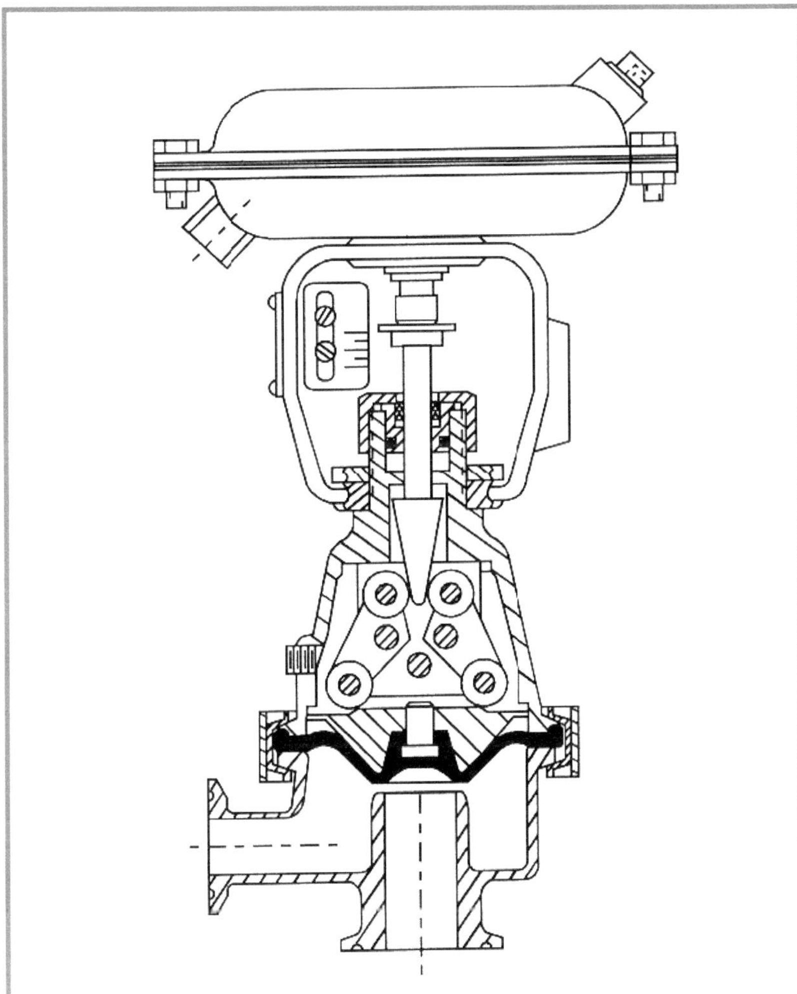

[그림 16-4] 무균 환경에서 조절 제어용으로 특별히 설계한 개선형 다이아프램 밸브. 다이아프램은 EPDM 엘라스토머에 PTFE를 접합하여 사용한다(Baumann Inc. 사의 허가를 받아 게재).

☞ 참고문헌

1. ASME Standard BPE-1997, Bioprocessing Equipment. New York, NY. The American Society of Mechanical Engineers.
2. Ciancarelli, J. D., "Sanitary Control Valves for the Biotech Industry," *InTech*, pp. 18-21, May (1991).
3. Baumann, H. D., "Construction and Application of Modulating Control Valves for Bioprocessing Systems", Bioprocessing Engineering Symposium, ASME BED-Vol. 21, pp. 93-96 (1991).

Chapter 17

15계명 : 하지 말아야 할 것들

다음과 같은 일들은 하지 말아야 한다.

1. 다운 헤더(Down-header)의 바닥에 증기 밸브를 설치한다.
2. 밸브의 입구 쪽에 증기 트랩을 설치하지 않은 상태로 다운 헤더의 바닥에 증기 밸브를 설치한다.
3. 응축수 회수 밸브를 증발 탱크나 응축기에서 3피트 이상 먼 곳에 둔다.
4. 케이지와 보닛 사이에 탄성 지지물이 없는 고온용 케이지 트림 밸브를 구매한다.
5. 밸브의 구동기 스프링이 3-15 psi이고 포지셔너가 없는데 출력 신호가 3 ~ 15 psi 인 I/P 변환기를 구매한다.
6. 화재 위험이 있는데 보호판이 구비되지 않은 상태로 플랜지가 없는 웨이퍼 스타일의 제어밸브를 구매한다.
7. 패킹의 조임 상태를 우선 확인하지 않고 제어밸브를 기동시킨다.
8. 제조사와의 사전협의 없이 벨로우즈 씰이 달린 밸브에 대해 수압시험을 실시한다.
9. 트림의 유량이 작지 않거나 온오프용으로만 사용하지 않는 경우인데도 스프링 다이아프램 구동기가 장착된 단힘 유동 방향의 단일 시트형 글로브 밸브를 설치한다.
10. 포화수(응축수)를 사용하는 환경에서 밸브 바디 재질로 탄소강을 사용한다.
11. 사이즈가 밸브 직경의 두 배 이상인 배관에 밸브를 설치한다.
12. 제어기를 오랜 시간동안 불안정한 상태로 방치한다. 이로 인해 패킹에 누설이 생길 수 있다.
13. 저소음 트림 사용 시 밸브 출구 속도가 250 ft/sec(76.2 m/sec)를 초과하게 한다.
14. 무거운 구동기를 적절한 지지대 없이 수평으로 설치한다.
15. 극저온 밸브의 밸브 보닛은 보온 처리한다.

Chapter 18

전기식 대 공압식 구동기

전기식 구동기를 사용하지 않는 이유는 무엇일까? 이것은 지난 40년간 환상에 불과한 목표이었다. 1965년에 전기식 구동기를 사용하기 시작했을 때 한 대형 시장 조사 회사는 1975년까지 전체 제어밸브의 약 85%가 전기로 구동될 것이라고 예측하였다. 하지만 이런 일은 일어나지 않았다. 그 수치는 여전히 전체의 5%에 미치지 못한다. 시장 추세 예측에 대해서는 이쯤하기로 하자.

공압식 구동기보다 전기식 구동기를 사용하는 것이 확실하게 더 유리한 경우도 있다[1].

- 불감대가 없이 정확한 위치 동작이 필요한 경우 – 구동기는 이동 레졸류션(Travel Resolution)이 0.02% 까지도 가능
- 원거리에 설치해야 하는데 계장 공기가 없는 경우
- 밸브 스템에 작용하는 가혹한 동적 힘을 극복해야 하는 경우
- 높은 스템 힘이 요구되는 경우(주로 저주파수 응답과 연계됨)
- 패킹 마찰이나 개방 토크가 높은 밸브의 경우
- 정전 시 밸브가 "현 상태" 위치에서 정지해야 하는 경우

전기식 구동기는 다음과 같은 유형이 있다.

전기식 기어 드라이브 구동기: 이 구동기는 주로 1,000 rpm 이상의 AC 모터를 사용한다. 구동기가 왕복 구동기구일 경우 모터의 회전은 축을 위아래로 이동시키는 회전하는 나사산 너트에서 내부 기어 드라이브를 통해 점차적으로 감소하여 10 rpm 이하로 떨어진다. 이러한 구동기는 상당히 저렴하고 넓은 온도 범위에서 견딜 수 있지만 불안정한 제어 루프를 견뎌내지 못한다(아래 참조). 작동 사이클(Duty Cycle)이 25% 정도로 낮을 수 있다는 점에 주의해야 한다. 이러한 장치의 출력은 선형이거나 회전형이다(토크는 최대 5,000 ft·lb).

스테핑 모터 구동기: 이 장치는 적절한 증폭 회로를 통해 5,000 단계의 1까지 위치시킬 수 있는 DC 스테핑 모터를 사용한다. 장점은 더욱 정확한 위치 결정이 가능하고 모터가 고장(burning out) 없이 정지할 수 있다는 점이 있다. 하지만 다소 비싼 편이며 대형 스테핑 모터를 사용할 수 없어 추력 또는 토크에 제한이 있다.

전기 유압식 구동기: 이 장치는 중간 동력(펌핑된 오일)을 사용하여 피스톤을 위 아래로 구동한다. 오일은 스테핑 모터 구동 펌프를 통해 필요 시 공급되거나 지속적으로 공급된다. 이러한 장치는 상당히 견고하지만 더 많은 전력을 소모하고 비용이 더 들며 대기 온도가 낮은 곳에서 사용 시 보조 히터가 필요하고 더 많은 정비를 필요로 한다. 더 개선된 모델은 스테핑 모터를 사용하여 오일을 개별적 단계적으로 퍼올린다. 또 다른 장점으로는 공압식 구동기와 같이 100%의 작동 사이클을 제공하고 피스톤을 리턴 스프링에 맞출 수 있어 "고장 안전(Fail-safe)" 작동을 수행한다는 점이다. 마지막으로 이 장치는 지속적으로 급유를 하는 모델에 비해 전력 소비가 덜하다.

조절형 솔레노이드(Modulating Solenoid): 이 구동기는 다소 길이가 긴 전기자와 함께 스프링이 장착된 저전력 솔레노이드를 사용한다. 밸브 스템은 제어 회로에서 발생하는 가변 전압 신호를 따라 막대권발전자의 중심부를 위 아래로 미끄러트리는 철심에 부착되어 있다. 이러한 장치는 상대적으로 전력이 낮고 이에 따라 압력 밸런스형 트림 설계를 사용한다. 이 구동기는 가열 및 공기조절 시스템에 다소 보편적으로 사용된다.

사용 가능한 대부분의 구동기는 HART®, Foundation™ Fieldbus 또는 Profibus 구조를 사용하여 디지털 제어가 가능하다. 이러한 장치에 함축되어 있는 복잡함을 단순한 형태인 스프링 장착형 고무 다이아프램과 비교해 보면 왜 여전히 공압식 구동기가 지배적인지 명확히 알 수 있다. 전기식 구동기보다 공압식 구동기를 선호하는 다른 이유로는 비용이 싸며 신뢰성이 더 높고 사이즈와 중량이 적으며 주파수 응답(작은 사이즈에서)이 더 높다는 점이 있다. 다른 요소는 스프링-다이아프램 및 일부 피스톤 구동기를 통해 제공되는 "고장 안전" 작동이 자동적이라는 점이다(밸브가 고장 시 열림 또는 고장 시 닫힘).

매우 중요하지만 거의 인지하지 못하고 있는 것 중 하나가 루프가 불안정하거나 전기적 소음에 의해 발생할 수 있는 제어기 신호의 작은 이상 현상에서도 공압식 구동기의 저항이 우수하다는 점이다. 대략 ±0.01 psi의 진폭 그리고 대략 2 Hz의 주파수로 I/P 변환기를 통과하는 신호 파형이 있을지라도 공압식 구동기는 상대적으로 큰 부피의 공기가 이것을 완전히 흡수하게 되어 스템이 조금도 움직이지 않게 된다. 전기적으로 말하면 공압식 다이아프램 케이스는 대형 콘덴서의 역할을 한다.

반대로 이러한 신호 파형은 기어형 전기식 구동기에는 치명적일 수 있다. 여기서 모터는 모터 스템과 기어가 미세하게 앞뒤로 움직이도록 즉각 반응하게 된다(저불감대 증폭기로 가정한 경우). 이것은 통상적으로 기어의 이가 지속적으로 맞물리고 양 방향으로 하중이 변하게 된다. 이러한 상태가 수 주 또는 수개월에 약 백만 회 정도 진행된다면 기어의 톱니는 구동기와 함께 손상되게 된다.

☞ 참고문헌

1. Béla G. Lipták, “Instrument Engineer’s Handbook,” Fourth Edition, Vol. 1. Process Measurement and Analysis, Research Triangle Park, NC. ISA/ CRC Press, p. 1824.
2. Kevin M. Hynes, “Electric Actuators Optimize Valve Response,” *Power Engineering*, July 1988.

Chapter 19

에너지 절약하기

5장에서 지적했듯이 최대 유량 상태에서 제어밸브에 대한 압력강하는 전체 계통 압력의 5% 또는 5 ~ 10 psi만 허용해야 한다. 이를 통해 펌프와 압축기에서 소요되는 상당량의 전기 에너지를 절약할 수 있다. 이것은 설치 유량 특성을 더 선형적으로 만들기 위해 동적 수두압의 약 50%를 사용하라고 했던 기존의 규칙과는 반대되는 것이다(8장 참조).

제어밸브에서 변환되는 전력은 펌프에서 압력을 만들기 위해 사용하는 전력과 유사하므로 우선 다음과 같이 계산할 수 있다.

$$P = 4.2 \times 10^{-4} \times \Delta P \times q \quad \mathrm{kW}$$

여기서,

q = 액체 유량, U.S. gpm
$\triangle P$ = 압력 강하, psi

예를 들어, G_f가 0.8인 오일을 120 gpm으로 제어하는 밸브에서 압력 강하가 50 psi라면 추가적으로 필요한 펌프의 마력(더 큰 모터가 필요)은 다음과 같다.

$$P = 4.2 \times 10^{-4} \times 50 \times 120 = 2.5 \mathrm{kW}$$

압력을 줄이기 위해 사이즈가 1-1/2인치인 밸브가 필요하게 된다. 필요한 C_v는 15.2이다.

최대 유량에서 밸브의 압력 강하를 5 psi로 줄이기 위해서 다른 펌프를 선택하면 밸브에 필요한 에너지는 이제 시간당 0.25 kW가 되어 시간당 2.5 − 0.25 = 2.25 kW를 절약하는 셈이 된다. 이는 연간 20,000 kW에 이르게 된다. 사실 5 psi의 압력 강하를 기준으로 더 높은 C_v(48) 값을 수용하기 위해 이제 밸브의 사이즈는 2인치가 되어야 하지만 연간 약 2,000 달러라는 비용 절감액은 두 밸브의 가격차보다 더 크다. 게다가 120 gpm의 유량이 통과하는 배관의 사이즈도 어쨌든 간에 2인치(부록 VI의 표 1 참조)이므로 배관 리듀서 비용도 절약할 수가 있다.

에너지(비용) 절약 외에 다른 이점으로는 높은 압력 강하에 의해 유발될 수 있는 트림 진동과 트림을 마모시키는 캐비테이션이 없기 때문에 밸브 수리가 줄어든다는 점이다.

한스 O. 엥겔(Hans O. Engel)[1]씨는 어느 기사를 통해 독일 내 가장 큰 화학물 제조사 세 곳에서 평균 전력 소비량이 3 kW인 펌프가 약 120,000대, 제어밸브는 약 200,000대가 사용된다고 하였다. 만약 모든 밸브의 사이즈를 이상적으로 즉, 여기서 제시한대로 제작하였다면 전력의 절반 정도 또는 180 MW의 전기 에너지를 절약할 수 있었을 것이다. 이는 곧 연간 약 150만 MWh를 절약하는 것이다. 미국 내 화학 업계의 총 규모는 위에서 말한 독일의 약 세 배 정도라 가정한다면 미국의 경우 연간 400 ~ 500만 MWh의 절약이 가능한 셈이다.

제어밸브가 조절될 때 즉, 할당받은 작업으로 압력을 감소시킬 때 얼마나 많은 에너지가 변환되는지를 알면 도움이 될 것이다. E. W. 싱글톤(E. W. Singleton)[2]씨가 제공한 다음의 식을 통해 이것을 알 수 있다.

액체의 경우,

비질식(Non-choked)

$$K_W = \frac{C_v}{2300}\sqrt{\frac{\Delta P^3}{G_f}}$$

질식(Choked)

$$K_W = \frac{C_v F_L \Delta P \sqrt{(P_1 - P_v)F_L^2}}{2300\sqrt{G_f}}$$

질식유동 상태에 있는 가스의 경우,

$$\text{Kw} = 0.014\, C_v F_L{}^3 P_1, \text{ Kilowatts}$$

여기서, 모든 압력의 단위는 psia

C_v = 원하는 유동 조건에서 유량 계수

F_L = 필요한 이동거리에서의 압력 회복 인자

G_f = 유동 상태에서의 비중(물 = 1.0)

상기 내용이 속도제어 펌프를 지지하는 것은 아니다. 펌프의 경우 자체적인 문제가 있다. 2장을 참고하라.

☞ 참고문헌

1 Engel, H. O., "Energieökonomie bei der Anwendung von Regelventilen," *RTP*, (Germany), No. 4.188-194, (1991).

2 Singleton, E. W., "Development of a High Performance Choke Valve with Reference to Sizing for Multiphase Flow," *Measurement and Control*, Vol. 24, No. 9, (1991).

Chapter 20

구조에 나선 버스 시스템과 미래가 가져올 것들

전통적인 제어밸브(교축형)가 사라질 것인가? 그럴 일은 거의 없어 보인다. 자동차가 자전거를 완전히 대체하지 못한 점을 상기하라. 분명 교축 밸브에서 에너지를 "낭비"하는 것은 우리의 성미에 맞지는 않는다. 하지만 지난 수 세기 동안 "영구 운동" 즉, 에너지를 사용하지 않고 작동하는 장치(에너지를 더 높은 엔트로피 단계로 변환)를 만들려고 시도해 왔음에도 불구하고 아무것도 얻어낸 것이 없다. 배관 내의 유체를 제어하는 경우에도 마찬가지다. 기본적인 물리 법칙이 여전히 적용되고 있기 때문이다.

그동안 제어를 더욱 고상하게 하기 위한 시도가 있어왔다. 예를 들어 유체[1]에 전류를 가하여 난류 또는 층류 패턴을 변경함으로써 유량을 줄일 수 있다(그림 20-1 참조). 이는 반대로 전자 유량계 같이 작동한다. 하지만 이는 매우 실용적인 접근법이 아니다. 소량의 유동 제어를 위해 현재는 마이크로 전자 밸브를 사용할 수 있다. 이러한 설계*는 밸브 바디를 열고 닫는 용수철 상질량의 상호 작용을 이용한다. 닫힘 위치에서 용수철 상질량은 밸브 바디에 위치한 출구 포트 상에 직접 안착된다. 이러한 상질량의 변위가 밸브를 열게 된다.

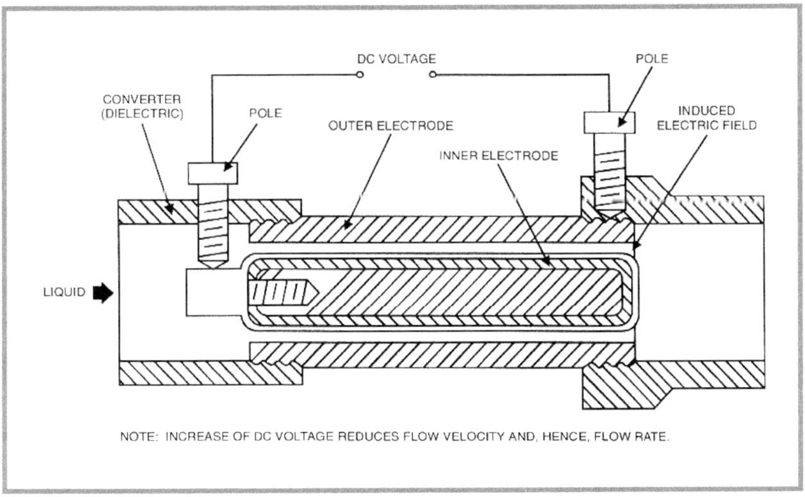

[그림 20-1] 솔리드스테이트 제어밸브(Solid-state Control Valve)

* 제작사 : IC Sensors

이러한 변위는 다이아프램에 공급되는 전압을 변경하여 얻을 수 있는데 이는 쌍금속 실리콘 합성물로 만들어진다. 다이아프램은 용수철 상질량을 둘러싸서 서스펜션(Suspension)을 제공한다. 이것은 얇은 실리콘 층으로 확산되고 알루미늄 층으로 덮어씌운 저항기로 구성된다. 금속 재질에 전압을 공급하면 다이아프램의 온도가 변하고 이에 따라 용수철 상질량의 변위에 영향을 준다.

밸브 시트와 인접 표면 사이의 간극은 전기 입력에 비례하여 조정할 수 있는데, 이것은 밸브의 일상적인 완전 열림 또는 완전 닫힘 기능뿐만 아니라 유량의 비례적인 제어도 가능하게 한다. 이러한 밸브는 입력 압력이 1 ~ 50 psig인 경우 0 ~ 150 cc/min의 유량을 제어할 수 있다.

속도제어펌프가 제한적으로나마 시도되었는데 그렇다면 미래에는 어떻게 될 것인가?

전자기술은 제품을 작동하는 소프트웨어와 하드웨어에 관한 한 여전히 우리에게 중요한 변화를 안겨 줄 것이다. 가장 큰 변화는 현재 제어기 또는 컴퓨터와 밸브 포지셔너 사이에 4 ~ 20 mA의 전류 아날로그 신호를 디지털 통신신호로 바꾸는 추세로 필드버스(Fieldbus) 표준을 사용하는 것이다. 장점은 기능성이 향상되었다는 점이다(9장 참조).

일부 포지셔너의 경우 이미 PID 기능 칩이 있으며, 필드버스를 통한 센서 입력 기반으로 모든 제어를 수행한다. 이것은 배선 비용을 줄여주며(한 쌍의 꼬인 선이 모든 걸 연결해 준다. 그림 20-2 참조), 소음이 덜하고 정확도가 향상된 간소화된 데이터를 전송한다. 동시에 필드버스는 밸브 위치와 관련된 중요한 데이터 등을 컴퓨터에 다시 전송할 수도 있다. 포지셔너에 끼워 넣을 수 있는 다른 센서는 시트 누설, 스템 패킹 마찰, 구동기 마찰, 구동기의 공기 누설 등을 알려줄 수 있다. 하지만 전형적인 프로세스 설비에서 개별적인 루프가 500개가 있고 밸브 당 약 10개의 연속적인 데이터 입력 채널을 감시한다고 하면 이것은 평범한 운전원을 완전히 압도할 것이므로 이에 연민을 느끼게 된다. 따라서 이러한 옵션을 선별적으로 사용하는 것은 분명히 유효하다. 밸브의 일상적인 불감대보다 더 높은 불감대를 알게 된다면 갑작스러운 루프의 불안정을 설명할 수 있고 예방정비 등을 수행할 수 있다. 스템 패키지의 누설을 인지하게 되면 위험한 유출을 피할 수 있다.

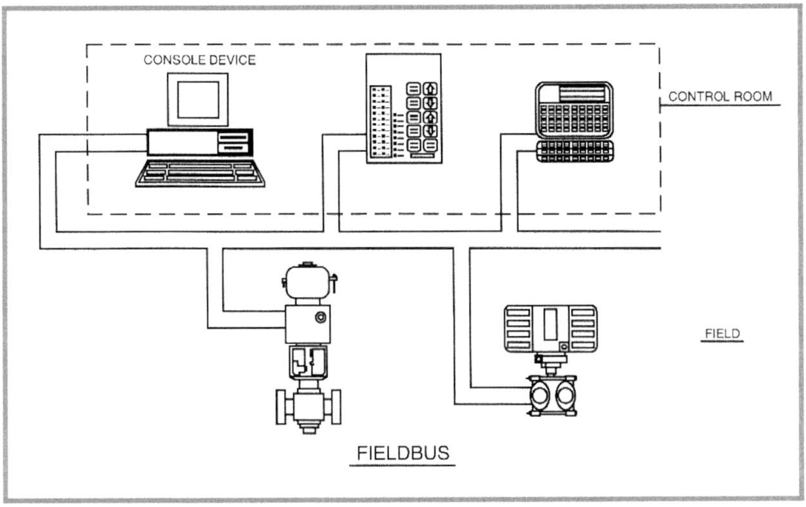

[그림 20-2] 필드버스 시스템에 연결되어 있는 구성품의 계통도

좀 더 심각한 문제는 전류량과 함께 존재하는데 필드버스는 "본질적으로 안전"이라는 표식을 상실하지 않고 다룰 수 있다. 물론 전류가 낮으면 배관에 밸브 포지셔너의 수가 적다는 것을 의미한다. 해결책은 루프에서 오직 하나의 포지셔너만 주어진 시간에 신호 변화를 받도록 다중처리(시간 배분)를 하는 것이다. 여기에는 밸브 포지셔너를 다음 동작 시까지 정지시킬 수 있는 메모리 장치나 공압식 잠금 장치가 필요한 것인데, 이것은 밸브 이동 속도가 유량 제어나 압력 제어에 부적합한 수준까지 느려질 수 있다. 이것은 필드버스 시스템을 널리 수용하기 전에 반드시 다루어야 하는 많은 문제 중 하나이다. 가능한 해결책은 현장에서 작동하는 장치의 전력공급 케이블을 분리하는 것이 될 수도 있다. 이것은 물론 필드버스 시스템의 일부 장점인 개별 구성품에 대한 케이블 라인의 절약을 무용지물이 되게 한다. 그럼에도 불구하고 기본적인 목표는 달성할 수가 있다. 즉, 센서, 제어기, 밸브 등과 같이 모든 현장의 루프 구성품을 독립적인 현장 작동 시스템(분산된 제어 시스템)에 연결하고 중앙 컴퓨터 네트워크에 데이터 기록과 감시 제어용으로만 연결하는 것이다. 이는 확실히 케이블뿐만 아니라 전송되는 데이터양에 있어서도 큰 비용 절감 효과를 얻을 수 있다.

반면 “스마트 밸브”는 미래가 있다. 문제는 스마트 밸브가 무엇인가 하는 것이다. 개인적으로 선호하는 정의는 “분산 제어의 최종점”이라는 것이다. 이에 대해 설명하려면 우선 모든 제어밸브가 밸브를 통해 흐르는 유량을 제어한다는 점을 인지해야 한다. 그 외에는 없다. 수위 제어밸브와 압력 제어밸브의 차이점은 수위 제어밸브는 압력 전송기 대신 수위 전송기를 사용한다는 점이다. 동일한 유량을 처리하는 동일한 밸브가 온도 전송기에서 피드백이 오는 루프에 있다면 이는 온도 제어밸브인 것이다.

따라서 일단 각 밸브가 유량만을 제어한다는 사실을 인지하게 되면 한 단계 더 나아가 핵심적인 밸브가 있는 “폐쇄 루프”의 유량제어 시스템을 만들 수 있다. 그림 20-3을 참조하면 유량계, 가급적이면 와류량계(레인지어빌리티와 넓은 적용범위, 증기 포함)가 밸브 입구에 부착되어 있다(난류가 가장 적은 지점). 유량 조절기는 유량계에 부착되어 있거나 I/P 포지셔너의 일부로 구성되어 있는데, 여기서 유량 조절기의 설정치는 주요 프로세스 제어장치 또는 컴퓨터에 의해 주어진다(온도제어 시스템의 일부의 형태를 보임). 이 컴퓨터는 궁극적으로 제어된 온도를 얻기 위해 유량을 설정한다. 시스템 상 방해가 없는 한 이상이 없을 것이다. 하지만 밸브를 통과하는 가열 매체가 증기이고 다른 곳에서 필요하여 입구 압력이 10% 감소했다고 가정해 보자. 질식 유동이라고 가정하면 이로 인해 증기 유량이 갑자기 10% 감소하게 된다. 전통적인 온도 시스템에서는 조절된 온도가 떨어지기 시작하고 컴퓨터가 반응하여 밸브를 더 여는 데에는 수분이 걸릴 것이다. 이로 인해 조절된 온도가 잘못될 수 있다.

반면 스마트 밸브를 사용하면 유량계는 유량의 변화를 즉각 감지하고 밸브 이동거리를 늘리며, 대개 느린 열역학적 영향이 하류에서 감지되기 전에 유량을 복구할 것이다. 따라서 온도는 설정치로 유지되고 컴퓨터는 증기압 이상을 감지조차 못할 것이다. 이는 물론 종속 제어의 한 형태로서 루프의 양호한 부분들이 현재 작고 소형화된 패키지 상태라는 점은 제외한 것이다. 추가적인 비용(배선 추가 등)에도 불구하고 중요한 루프에서 이러한 스마트 밸브를 사용하는 경우가 있으며, 밸브는 최종적인 제어 변수에 영향을 주기 전에 프로세스 외란을 흡수하게 된다.

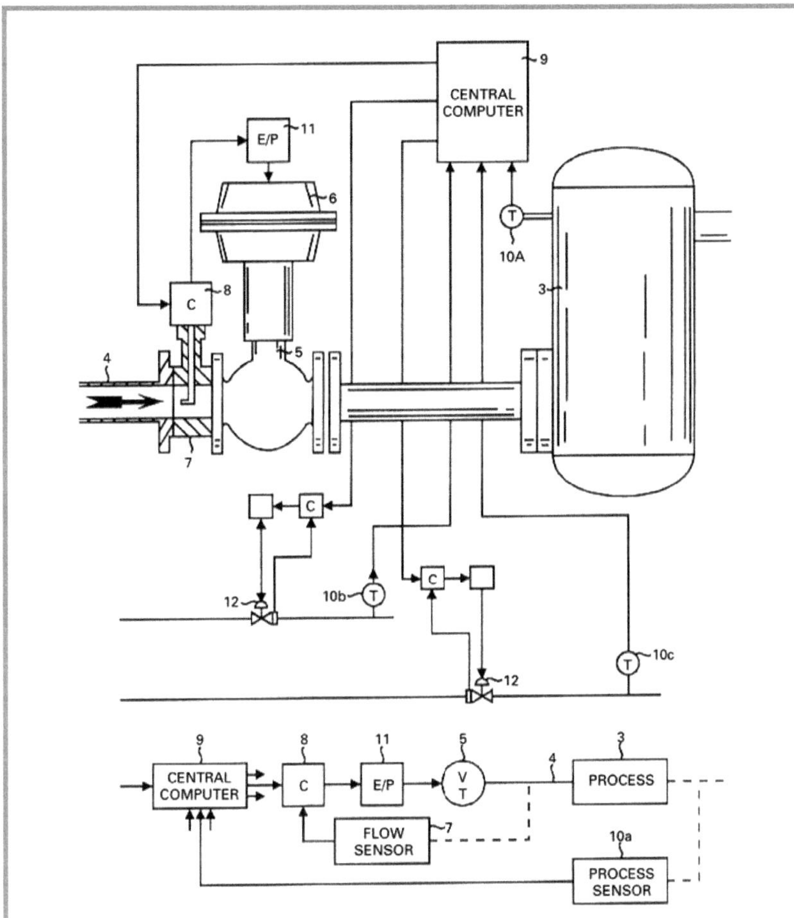

[그림 20-3] 제어밸브가 와류형 유량계와 함께 온도제어 루프에서 1차 유량조절 기능을 수행하는 분산제어 시스템의 특허 도면(저자 출처)

나와 다른 몇몇 사람이 선호하는 것[3]은 주파수 응답이 우수하고 유량 범위가 높은 기존의 압력 레귤레이터를 부활시키는 것이다. 위에서 서술한 것과 유사한 온도제어 시스템을 사용하면 그림 20-4에 제시되어 있는 레귤레이터는 온도 제어기부터 오는 I/P 변환기의 공기 신호를 가지고 압력을 설정할 수 있다(회로도 참조). 이러한 레귤레이터는 오리피스(F_O) 또는 조절용 유량제한기 앞에서 오일 또는 증기 등과 같은 열교환 유체의 압력을 조절한다. 사이즈가 정확하게 결정되었다면 오리피스 조합 지역과 오리피스 앞의 압력이 유량률을 효과적으로 제어하여(그리고, 그래서, Btu) 열교환기로 보낼 것이다. 온도 증가가 필요하면 제어기에서 I/P 변환기로 가는 신호를 증가시키면 되는데, 이것은 구동기 다이아프램 아래의 공기 하중을 증가시켜 밸브가 열리게 하고 이것은 오리피스의 압력 강하를 증가시켜 이를 통해 가열된 유체의 유량을 증가시킨다. 갑작스러운 공급 압력의 감소 같은 국부적인 외란은 이제 밸브 다이아프램을 통해 감지할 수 있고 이를 통해 열교환기의 온도 전송기(TE)의 감지 없이 외란이 곧바로 보정된다. 다시 한 번 말하자면 그림 20-3에 제시되어 있는 것과 거의 동일한 성능 특성을 지닌 "스마트 밸브"를 가지게 되면서 비용은 극히 일부만 든다.

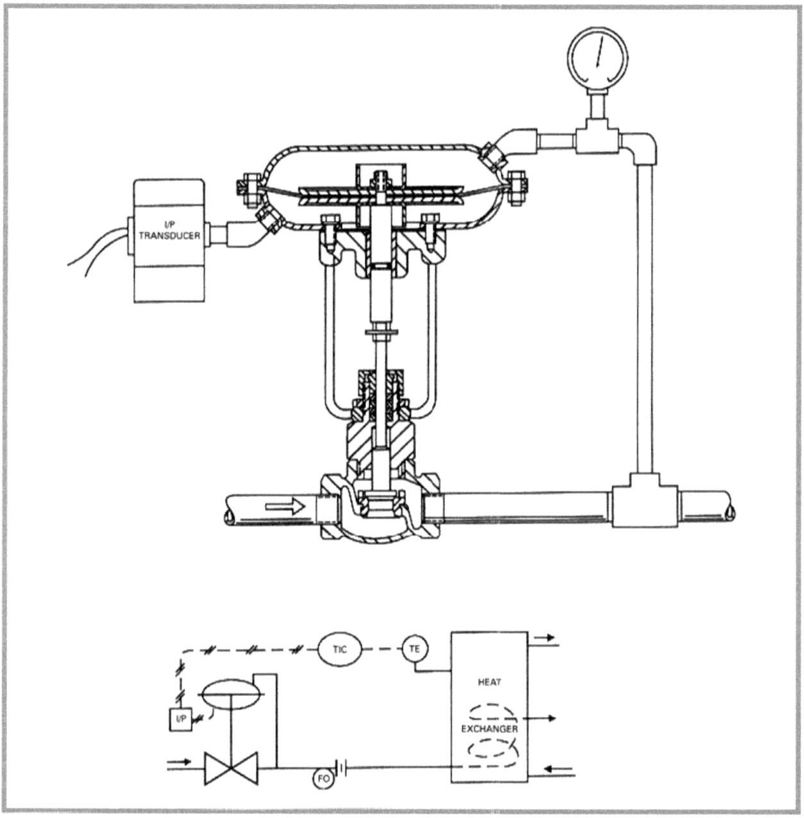

[그림 20-4] 공기부 장착 레귤레이터는 온도제어 루프의 일부로서 고정형 또는 가변형 오리피스(OF)와 조합하여 유량 제어기의 역할을 한다.

☞ 다가오는 무선 이더넷

현재 개발 중인 ISA-100 무선 표준과 이미 발표된 무선 HART® 표준을 통해 사용자는 쉽게 일련의 네트워크를 이더넷 통신으로 변환할 수 있다. 이는 더욱 빠른 폴링 사이클(Polling Cycle)을 제공함은 물론 배선을 많이 줄여준다.

해결해야 하는 문제는 보안 문제, 발생 가능한 전파 방해와 소음이다. 무선 통신 장치에도 전력, 배터리 등이 필요하다. 거리 또한 문제가 된다(최대 20 마일).

이런 저런 이유로 인해 무선 시스템은 초기에 데이터 전송과 "개방 루프" 또는 "단순한 폐 루프" 제어 시스템에 한정하여 사용될 것이다.

☞ "그린 에너지" 및 에너지 절약 생각하기

현재 전 세계적으로 에너지 절약을 위한 노력이 진행 중이다. 이러한 노력에 제어밸브 제조사와 사용자가 모두 일조할 수 있다. 18장에 요약되어 있듯이 밸브에 더 낮은 압력 강하를 할당하는 것 외에도 밸브 유형의 선정과 설계에도 중점을 둘 수 있다. 현재 대부분의 설계는 상당히 무거우며, 케이지 밸브의 경우 더 많은 금속*을 절약할 수 있다. 여기서 밸브 하우징 내 케이지를 적절하게 구성하면 무거운 보닛 플랜지의 중량을 절반으로 줄일 수 있다(그림 3-3 참조). 다수의 글로브 밸브 역시 절반의 중량으로 동일한 작업을 수행할 수 있는 로터리 밸브 스타일(온오프 유형 아님)로 대체할 수 있다. 추가적으로 로터리 제어밸브는 글로브 밸브보다 약 20%의 유량(C_v)을 더 제공하며 펌프와 압축기 구동에 사용되는 에너지도 절약해 준다.

이러한 "그린 에너지" 생각은 에너지 소비 금속의 사용을 대폭 줄여줄 뿐만 아니라 운송(화물 운송) 비용도 줄여줄 것이다. 마지막으로 이러한 절약은 제조사와 사용자의 이윤 폭 또한 향상시켜 줄 것이다.

---

* 위키피디아에 따르면 1파운드의 강철을 녹이기 위해 약 2.5 kW가 소요된다.

☞ 참고문헌

1. Baumann, H. D., "Important Trends in Control Valves and Actuators," *Instrument & Control Systems*, pp. 21-25, Nov. (1975).
2. Cating, C. E., "Control Valve Industry Update-1990," *Control*, pp. 34-38, March (1990).
3. Driskell, L., "Save Money By Combining Regulators, Distributed Control," *Power*, April (1985).

☞ 참고문헌 목록

Beranek, Ver, *Noise and Vibration Control Engineering*, NY. John Wiley & Sons (1991).

Driskell, Les, *Control Valve Selection and Sizing*, Research Triangle Park, NC. ISA (1983).

Lipták, Béla A., *Instrument Engineers Handbook*, Fourth Edition., Taylor & Francis, NY. (2006).

Lyons, Jerry L., *Lyons' Valve Designer's Handbook*, NY. Van Nostrand Reinhold Company.

Control Valve Handbook, Marshalltown, IA. Fisher Controls International, Inc.

ISA Handbook "Control Valves", Guy Borden - Editor., Research Triangle Park, NC. ISA (1998).

"Flow of Fluids Through Valves, Fittings, and Pipes," Technical Paper No. 410, Chicago, IL. Crane Company.

Masoneilan Handbook for Control Valve Sizing, Avon, MA. Masoneilan-Dresser Co.

Standard and Recommended Practices for Instrumentation and Control, 10th Edit., Research Triangle Park, NC. ISA (1989).

Valves, Piping and Pipe Line Handbook, 2nd Edit., Surrey, United Kingdom. The Trade and Technical Press (1986).

Appendix

Appendix I

제어밸브 유량 공식

1. 적용범위

이 부록은 제어 밸브를 통과하는 압축 및 비압축 유체의 유량을 예측하기 위한 공식을 제시한다. 이 공식은 혼상의 유체, 현탁액, 고체 또는 비뉴턴 액체와 접촉했을 때 적용하려는 것은 아니다. 부가적으로 캐비테이션, 소음 또는 기타 영향들은 여기에서 다루지 않는다.

2. 개요

여기에 기술한 공식은 경험적으로 결정된 용량 인자로 부록 II의 절차에 따라 제어 밸브 시편을 시험하여 취득한 것이다.

이 공식들은 유체와 관련된 모든 인자와 유동 조건이 알 수 있을 때 밸브를 통과하는 유량률을 예측하기 위해 사용한다. 밸브 사이즈를 결정하기 위해 이 공식들을 사용할 때는 밸브가 완전히 개방된 상태이어야 한다. 밸브의 유량계수(C_v)를 예측할 때는 평가 조건과 관련한 용량 인자들을 사용하는 것이 필요하다. 이 방법은 이 부록의 A에서 설명한다.

2.1 유량 변화 인자 및 유체 특성

제어 밸브를 통과하는 유체의 유량률은 다음 인자의 함수이다.

- 입출구 조건
  1) 압력
  2) 온도

3) 파이프 구조

- 액체 특성
  1) 구성물
  2) 밀도
  3) 포화압력
  4) 점도
  5) 표면장력
  6) 열역학적 임계압력
- 기체 및 증기 특성
  1) 구성물
  2) 밀도
  3) 비열비
- 제어 밸브 특성
  1) 사이즈
  2) 밸브 개도
  3) 유로 구조

3. 기호

C_v	밸브 유량계수
d	밸브 입구 직경
D	배관 내경
F_d	밸브 스타일 보정 값
F_F	액체 임계압력비 인자, 무차원
F_L	액체 임계압력비, 무차원
F_k	비열비, 무차원
F_L	피팅이 부착되지 않은 밸브의 액체 압력회복 인자, 무차원
F_{LP}	피팅이 부착된 밸브와 배관 구조 인자의 생성, 무차원

F_P	파이프 형상 인자, 무차원
F_R	레이놀즈 수 인자, 무차원
F_{P5}	배관 구조 인자, 무차원
F_S	층류, 유동 인자, 무차원
g	국부의 중력가속도
G_f	상류의 액체 비중(15.6℃에서 물의 밀도와 유동 액체의 밀도와의 비율), 무차원
G_g	기체 비중(표준상태에서 공기 밀도와 유동 기체 밀도의 비율, 공기의 몰 중량과 기체의 몰 중량과의 비율과 동등), 무차원
k	비열비, 무차원
K	장치의 수두손실 계수, 무차원
K_B	베르누이 계수, 무차원
K_i	입구 피팅의 속두수두 인자
M	몰 중량, 원자 질량 단위
N_1, N_2등	사용되는 측정 단위에 대한 상수
P_1	상류의 절대압력, 밸브 피팅 조립체로부터 배관 정격 직경의 두 배에 해당하는 상류에서 측정
P_2	하류의 절대압력, 밸브 피팅 조립체로부터 배관 정격 직경의 여섯 배에 해당하는 하류에서 측정
$\triangle P$	차압, $P_1 - P_2$
Pc	열역학적 절대 임계압
P_r	감소된 압력, 무차원
Pv	입구 온도에 대한 액체의 절대 증기압
P_{vc}	베나 콘트랙타의 절대압력
q	체적 유량률
q_{max}	주어진 상류 조건에서 최대 유량률(질식 유동 조건)

Re_v	밸브 레이놀즈 수, 무차원
T_r	감소된 압력, 무차원
T_c	열역학적 절대 임계온도
T_1	상류의 절대온도(K 또는 R 온도)
U_1	밸브 입구의 속도
ω	질량 유량률
x	입구 절대압력에서 압력강하 비율($\Delta P/P_1$), 무차원
X_T	피팅이 부착되어 있지 않은 밸브의 압력강하비, 무차원
X_{TP}	밸브 피팅에 대한 X_T 값, 무차원
Y	팽창 인자, 동일한 레이놀즈 수에서 액체의 유량계수에 대한 기체의 유량계수 비율
γ_1 (gamma)	상류의 비중
μ(mu)	절대 점도
ν(nu)	동점도, 센티스토크
ρ(rho)	밀도
v(nu)	동점도, 센티스토크

아래첨자

1	상류 조건
2	하류 조건
s	비난류
t	난류

4. 비압축성 유체 – 비기포화 액체의 유동

정해진 제어 밸브의 일정 개도에서의 밸브 입구와 출구 사이에서 부분적인 기포화가 일어나지 않을 때 액체 유량률은 차압($P_1 - P_2$)의 함수이다. 증기 기포가 일시적(캐비테이션)으로 또는 연속적(플래싱)으로 형성된다면 이 상관성은 더 유지되지 않는다. 광범위하게 기포화가 일어나는 조건에서는 5. 질식 유동 공식을 참조한다. 기포화가 일어나지 않는 액체 유동과 완전한 질식 유동 사이의 천이 영역에서 실제 유량률은 이 절과 5절의 공식으로 예측한 것보다 작을 것이다. 천이 영역에서 발생하는 캐비테이션은 밸브와 (또는) 하류 파이프 및 설비를 손상시킬 수 있다.

4.1 난류 유동 공식

난류 상태에서 기포화가 일어나지 않는 조건에서 밸브를 통과하는 액체의 유량률은 다음과 같다.

$$q = N_1 F_p C_v \sqrt{\frac{p_1 - P_2}{G_f}} \qquad \text{(식 1)}$$

or

$$C_v = \frac{q}{N_1 F_q} \sqrt{\frac{G_f}{P_1 - P_2}}$$

$$w = N_6 F_p C_v \sqrt{(P_1 - P_2)\gamma_1} \qquad \text{(식 2)}$$

or

$$C_v = \frac{w}{N_6 F_p \sqrt{(P_1 - P_2)\gamma_1}}$$

4.2 수치적 상수 N

액체 유동 공식에서의 수치적 상수는 표 4-1과 같다.

[표 4-1] 액체 유동 공식에 대한 수치적 상수

상수		공식에 사용된 단위					
N		w	q	p, ΔP	d, D	γ1	υ
N_1	0.0865	–	m^3/h	kPa	–	–	
	0.865	–	m^3/h	bar	–	–	
	1.00	–	gpm	psia	–	–	
N_2	0.00214	–	–	–	mm	–	
	890	–	–	–	in	–	
N_4	76,000	–	m^3/h	–	mm	–	센티스톡*
	17,300	–	gpm	–	in	–	센티스톡*
N_6	2.73	kg/h	–	kPa	–	kg/m^3	
	27.3	kg/h	–	bar	–	kg/m^3	
	63.3	lb/h	–	psia	–	lb/ft^3	

* m^2/s을 센티스톡으로 변환하려면 m^2/s를 10^6으로 곱한다. 센티포아즈를 센티스톡으로 변환하려면 센티포아즈를 Gf로 나눈다.

4.3 파이프 구조인자 F_p

파이프 구조인자 F_p는 밸브 입구 또는 출구 측에 부착된 피팅(Fitting)에 대한 것으로 이것은 밸브 용량에 영향을 끼쳐 유량을 방해한다. F_p는 피팅이 부착되어 있지 않은 밸브의 유량계수(C_v)와 피팅이 부착된 밸브의 유량계수(C_v)와의 실질적인 비율이다.

최대한의 정확도를 가지기 위해 F_p는 부록 Ⅱ에 제시된 시험 절차에 따라 결정해야 한다. 이것은 예측값이 허용되는 곳에서 다음 공식으로 결정할 수 있다.

$$F_p = \left(\frac{\sum K\, C_v^2}{N_2 d^4} + 1\right)^{-1/2} \quad \text{(식 3)}$$

F_p의 수학적 변환은 이 장의 B를 참조한다.

여러 경우에 있어서 밸브 및 파이프의 정격 사이즈(d와 D)는 식 3, 5, 6, 7에서 사용된다.

$\sum K$ 인자는 밸브는 제외하고 밸브에 부착된 모든 피팅에 대해 유효 속도수두계수의 대수학적 합계이다. 이를테면,

$$\sum K = K_1 + K_2 + K_{B1} - K_{B2} \qquad \text{(식 4)}$$

여기에서 K_1과 K_2는 입구 피팅과 출구 피팅의 저항계수이며, K_{B1}과 K_{B2}는 입구 피팅과 출구 피팅의 베르누이 계수이다. 베르누이 계수는 유동 면적과 속도의 차이에서 오는 압력 변화를 보상한다.

입구 피팅과 출구 피팅의 직경이 같을 때는 $K_{B1}=K_{B2}$를 식에서 빼면 된다. 입구 피팅과 출구 피팅의 직경이 다를 때 K_B는 다음과 같이 계산한다.

$$K_B = 1 - (\frac{d}{D})^4 \qquad \text{(식 5)}$$

대부분의 피팅은 표준화된 파이프 리듀서이다. 이러한 피팅은 테이퍼가 거의 없으며, 압력 손실은 약간의 구배를 가지면서 입구에서 갑작스럽게 수축하는 것보다 작다. 이러한 기준에서 저항계수 K_1과 K_2에 대한 경험치를 이용할 수 없다면 예측값은 다음과 같이 계산할 수 있다.

입구 리듀서는

$$K_1 = 0.5(1 - \frac{d^2}{D_1^2})^2 \qquad \text{(식 6)}$$

출구 인크리저는

$$K_2 = 1.0(1 - \frac{d^2}{D_2^2})^2 \qquad \text{(식 7)}$$

리듀서와 인크리저가 모두 같은 사이즈이면

$$K_1 + K_2 = 1.5(1 - \frac{d^2}{D^2})^2 \qquad \text{(식 8)}$$

4.4 비난류 유동 공식

비난류 유동은 유체가 높은 점도 또는 낮은 속도일 때 나타난다. 이러한 상황에서 밸브를 통과하는 유량률은 난류 유동보다 적으며, 레이놀즈 수 인자 F_R을 반영해야 한다. F_R은 식 1 또는 식 2로부터 예측되는 난류 유량률에 대한 비난류 유량률의 비율이다. 이에 해당하는 비난류 공식은 다음과 같다.

$$q = N_1 F_R C_v \sqrt{\frac{p_1 - P_2}{G_f}} \qquad \text{(식 9)}$$

or

$$C_v = \frac{q}{N_1 F_R} \sqrt{\frac{G_f}{P_1 - P_2}}$$

$$w = N_6 F_R C_v \sqrt{(P_1 - P_2)\gamma_1} \qquad \text{(식 10)}$$

or

$$C_v = \frac{w}{N_6 F_R \sqrt{(P_1 - P_2)\gamma_1}}$$

이 공식에는 파이프 구조 인자가 없다는 것을 유의해야 한다. 비난류 유동에서 인접한 리듀서 또는 유량에 저항을 주는 피팅의 영향은 알려져 있지 않다. 따라서 식 3은 난류 유동에서만 적용한다.

F_R은 밸브 레이놀즈 수와 그림 4-1을 사용하여 확인할 수 있다. 곡선의 중심 주위의 그림자 영역은 비난류 영역에서 시험 데이터의 비산과 유량률 예측의 불확실성을 나타낸다.

밸브 레이놀즈 수는 다음과 같이 정의한다.

$$Re_v = \frac{N_4 F_a q}{\nu F_L^{1/2} C_v^{1/2}} \left(\frac{F_L^2 C_v^2}{N_2 d^4} + 1\right)^{1/4} \qquad \text{(식 11)}$$

식 11의 밸브 스타일 수정자 Fd는 각기 다른 수력반경의 여러 밸브 스타일에 대한 시험 데이터와 상관성이 있으므로 시험된 모든 스타일이 단일 곡선으로 나타난다. 발표된 F_R 값은 이 장의 D를 참조한다. F_R이 결정되지 않은 밸브 스타일에 그림 4-1을 적용하는 것은 유의해야 한다.

식 11의 괄호 안의 항목은 접근 속도를 나타낸다. 볼 밸브나 버터플라이 밸브가 완전히 개방된 것을 제외하고는 이 항목은 Re_v 계산상 영향을 거의 미치지 않을 수 있으므로 생략할 수도 있다.

프로세스 플랜트의 제어 밸브에서 대부분의 유체 흐름은 난류로 레이놀즈 수가 10^4을 넘는다. 이 경우 레이놀즈 수 인자는 1.0이다. 유동 영역을 알 수 없을 때는 식 11로 Re_v를 확인해야 한다. 비난류 유동에 대한 자세한 내용은 이 장의 E와 F를 참조한다.

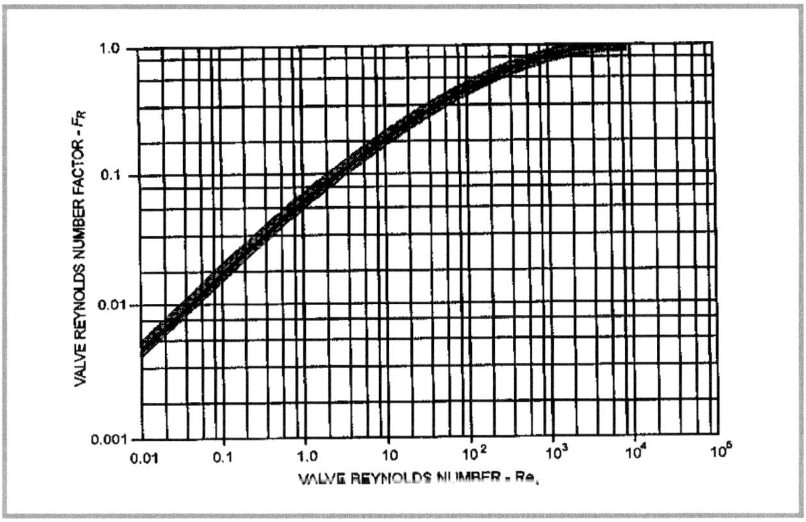

[그림 4-1] 밸브의 액체 유량률 대 압력강하(일정한 상류 압력과 기포 압력)

5. 비압축성 유체 – 기포화 액체의 질식 유동

질식 유동은 한계가 있는 유량률 또는 최대 유량률이다. 밸브의 복합적인 입구 조건에서 유량률을 증가시키기 위해 하류 압력을 감소시키기는 어려워진다. 액체 흐름에서 밸브 내의 압력이 액체의 포화압력 이하로 떨어질 때 액체가 기포화되면서 질식이 발생한다. 질식 유동은 캐비테이션 또는 플래싱을 동반하게 된다. 그리고 하류 압력이 액체의 포화압력보다 높으면 캐비테이션이 일어난다. 그러나 하류 압력이 액체의 포화압력과 같거나 낮으면 플래싱이 일어난다. 일반적인 밸브의 유량률과 압력강하 간의 상관성은 그림 5-1과 같다.

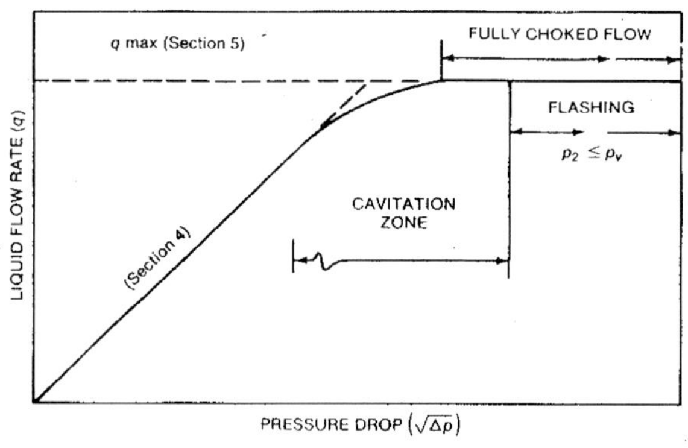

[그림 5-1] 밸브의 액체 유량률 대 압력강하(일정한 상류 압력과 기포 압력)

5.1 액체 질식 유동 공식

질식 조건에서 피팅이 없는 밸브에 대해 액체의 최대 유량률을 결정하는 공식은 다음과 같다.

$$q_{\max} = N_1 F_L C_v \sqrt{\frac{p_1 - P_{vc}}{G_f}} \qquad \text{(식 12a)}$$

or

$$C_v = \frac{q_{\max}}{N_1 F_L} \sqrt{\frac{G_f}{P_1 - P_{vc}}}$$

여기에서

$$P_{vc} = F_F P_v \qquad (F_F\text{는 이 부록의 } G \text{ 참조})$$

이것은 다시

$$q_{max} = N_1 F_L C_v \sqrt{\frac{p_1 - F_F P_v}{G_f}} \qquad \text{(식 14a)}$$

or

$$C_v = \frac{q_{max}}{N_1 F_L} \sqrt{\frac{G_f}{P_1 - F_F P_v}}$$

질식 조건에서 피팅이 부착되어 있는 밸브에 대해 액체의 최대 유량률을 결정하는 공식은 다음과 같다.

$$q_{max} = N_1 F_{LP} C_v \sqrt{\frac{p_1 - P_{vc}}{G_f}} \qquad \text{(식 12b)}$$

or

$$C_v = \frac{q_{max}}{N_1 F_{LP}} \sqrt{\frac{G_f}{P_1 - P_{vc}}}$$

여기에서

$$P_{vc} = F_F P_v \qquad (F_F\text{는 부록 } G \text{ 참조}) \qquad \text{(식 13b)}$$

이것은 다시

$$q_{max} = N_1 F_{LP} C_v \sqrt{\frac{p_1 - F_F P_v}{G_f}} \qquad \text{(식 14b)}$$

or

$$C_v = \frac{q_{max}}{N_1 F_{LP}} \sqrt{\frac{G_f}{P_1 - F_F P_v}}$$

5.2 액체 압력회복 인자 F_L

액체 압력회복 인자 F_L은 피팅이 부착되어 있지 않은 밸브에 적용한다. 이 인자는 질식 유동일 때 밸브 용량에 대한 밸브의 내부 구조의 영향을 의미한다. 비기포화 유동 조건에서 이 인자는 다음 공식으로 정의한다.

$$F_L = \sqrt{\frac{P_1 - P_2}{P_1 - P_{vc}}} \qquad \text{(식 15a)}$$

여러 가지 밸브 스타일에 대해 알려진 FL 값은 이 부록의 D를 참조한다.

5.3 복합적인 액체 압력회복 인자 F_{LP}

밸브에 리듀서나 피팅이 부착되어 있을 때 밸브와 피팅 조합체의 액체 압력회복은 밸브만 있을 때와는 같지 않다. 질식 유동을 포함하는 계산에는 단일 인자로써 밸브 F_{LP} 인자에 대해 파이프 구조 인자(F_p)와 F_L 인자를 다루는 것이 편리하다. 조합된 F_L 값은 F_{LP}/F_p이며, 이것은 4.3절과 이 부록의 B를 참조하면 된다.

$$\frac{F_{LP}}{F_p} = \sqrt{\frac{P_1 - P_2}{P_1 - P_{vc}}} \qquad \text{(식 15b)}$$

최대한의 정확성을 기하기 위해 F_{LP}는 부록 Ⅱ에 규정된 시험 절차에 따라 결정해야 한다. 예측값이 허용될 때 다음 공식을 이용하면 적절한 정확도로 F_{LP}를 결정할 수 있다.

$$F_{LP} = F_L\left(\frac{K_i F_L^2 C_V^2}{N_s d^4} + 1\right)^{-1/2} \qquad \text{(식 16)}$$

여기에서 K_i는 밸브의 상류의 압력 탭과 밸브 입구면 사이의 피팅에 대한 수두손실계수($K_1 + K_{B1}$)이다. F_{LP}의 수학적 변환은 이 부록의 B를 참조한다.

6. 압축성 유체 – 기체 및 증기의 유동

압축성 유체의 유량률은 심볼 x로 표기되는 입구 절대압력차($\triangle P/P_1$) 비율에 대한 함수로 변한다. x 값이 거의 0에 가까우면 이 절의 공식은 뉴턴의 비압축성 유체에 대한 기본 베르누이 공식을 따를 수 있다. 그러나 x 값이 증가할수록 팽창과 압축성에 영향을 미치며

절절한 인자를 이용할 필요가 있다.

6.1 난류 유동 공식

밸브를 통과하는 기체와 증기의 유량률은 다음 식을 이용하여 계산할 수 있다.

$$w = N_6 F_p C_v Y \sqrt{X P_1 \gamma_1} \tag{식 17}$$

or

$$C_v = \frac{w}{N_6 F_p Y \sqrt{X P_1 \gamma_1}}$$

$$q = N_7 F_p C_v P_1 Y \sqrt{\frac{X}{G_g T_1 Z}} \tag{식 18}$$

or

$$C_v = \frac{q}{N_7 F_p P_1 Y} \sqrt{\frac{G_g T_1 Z}{X}}$$

$$w = N_8 F_p C_v P_1 Y \sqrt{\frac{XM}{T_1 Z}} \tag{식 19}$$

or

$$C_v = \frac{w}{N_8 F_p P_1 Y} \sqrt{\frac{T_1 Z}{XM}}$$

$$q = N_9 F_p C_v P_1 Y \sqrt{\frac{X}{M T_1 Z}} \tag{식 20}$$

or

$$C_v - \frac{q}{N_9 F_p P_1 Y} \sqrt{\frac{M T_1 Z}{X}}$$

이들 공식에서 사용한 x값의 수치는 실제 x값에도 불구하고 쵸킹 제한치($F_K \cdot X_{TP}$)를 초과하지 않아야 한다(6.4 참조).

6.2 수치적 상수 N

기체 및 증기의 유동 공식에서의 수치적 상수는 표 2와 같다.

[표 6-2] 기체 및 증기 유동 공식에 대한 수치적 상수

상수		공식에 사용된 단위					
N		w	q^*	p, ΔP	d, D	γ_1	T_1
N_5	0.00241	-	-	-	mm	-	-
	1,000	-	-	-	in		-
N_6	2.73	kg/h	-	kPa	-	kg/m³	-
	27.3	kg/h	-	bar	-	kg/m³	-
	63.3	lb/h	-	psia	-	lb/ft³	-
N_7	4.17	-	m³/hr	kPa	-	-	K
	417	-	m³/hr	bar	-	-	K
	1,360	-	scfh	psia	-	-	°R
N_8	0.948	kg/h	-	kPa	-	-	K
	94.8	kg/h	-	bar	-	-	K
	19.3	lb/h	-	psia	-	-	°R
N_9	22.5	-	m³/hr	kPa	-	-	K
	2,250	-	m³/hr	bar	-	-	K
	7,320	-	scfh	psia	-	-	°R

* q는 14.73 psia, 60°F에서 측정된 ft3/hr, 또는 101.3 kPa, 15.6℃에서 측정된 ㎥/hr이다.

6.3 팽창인자 Y

팽창인자 Y는 유체가 밸브 입구에서 베나 콘트랙터를 통과할 때의 밀도 변화와 압력강하가 있을 때 베나 콘트랙터 면적의 변화(수축계수)에 대한 것이다. 이론적으로 Y는 다음 사항에 따라 영향을 받는다.

a) 밸브 몸체(Body) 입구 면적에 대한 포트 면적의 비율

b) 밸브의 내부 구조

c) 압력강하비, x
d) 레이놀즈 수
e) 비열비, k

항목 a), b), c)의 영향은 인자 X_T로 정의한다. Y가 x의 선형함수로 취해질 수 있음이 시험 데이터로 알려졌다. 밸브에 피팅이 부착되어 있을 않을 때는 다음 식과 같다.

$$Y = 1 - \frac{x}{3F_K X_T} \quad (1.0 \geq Y \geq 0.67) \qquad \text{(식 21)}$$

피팅이 부착되어 있는 밸브에 대해서는 X_T 대신 X_{TP}를 대신 사용해야 한다. 실제로 레이놀즈 수의 영향은 압축성 유체에서는 무시할 수 있다. 비열비 영향은 6.7항에서 다룬다.

6.4 질식 유동

밸브 입구 조건이 모두 일정하게 유지되고 하류 압력(P_2)이 감소하면서 차압비(x)가 증가하면 질량 유량률은 최대 한계치까지 증가할 것이다. x 값이 이 한계치를 초과하는 유량 조건이 질식 유동이다. 베나 콘트랙타에서 제트류가 음속에 도달할 때 질식이 발생한다. 이것은 압력비(P_1/P_{vc})가 2보다 클 때이다.

질식 유동 조건이 시작할 때의 x 값은 밸브마다 다르다. 또한 파이프 구조와 유동 유체의 열역학적 특성에 따라 변한다. 이러한 인자로 X_T(6.5항), X_{TP}(6.6항), F_K(6.7항)가 있다.

쵸킹은 다음과 같이 식 17에서 식 21까지의 사용에 영향을 미친다. 공식에서 사용하는 x 값은 실질적인 x 값에도 불구하고 $F_K \cdot X_T$ 또는 $F_K \cdot X_{TP}$를 초과하지 않아야 한다. 이렇게 하면 질식 유동($x \geq F_K \cdot X_{TP}$)에서 팽창인자 Y는 최소한 2/3값이다.

6.5 압력강하비 인자 X_T

최대의 정확성을 기하기 위해 압력강하비 인자 X_T는 부록 II에 기술된 시험 절차에 따라 결정해야 한다. 밸브에 대한 대표적인 X_T 값이 이 부록의 D에 수록되어 있다. 이들의 대표적인 값들을 실제로 얻은 값이 아니며, 실제 값은 밸브 제작자에게서 취득해야 한다.

6.6 리듀서와 피팅의 압력강하율 인자 X_{TP}

밸브에 리듀서나 피팅이 설치되어 있을 때 복합적 압력강하비 인자(X_{TP})는 밸브만의 값 X_T와는 다르다. 최대한의 정확성을 기하기 위해 시험을 통해 X_{TP}를 결정해야 한다(부록 II 참조). 예측값이 허용된다면 다음 식을 통해 X_{TP}를 결정할 수 있다.

$$X_{TP} = \frac{X_T}{F_p^2}\left(\frac{X_T K_i C_v^2}{N_5 d^4} + 1\right)^{-1} \qquad \text{(식 22)}$$

여기에서 X_T는 리듀서나 피팅이 설치되어 있지 않는 밸브의 압력강하비 인자이다. K_i는 밸브 입구에 부착된 리듀서나 피팅에 대한 수두손실계수($K_1 + K_{B1}$)이다. d/D가 0.5 보다 크고 C_v/d_2이 20보다 작으면 X_T에 대한 이 공식은 보통 무시한다(여기에서 d는 인치 단위이다).

X_{TP}의 수학적 변환은 이 부록의 H를 참조한다.

6.7 비열비 인자 F_k

압축성 유체의 비열비는 밸브 유량률에 영향을 미치며 F_k는 이러한 영향에 대한 것이다. 비열비가 약 1.4인 중간 온도와 압력에서 공기의 F_k는 1.0의 값을 갖는다. 이론적이든 경험적이든 둘 다 밸브 사이즈를 결정할 때 F_k는 k에 대한 관계 공식을 통해 취할 수 있다.

$$F_k = \frac{k}{1.40} \qquad \text{(식 23)}$$

6.8 압축인자 Z

식 18, 19, 20에는 상류 조건에서 유체의 실제 비중 항목이 포함되어 있지 않다. 대신에 이 항은 이상적인 기체의 법칙을 근거로 한 입구 압력과 온도로부터 추론한다. 어떤 조건에서 실제 기체의 거동은 이상적인 것과는 큰 차이가 있을 수 있다. 이러한 경우에 압축인자 Z는 이 편차를 보상하는 것이다. Z는 감소된 압력과 저하된 온도에 대한 함수이다. 이 절에서 사용하는 감소 압력 Pr은 문제의 유체에 대해 실제 입구 절대압력 대비 열역학적 절대 임계압력의 비율로 정의한다. 저하된 온도도 유사한 방법으로 정의한다.

따라서,

$$P_r = \frac{P_1}{P_c} \quad \text{(식 24)}$$

$$T_r = \frac{T_1}{T_c} \quad \text{(식 25)}$$

대부분의 유체에 대한 열역학적 절대 임계압력과 온도, Z를 결정할 수 있는 곡선은 물성 데이터에 대한 여러 가지 자료를 참조한다.

A – 밸브 사이즈 결정을 위한 유량률 공식 활용

규정된 시험장비로 실제 밸브에 대해 시험을 수행해야 한다(부록 II 참조). 시험 유체로는 보통 물이나 공기를 사용한다. 유량계수 C_v와 인자 F_L, X_T 등은 밸브의 정격개도에서 결정해야 한다. 밸브가 완전히 열린 상태에서 유량률을 예측하기 위해 이들 데이터는 실제 유체 및 파이프 배열에 대한 인자들과 함께 이 부록의 공식을 사용한다.

유량 공식을 사용하면 특정 용도에 맞는 적절한 밸브 사이즈를 선정하는데 도움이 된다. 이 절차에서 공식에 사용된 숫자는 유체 및 유량 조건에 대해 알려진 값, 밸브 형식과 정격 개도에서 알려진 값으로 구성되어 있다. 공식에서 이 인자들과 함께 알려지지 않은 것(또는 알려지지 않은 제품, 예를 들면 F_pC_v)는 계산할 수 있다. 이 계산된 수는 일련의 다른 사이즈의 밸브를 선정하는데 적절하지만 인자들이 서로 모순이 있기 때문에 진정한 운전 조건을 나타내지는 않는다. 공식에서 사용하는 일부 인자들은 완전 개방된 밸브에 대한 것이고 운전 조건과 관련한 일부 인자들은 부분적으로 개방된 밸브에 대한 것이다.

과거에는 밸브 사이즈 선정시 F_p 같이 알려지지 않은 것은 제외되었지만 이제는 계산할 수 있고 밸브 사이즈가 적절한지 판단할 수 있다. 정확한 밸브 개도를 예측하기 위해서 추가적인 계산이 보통 필요하지는 않다. 이를 위해서는 각각의 밸브 개도에 대해 사이즈 관련 인자를 알아야 한다.

B – 인자 F_p와 F_{LP}의 변환

밸브가 리듀서 사이에 설치되어 있으면 전체 조립체의 C_v는 밸브 자체만의 것과는 다르다. 입구와 출구의 리듀서가 동일한 사이즈이면 피팅에 부가되는 저항의 영향으로 추가적인 압력강하가 생긴다. 단지 한 개의 리듀서만 있거나 다른 사이즈의 리듀서가 두 개가 있으면 입구와 출구의 속도 차이로 인하여 압력에 추가적인 영향이 있다.

속도 수두는 $U_2/2g$에 해당하는 유체 속도로 표현한다. 여기에서 U는 유동 속도이고 g는 중력가속도이다. U.S 단위 psi, gpm, inch 단위로 표현하며 속도 수두는,

$$P = \frac{q^2 G_f}{890 d^4} \quad \text{(식 B-1)}$$

저항계수 K에 대해 압력 차이는,

$$\triangle P = K\left(\frac{q^2 G_f}{890 d^4}\right) \quad \text{(식 B-2)}$$

식 1과 식 B-2로터 밸브의 저항계수는,

$$K_{valve} = \frac{890 d^4}{C_v^2} \quad \text{(식 B-3)}$$

직경 d와 D인 리듀서를 통과하는 속도 수두의 변화는,

$$\frac{q^2 G_f}{890 d^4} - \frac{q^2 G_f}{890 D^4} = \frac{q^2 G_f}{890 d^4}\left(1 - \frac{d^4}{D^4}\right) \quad \text{(식 B-4)}$$

식 B-2와 식 B-4로부터 베르누이 계수라고 하는 인자 K_B를 구할 수 있다.

여기에서,

$$K_B = \left(1 - \frac{d^4}{D^4}\right)$$

정의에 따라

$$(F_p C_v^2) = \frac{q^2 G_f}{\triangle P}$$

식 B-2와 식 B-6로부터 K 인자를 추가하면,

$$(F_p C_v)^2 = \frac{890d^4}{K_{valve} + K_1 + K_2 + K_{B1} - K_{B2}} \qquad \text{(식 B-7)}$$

식 B-3으로부터 K_{valve}를 대입하면,

$$(F_p C_v)^2 = \frac{890d^4}{\frac{890d^4}{Cv^2} + \sum K} \qquad \text{(식 B-8)}$$

여기에서,

$$\sum K = K_1 + K_2 + K_{B1} - K_{B2} \qquad \text{(식 B-9)}$$

식 B-8을 다시 정리하면,

$$F_p = \left(\frac{\sum K C_v^2}{890d^4} + 1\right)^{-1/2} \qquad \text{(식 B-10)}$$

식 B-9에서 $\sum K$는 모든 유효 속도수두계수이다. 입구와 출구의 리듀서가 모두 같은 사이즈이라면 $K_{B1} = K_{B2}$이므로 식 B-9에서 이 두 항목은 의미상 차이 때문에 삭제한다. K_1과 K_2에 대해서는 식 6과 식 7을 참조한다.

식 15의 정의에 따라,

$$F_L^2 = \frac{P_1 - P_2}{P_1 - P_{vc}} = \frac{\triangle P_a}{\triangle P_{vc}} \qquad \text{(식 B-11)}$$

여기에서 $\triangle P_a$는 밸브를 통과할 때의 압력강하이며 $\triangle P_{vc}$는 베나 콘트랙타 까지의 압력강하이다.

또한 식 1로부터

$$q^2 = (F_p C_v)^2 \frac{\triangle P_b}{G_f} = C_v^2 \frac{\triangle P_a}{G_f} \qquad \text{(식 B-12)}$$

여기에서 $\triangle P_b$는 밸브와 리듀서를 통과할 때의 압력강하이다.

식 B-12로부터

$$\triangle P_a = F_p^2 \triangle P_b \qquad \text{(식 B-13)}$$

이 식을 식 B-11에 대입하면,

$$F_L^2 = F_p^2 \frac{\triangle P_a}{\triangle P_{vc}} \qquad \text{(식 B-14)}$$

정의에 의하면,

$$(F_L)_p^2 = \frac{\triangle P_b}{\triangle P_{vc} + \triangle P_i} \qquad \text{(식 B-15)}$$

여기에서 $(F_L)_p$는 밸브와 리듀서에 대한 압력회복 인자이며 $\triangle Pi$는 입구측 리듀서를 통과할 때의 압력강하이다.

식 B-2로부터,

$$\triangle P_i = \frac{K_i\, q^2 G_f}{890 d^4} \qquad \text{(식 B-16)}$$

여기에서, $K_i = K_1 + K_{B1}$

식 B-12의 q^2을 식 B-16에 대입하면

$$\triangle P_i = \frac{K_i F_p^2 C_v^2 \triangle P_b}{890 d^4} \qquad \text{(식 B-17)}$$

식 B-14와 식 B-17을 식 B-15에 대입하면 다음과 같은 식을 얻는다.

$$(F_L)_p^2 = \frac{\triangle P_b}{\frac{F_p^2 \triangle P_b}{F_L^2} + \frac{K_i F_p^2 C_v^2 \triangle P_b}{890 d^4}} \quad \text{(식B-18)}$$

$$(F_L)_p^2 = \frac{1}{F_p}\left(\frac{1}{F_L^2} + \frac{K_i C_v^2}{890 d^4}\right)^{-1/2}$$

$$F_{LP} = (F_L)_p\, F_p = \left[\frac{1}{F_L^2} + \frac{K_i}{890}\left(\frac{C_v}{d^2}\right)^2\right]^{-1/2}$$

$$F_{LP} = F_L\left[\frac{F_L^2 K_i}{N_2}\left(\frac{C_v}{d^2}\right)^2 + 1\right]^{-1/2}$$

C – 제어 밸브와 파이프 시스템 간의 수두 변화

리듀서 형태의 수축부와 팽창부를 포함한 액체 유동 시스템에 대해 에너지 라인과 수두 라인을 고찰하면 제어 밸브와 파이프 시스템에서의 여러 가지 손실 메카니즘을 이해할 수 있다. 그림 C-1은 이것들을 개략적으로 보여주고 있다. 이해를 돕기 위해 곡선들이 직선으로 표현되어 있다. 에너지 라인은 이용 가능한 에너지만 나타냈으며 내부 에너지는 포함되어 있지 않다. 이 그림에서의 압력 변화가 있는 각 지점은 아래에 정의해 놓았다. 수두 라인에서 보는 바와 같이 일부 압력강하는 회복되지 않고 일부는 회복될 수 있는 것이다. 아래 항목들은 시스템과 관련한 여러 가지 계수를 정의하고 있다. 베르누이 계수 K_{B1}과 K_{B2}는 유동의 속도 수두의 변화에 대한 것이고 밸브 입구 속도 U_1으로 계산되는 총 위치에너지와 관련이 있다.

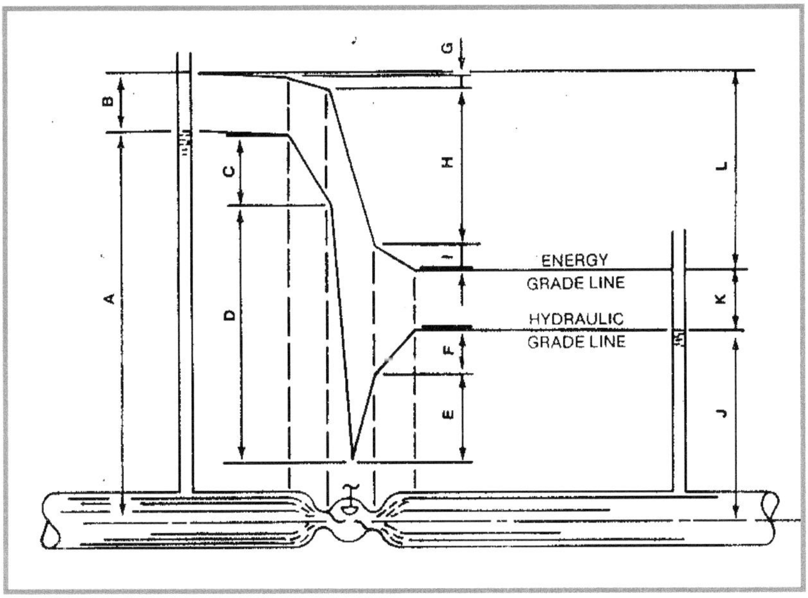

[그림 C-1] 제어 밸브와 파이프 시스템의 수두 변화

[표 C-1] 수두 항목의 정의(그림 C-1 참조)

문자	수두 항목*	U.S. 단위	SI 단위
A	입구의 압력 수두	p_1/γ	$p_1/\rho g$
B	입구의 속도 수두	$(d/D_1)^4(U_1^2/2g)$	$(d/D_1)^4(U_1^2/2g)$
C	리듀서의 수두 감소	$(K_1+K_{B1})(U_1^2/2g)$	$(K_1+K_{B1})(U_1^2/2g)$
D	베터 콘트렉타의 수두	$(E)/(1-F_L^2)$	$(E)/(1-F_L^2)$
E	밸브의 압력 회복	$(D)\ -\ (H)$	$(D)\ -\ (H)$
F	인크리저의 압력 회복	$K_{B2}-K_2)(U_1^2/2g)$	$K_{B2}-K_2)(U_1^2/2g)$
G	리듀서의 손실	$K_1(U_1^2/2g)$	$K_1(U_1^2/2g)$
H	밸브의 손실	$N_2(d_4/C_v^2)(U_1^2/2g)$	$N_2(d_4/C_v^2)(U_1^2/2g)$
I	인크리저의 손실	$K_2(U_1^2/2g)$	$K_2(U_1^2/2g)$
J	출구의 압력 수두	p_2/γ	$p_2/\rho g$
K	출구의 속도 수두	$(d/D_2)^4(U_1^2/2g)$	$(d/D_2)^4(U_1^2/2g)$
L	총 수두 손실	$(p_1-p_2)/\gamma$	$(p_1-p_2)/\rho g$

* 모든 단위는 절대 단위이다. 파운드, 피트 및 초 단위는 미국식이며 미터 단위는 SI 단위이다.

D – 밸브 용량 인자들의 값

표 D-1는 밸브 형태마다 정격 개도에서 밸브의 트림 전체 사이즈를 적용한 일반적인 값이다. 개도 감소, 트림 형태, 포트 사이즈 감소 그리고 밸브 제작자가 다른 경우 이 값은 변한다.

[표 D-1] 밸브 용량 인자들의 대표적인 값

밸브 타입		트림 타입	유로 방향*	X_T	F_L	F_s	F_d**	C_v/d^2‡
GLOBE	Single port	Ported plug	양방향	0.75	0.9	1.0	1.0	9.5
		Contoured plug	Open	0.72	0.9	1.1	1.0	11
			Close	0.55	0.8	1.1	1.0	11
		Characterized cage	Open	0.75	0.9	1.1	1.0	14
			Close	0.70	0.85	1.1	1.0	16
		Wing guided	양방향	0.75	0.9	1.1	1.0	11
	Double port	Ported plug	양방향	0.75	0.9	0.84	0.7	12.5
		Contoured plug	양방향	0.70	0.85	0.85	0.7	13
		Wing guided	양방향	0.75	0.9	0.84	0.7	14
	Rotary	Eccentric spherical plug	Open	0.61	0.85	1.1	1.0	12
			Close	0.40	0.68	1.2	1.0	13.5
ANGLE		Contoured plug	Open	0.72	0.9	1.1	1.0	17
			Close	0.65	0.8	1.1	1.0	20
		Characterized cage	Open	0.65	0.85	1.1	1.0	12
			Close	0.60	0.8	1.1	1.0	12
		Venturi	Close	0.20	0.5	1.3	1.0	22
BALL		Segmented	Open	0.25	0.6	1.2	1.0	25
		Standard port (diameter≒0.8d)	양방향	0.15	0.55	1.3	1.0	30
BUTTERFLY		60-Degree aligned	양방향	0.38	0.68	0.95	0.7	17.5
		Fluted vane	양방향	0.41	0.7	0.93	0.7	25
		90-Degree offset seat	양방향	0.35	0.6	0.98	0.7	29

* 유로 방향은 밸브의 열림 또는 닫힘 방향이다. 예를 들면 닫힘 기구를 누르면 시트로부터 멀어지거나 가까워진다.

** 일반적으로 F_d 값 1.0은 단일 유동 유로를 가진 밸브에 사용할 수 있다. F_d 값 0.7은 두 개의 유동 유로를 가진 밸브에 사용할 수 있다.

‡ 표에서 d는 밸브의 정격 사이즈(inch)이다.

E – 레이놀즈 수 인자 F_R

여기에 있는 자료는 4.4항에서 언급된 내용을 상세히 설명한다. 층류 영역 및 천이 영역의 유동 문제에 사용하는 방법도 기술한다.

그림 E-1은 점성 유동에서 나타나는 문제점 3가지 형태에 대하여 F_R과 밸브 레이놀즈 수 Re_v 간의 상관관계를 보여주고 있다. 다음과 같은 것들이다.

a) 제어 밸브 사이즈를 선정할 때 요구유량계수 결정

b) 선정된 밸브로 통과하는 유량률 예측

c) 선정된 밸브가 나타내는 압력차 예측

그림 E-1에서 F_R 값 0.3에서 아래쪽으로의 대각선은 층류 유동이 존재할 때의 조건이다. 밸브 레이놀즈 수가 40,000에서 3개의 곡선 모두 F_R 값이 1.0에 도달한다. 이 수와 보다 높은 Re_v 값에서는 완전한 난류 유동 조건이 존재한다. 그림 E-1의 대각선이 지시하는 층류 영역과 F_R=1.0인 난류 영역 사이에는 천이 영역이 있다.

밸브 레이놀즈 수 Re_v를 결정하는 식 11은,

$$Re_v = \frac{N_4 F_d q}{\nu {F_L}^{1/2} {C_v}^{1/2}}\left(\frac{{F_L}^2 C_v^2}{N_2 d^4}+1\right)^{1/4} \qquad \text{(식 11)}$$

F_R값과 3가지 문제에 대한 해법은 다음 절차를 이용하면 된다.

요구유량계수의 결정(밸브 사이즈 선정)

다음 방법은 피팅이 부착되어 있지 않은 밸브에 적용한다. 따라서 F_p=1.0이다.

1) 난류 유동을 가정하여 일단 밸브 유량계수를 계산한다.

$$C_{vt} = \frac{q}{N_1\sqrt{\dfrac{P_1 - P_2}{G_f}}} \qquad \text{(식 E-1)}$$

2) 식 11에 C_v를 C_{vt}로 대입하여 Re_v를 계산한다. F_L은 원하는 밸브

스타일에 대해 나타나 있는 값을 적용한다.

3) F_R은 다음과 같이 계산한다.

① Re_v가 56보다 작으면 유동은 층류이며, F_R은 그림 E-1의 '제어 밸브 사이즈 선정용' 곡선에서 찾을 수 있다.

$$F_R = 0.019(Re_v)^{0.67} \qquad \text{(식 E-2)}$$

② Re_v가 40,000보다 크면 유동은 난류로 F_R=1.0이다.

③ Re_v가 56과 40,000 사이에 있으면 유동은 천이 영역으로 F_R은 그림 E-1의 곡선 또는 표 E-1의 '밸브 사이즈 선정'에서 찾을 수 있다.

4) 요구되는 C_v를 구한다.

$$C_v = \frac{C_{vt}}{F_R} \qquad \text{(식 E-3)}$$

5) C_v를 구한 다음 선정된 밸브 사이즈와 스타일에서의 F_L 값을 검토한다. 만약 이 값이 두 번째 단계에서 선정된 값과 차이가 크면 새로운 값을 적용하여 1단계부터 4단계까지 반복한다.

유량률 예측

1) 난류를 가정하여 q_t를 계산한다.

$$q_t = N_1 C_v \sqrt{\frac{P_1 - P_2}{G_f}} \qquad \text{(식 E-4)}$$

2) 식 11에 q를 q_t로 대입하여 Re_v를 계산한다.

3) F_R은 다음과 같이 계산한다.

① Re_v가 106보다 작으면 유동은 층류이며, F_R은 그림 E-1의 '유량률 예측용' 곡선에서 찾을 수도 있다.

$$F_R = 0.027\ Re_v \qquad \text{(식 E-5)}$$

② Re_v가 40,000보다 크면 유동은 난류로 F_R=1.0이다.

③ Re_v가 106과 40,000 사이에 있으면 유동은 천이 영역으로 F_R은 그림 E-1의 곡선 또는 표 E-1의 '유량률 예측'에서 찾을 수도 있다.

4) 예측 유량률을 구한다.

$$q = F_R\, q_t \qquad \text{(식 E-6)}$$

압력강하 예측

1) 식 11에 따라 Re_v를 계산한다.

2) F_R을 다음과 같이 계산한다.

① Re_v가 30보다 작으면 유동은 층류이며, F_R은 그림 E-1의 '압력강하 예측용' 곡선에서 찾을 수 있다.

$$F_R = 0.052(Re_v)^{0.5} \qquad \text{(식 E-7)}$$

② Re_v가 40,000보다 크면 유동은 난류로 $F_R = 1.0$ 이다.

③ Re_v가 30과 40,000 사이에 있으면 유동은 천이영역으로 F_R은 그림 E-1의 곡선 또는 표 E-1의 '압력강하 예측' 란에서 찾을 수 있다.

3) 예측되는 압력강하를 구한다.

$$\triangle P = G_f\left(\frac{q}{N_1 F_R C_v}\right)^2 \qquad \text{(식 E-8)}$$

[표 E-1] 천이 유동에 대한 레이놀즈 수 인자

F_R^*	밸브 레이놀즈 수, Re_v^*		
	밸브 사이즈 선정	유량률 예측	압력강하 예측
0.284	56	106	30
0.32	66	117	38
0.366	79	132	48
0.40	94	149	59
0.44	110	167	74
0.48	130	188	90
0.52	154	215	113
0.56	188	253	142
0.60	230	298	179
0.64	278	351	224
0.68	340	416	280
0.72	471	556	400
0.76	620	720	540
0.80	980	1100	870
0.81	1560	1690	1430
0.88	2470	2660	2300
0.92	4600	4800	4400
0.96	10200	10400	10000
1.00	40000	40000	40000

* 도표 사이 값은 보간법으로 계산한다.

F – 비난류 액체 유동 공식

비난류 액체를 취급하는 다음 방법은 알려져 있지 않은 유량률, C_v 또는 ΔP 등을 표나 레이놀즈 수 계산 없이 바로 아는 것이다. 이것은 계산기나 컴퓨터를 사용하는 것이 편리하다. 이 결과는 본문의 4.4항과 일치한다.

본문 4.4항의 그림 1은 다음과 같은 인자를 가지고 있다.

1) F_R=1.0에서의 수평 직선은 난류 유동 영역을 나타낸다. 여기에서 유량률은 차압의 제곱근에 따라 변한다(식 1).
2) 대각선은 층류 유동 영역을 나타낸다. 여기에서 유량률은 직접적인 차압에 따라 변한다.
3) 꺽인 부분은 천이 유동 영역을 나타낸다.
4) 시험 데이터가 분산되어 있는 것을 그림자로 표시해 놓았으며 비난류 유동에서의 불확실성을 나타낸다.

식 9로부터,

$$q = N_1 F_R C_v \sqrt{\frac{p_1 - P_2}{G_f}} \qquad \text{(식 9)}$$

식 11로부터,

$$Re_v = \frac{N_4 F_d q}{\nu F_L^{1/2} C_v^{1/2}} \left(\frac{F_L^2 C_v^2}{N_2 d^4} + 1\right)^{1/4} \qquad \text{(식 11)}$$

층류 유동에 대해 그림 1의 직선을 다음과 같이 공식으로 표현할 수 있다.

$$F_R = \left(\frac{Re_v}{370}\right)^{1/2} \qquad \text{(식 F-1)}$$

상기 3개의 식을 조합하여 나타내면,

$$q = N_s (F_s C_v)^{3/2} \frac{\triangle P}{\mu} \qquad \text{(식 F-2)}$$

or

$$C_v = \frac{1}{F_s} \left(\frac{q \ \mu}{N_s \ \triangle P} \right)^{2/3}$$

여기에서,

$$F_s = \frac{F_d^{2/3}}{F_L^{1/3}} \left(\frac{F_L^2 C_V^2}{N_2 \ d^4} + 1 \right)^{1/6} \qquad \text{(식 F-3)}$$

여기에서, μ : 절대 점도, Centipoise

Ns: 단위 환산 상수

Ns	q	$\triangle p$
47	gpm	psi
1.5	m^3/hr	kPa
150	m^3/hr	bar

Fs는 일반적으로 특정 제작자의 밸브 스타일에 대한 함수이며 사이즈에 따라 거의 변하지 않는다. 이 변화량은 보통 수력반경에 대한 인자 F_d 값의 불확실성보다 크지 않다. 이 부록의 D에 Fs 값이 열거되어 있다. 특정 밸브가 선정되었을 때 F_d, F_L, C_v/d_2는 Fs를 계산하는데 사용할 수 있다.

식 F-2는 완전한 층류 유동일 경우 알려지지 않은 값들을 직접 풀 수 있다. 천이 영역의 곡선이나 표를 사용하지 않으려면 다음 식에 따라 F_R을 구할 수 있다.

$$F_R = 1.044 - 0.358 \left(\frac{C_{vs}}{C_{vt}} \right)^{0.655} \qquad \text{(식 F-4)}$$

$$F_R = 1.084 - 0.375 \left(\frac{\triangle P_s}{\triangle P_t} \right)^{0.336} \qquad \text{(식 F-5)}$$

$$F_R = 1.004 - 0.358\left(\frac{q_t}{q_s}\right)^{0.588} \qquad \text{(식 F-6)}$$

이 식에서 아래 첨자 s는 난류 유동 조건을 가정한 식 F-2를 계산한 값을 의미하며 아래 첨자 t는 난류 유동 조건($F_R=1.0$)을 가정한 식 9에서 계산한 값을 의미한다.

상기 공식으로 계산한 F_R 값이 0.48보다 작을 때는 층류 유동이 될 수 있으며 식 F-2의 지배를 받는다. F_R 값이 0.98보다 클 때는 난류 유동이 될 수 있으므로 식 9의 지배를 받는다($F_R \fallingdotseq 1.0$). 파이프 구조 인자 F_p는 식 9 또는 식 F-2에 사용해서는 안된다. 왜냐하면 제어 밸브가 비난류 유동을 가질 때 근접 부착된 피팅의 효과는 아직 규명되지 않았기 때문이다. 또한 F_p에 대해 이 부록에서 사용하는 식은 오로지 난류 유동에 근거를 두고 있다. 최대의 정확성을 기하기 위해 밸브는 밸브 사이즈와 똑같은 사이즈의 직관으로 설치해야 한다. 직관의 길이는 유체의 유동이 정상적인 속도 형태가 되도록 충분한 길이이어야 하고, 이러한 조건에서 연구 데이타의 근거가 된다.

G – 액체 임계압력비 인자 F_F

유량률은 밸브 입구에서 베나 콘트랙타까지의 압력강하에 대한 함수이다. 기포화가 없는 액체 유동 조건에서 베나 콘트랙타 압력(P_{vc})은 하류 압력(P_2)으로부터 예측할 수 있다. 이는 압력 회복이 베나 콘트랙타의 압력강하에 대한 일정한 분율이기 때문이다. 이 압력회복이 밸브 유량계수(C_v)에 포함된다.

질식 유량 조건에서는 P_2와 P_{vc}에는 상관관계가 없으며 이것은 기포화가 압력회복에 영향을 미치기 때문이다. 액체 임계압력비 인자는 P_{vc}를 예측하는데 사용한다. 이것은 질식 유동 조건에서 입구 온도의 포화압력에 대한 베나 콘트랙타 압력의 비율이다. F_F를 예측하기 위한 공식은 이전에 공표되었으며 이론적 공식은 유체가 항상 열역학적으로 평형 상태에 있는 것으로 가정한 것이다.

$$F_F = 0.96 - 0.28\left(\frac{P_v}{P_c}\right)^{1/2} \qquad \text{(식 G–1)}$$

액체는 밸브를 통과할 때 플래싱 되면서 열역학적으로 평형 상태를 유지하지 못하므로 실제 유량률은 식 G–1을 사용하여 예측한 것보다 커지게 된다.

밸브가 아닌 저항체를 이용한 실험을 통해 다음과 같이 F_F가 유도되었다.

$$F_F = 1 - \frac{\rho}{F_o} \qquad \text{(식 G–2)}$$

여기에서 ρ는 액체의 표면장력(N/m), F_o는 저항체 또는 밸브에 대해 실험으로 결정한 동일한 단위의 오리피스 인자이다. 이 공식은 저항체를 통과할 때 기화되는 액체가 열역학적으로 평형 상태에 있지 않다는 사실이지만 임계 베나 콘트랙타 압력에서 준안정적이고 질식이 된다. 이 공식은 탈기된 물에 대해서만 시험한 것이다. F_o 값은 정격 개도에서 유선형 앵글밸브가 약 0.2 N/m, Tortuous Double–ported 글로브 밸브가 약 1.0 N/m인 제한적인 값이다. 물의 표면장력(N/m)

은 거의 Othmer 공식에 기초를 두고 있다.

$$\rho = [\frac{(374 - 。C)}{4,080}]^{1.05} \qquad (식 G-3)$$

또는

$$\rho = [\frac{(705 - 。F)}{7,340}]^{1.05} \qquad (식 G-4)$$

H - 인자 X_{TP} 의 변환

어느 특정 밸브에서의 Y 대 x 곡선의 경사도는 시험 유체로써 공기나 기체를 이용하여 확인하고 $Y=2/3$에서 x 값으로 나타낸다. 이 값이 X_T로 압력강하비 인자이다. 대부분 밸브에 있어서 이 값은 1.0보다 작지만 어떤 밸브 스타일에서는 1.0보다 클 수 있다.

밸브 입구 측 및(또는) 출구 측에 피팅이 설치되어 있으면 밸브와 피팅(X_{TP})을 합친 압력강하비 인자는 보통 밸브만의 것과는 다르다.

리듀서가 달려 있고 질식 유동으로 운전되는 밸브를 고려하면

$$[X = X_{TP,} \text{ 이상기체}(Z=1)\text{일 경우 } Y = Y_T]$$

식 18에서 밸브의 체적 유동식을 미국식 단위로 나타내면,

$$q_T = 1{,}360 F_p C_v P_1 Y_T \sqrt{\frac{X_{TP}}{G_g T_1}} \qquad \text{(식 H-1)}$$

여기에서 아래 첨자 T는 종단 또는 질식 조건을 나타낸다. 질식 유동에서 단지 밸브 만에 대한 공식은,

$$q_T = 1{,}360 F_p C_v P_i Y_T \sqrt{\frac{X_T}{G_g T_1}} \qquad \text{(식 H-2)}$$

여기에서 P_i는 밸브 입구 압력이다. 식 H-1과 식 H-2로부터,

$$P_i = F_p P_1 \sqrt{\frac{X_{TP}}{X_T}} \qquad \text{(식 H-3)}$$

기체 법칙으로부터 입구 리듀서를 통과하는 유효 비중은,

$$\gamma_1 = \left(\frac{P_1 - P_i}{2}\right)\frac{M}{RT_1} = \frac{144(P_1 + P_i)}{2}\left(\frac{28.97 G_g}{1{,}545 T_1}\right) \qquad \text{(식 H-4)}$$

$$\gamma_1 = 1.350(P_1 + P_i)\frac{G_g}{T_1}$$

압력강하를 수두 단위로 표현하면 $K(U_2/2g)$이므로,

$$\frac{144(P_1 - P_i)}{\gamma} = \frac{K}{2g} U^2$$

or

$$\frac{144(P_1 - P_i)}{1.350(P_1 - P_i)\dfrac{G_g}{T_1}} = \frac{K}{2g}\left[\frac{q}{3600}\,\frac{14.73}{0.5(P_1 + P_i)}\,\frac{T_1}{519.69}\,\frac{4(144)}{\pi d^2}\right]^2$$

간단하게 표현하면,

$$P_1^2 - P_i^2 = 1.214(10^{-9})K\ G_g\ T_1\ q^2\ d^{-4} \qquad \text{(식 H-5)}$$

식 H-3에 Pi을 대입하면,

$$P_1^2 - F_p^2 P_1^2 \left(\frac{X_{TP}}{X_T}\right) = 1.214(10^{-9})K\ G_g\ T_1 q^2 d^{-4} \qquad \text{(식 H-6)}$$

식 H-1으로부터,

$$q_T^2 G_g \frac{T_1}{P_1^2} = (1{,}360 F_p C_v P_1 Y_T)^2 X_{TP} \qquad \text{(식 H-7)}$$

식 H-6에 $q = qT$, $K = Ki$로 이 식을 대입하면,

$$1.214(10^9)(1{,}360 F_p C_v Y_T)^2 K_i \frac{X_{TP}}{d^4} = 1 - F_p^2 \frac{X_{TP}}{X_T} \qquad \text{(식 H-8)}$$

$Y_T = 2/3$에서의 X_{TP}를 구하면

$$X_{TP} = \frac{X_T}{F_p^2}\left(\frac{K_i X_T}{100}\,\frac{C_v^2}{d^4} + 1\right)^{-1} \qquad \text{(식 H-9)}$$

I – 제어 밸브의 유량 공식(SI 표기)

밸브 유량계수를 SI 단위로 표시하면 A_v이다. 여기에서는 SI 단위를 사용하고자 하는 사람에게 편의를 도모하기 위한 것이다.

다음 공식에서 어떤 심볼은 3절에서 표시한 것과는 다르지만 SI 단위와 관련 있는 것들이다. 즉,

A_v	: 밸브 유량계수, m^2 $[A_v = C_v \times 24(10^{-6})]$
ζ(Zeta)	: 수두 손실계수($\zeta = K$), 무차원
ρ(Rho)	: 밀도(kg/m^3)

액체 공식

난류 유동

$$q = F_p A_v (\frac{\triangle P}{\rho})^{1/2} \quad \text{(식 I–1)}$$

$$w = F_p A_v (\triangle P \rho)^{1/2} \quad \text{(식 I–2)}$$

$$F_p = [(\frac{\Sigma \zeta A_v^2}{1.23 d^4}) + 1]^{-1/2} \quad \text{(식 I–3)}$$

질식 유동

$$q = F_{LP} A_v [\frac{P_1 - P_{vc}}{\rho}]^{1/2} \quad \text{(식 I–4)}$$

$$w = F_{LP} A_v [\rho (P_1 - P_{vc})]^{1/2} \quad \text{(식 I–5)}$$

$$F_{LP} = F_L [(\frac{\zeta_1 F_L^2 A_v^2}{1.23 d^4}) + 1]^{-1/2} \quad \text{(식 I–6)}$$

여기서 $\zeta_i = \zeta_1 + \zeta_{B1}$

$$P_{vc} = F_F P_v \quad (\text{부록 } G\text{의 } F_F \text{참조}) \qquad (\text{식 I-7})$$

층류 유동

$$q_s = (F_s A_v)^{3/2} \frac{\triangle P}{280\mu} \qquad (\text{식 I-8})$$

$$w_s = (F_s A_v)^{3/2} \frac{\triangle P\rho}{280\mu} \qquad (\text{식 I-9})$$

$$F_s = \frac{F_d^{2/3}}{F_L^{1/3}} (\frac{F_L^2 A_v^2}{1.23d^4}) + 1]^{1/6} \qquad (\text{식 I-10})$$

천이영역 유동

$$q = F_R A_v (\frac{\triangle P}{\rho})^{1/2} \qquad (\text{식 I-11})$$

$$w = F_R A_v (\triangle P\rho)^{1/2} \qquad (\text{식 I-12})$$

$$F_R = 1.044 - 0.358 (\frac{A_{vs}}{A_{vt}})^{0.655} \qquad (\text{식 I-13})$$

$$F_R = 1.084 - 0.375 (\frac{\triangle P_s}{\triangle P_t})^{0.366} \qquad (\text{식 I-14})$$

$$F_R = 1.004 - 0.358 (\frac{P_t}{P_s})^{0.588} \qquad (\text{식 I-15})$$

제한치로써 $F_R = 0.48 \sim 1.0$

기체 및 증기 공식

난류 유동

$$w = F_p A_v Y (X P_1 \rho_1)^{1/2} \qquad (\text{식 I-16})$$

$$q = 0.246 F_p A_v P_1 Y \left(\frac{x}{M T_1 Z}\right)^{1/2} \qquad \text{(식 I-17)}$$

(0℃, 101.3 kPa 에서 ㎥)

제한치 : $x \le F_k X_{TP}$(식에서만)

$$X_{TP} = \frac{X_T}{F_P^2}\left[\left(0.72 X_T \zeta_i \frac{A_v^2}{d^4}\right) + 1\right]^{-1} \qquad \text{(식 I-18)}$$

여기서 $\zeta_i = \zeta_1 + \zeta_{B1}$ (식 I-19)

Appendix II

제어밸브 용량시험

1. 적용 범위

여기에서는 부록 I에서 언급한 수학적 공식을 이용하여 다음 사항을 취득하기 위한 시험절차를 제공한다.

1) 밸브 유량계수, C_v
2) 액체 압력회복 인자, F_L 및 F_{LP}
3) 레이놀즈 수 인자, F_R
4) 액체 임계압력비, F_F
5) 파이프 구조 인자, F_P
6) 압력강하비 인자, X_T 및 X_{TP}

이 부록은 프로세스 유체의 유량제어용 제어 밸브에 대한 것이며, 미국 유압 위원회의 표준지침서 NFPA T.3.5.28-1977에서 규정한 유압기기에는 적용하지 않는다

2. 기호

C_v	밸브 유량계수
d	밸브 입구 직경
D	배관 내경
F_d	밸브 스타일 보정 값
F_F	액체 임계압력비 인자, 무차원

F_L	액체 임계압력비, 무차원
F_k	비열비, 무차원
F_L	피팅이 부착되지 않은 밸브의 액체 압력회복 인자, 무차원
F_{LP}	피팅이 부착된 밸브와 배관 구조 인자의 생성, 무차원
F_P	파이프 형상 인자, 무차원
F_R	레이놀즈 수 인자, 무차원
F_{P5}	배관 구조 인자, 무차원
F_S	층류, 유동 인자, 무차원
g	국부의 중력가속도
G_f	상류의 액체 비중(15.6℃에서 물의 밀도와 유동 액체의 밀도와의 비율), 무차원
G_g	기체 비중(표준상태에서 공기 밀도와 유동 기체 밀도의 비율, 공기의 몰 중량과 기체의 몰 중량과의 비율과 동등), 무차원
k	비열비, 무차원
K	장치의 수두손실 계수, 무차원
K_B	베르누이 계수, 무차원
K_i	입구 피팅의 속두수두 인자
M	몰 중량, 원자 질량 단위
N_1, N_2 등	사용되는 측정 단위에 대한 상수
P_1	상류의 절대압력, 밸브 피팅 조립체로부터 배관 정격 직경의 두 배에 해당하는 상류에서 측정
P_2	하류의 절대압력, 밸브 피팅 조립체로부터 배관 정격 직경의 여섯 배에 해당하는 하류에서 측정
ΔP	차압, $P_1 - P_2$
Pc	열역학적 절대 임계압

P_r	감소된 압력, 무차원
Pv	입구 온도에 대한 액체의 절대 증기압
P_{vc}	베나 콘트랙타의 절대압력
q	체적 유량률
q_{max}	주어진 상류 조건에서 최대 유량률(질식 유동 조건)
Re_v	밸브 레이놀즈 수, 무차원
T_r	감소된 압력, 무차원
T_c	열역학적 절대 임계온도
T_1	상류의 절대온도(K 또는 R 온도)
U_1	밸브 입구의 속도
ω	질량 유량률
x	입구 절대압력에서 압력강하 비율($\Delta P/P_1$), 무차원
X_T	피팅이 부착되어 있지 않은 밸브의 압력강하비, 무차원
X_{TP}	밸브 피팅에 대한 X_T 값, 무차원
Y	팽창 인자, 동일한 레이놀즈 수에서 액체의 유량계수에 대한 기체의 유량계수 비율
$v(nu)$	동점도, 센티스토크

아래첨자

1	상류 조건
2	하류 조건

3. 시험 시스템

3.1 개요

기본적인 유동시험 시스템은 그림 3-1과 같으며 다음 기구를 포함한다.

1) 시험시편
2) 시험부
3) 조절밸브
4) 유량측정 장치
5) 압력 탭
6) 온도감지기

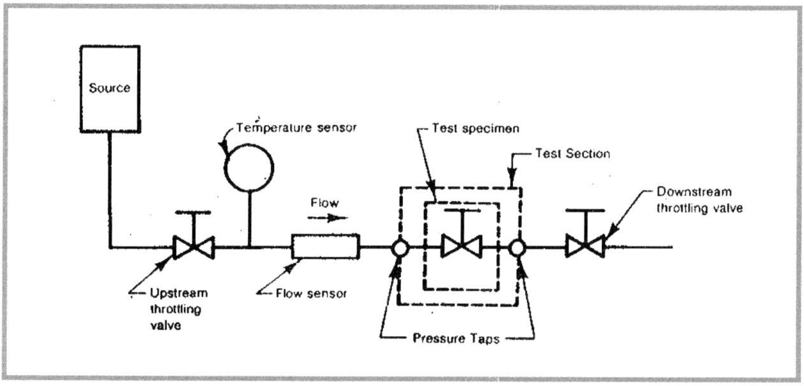

[그림 3-1] 기본적인 유동시험 시스템

3.2 시험 시편

시험 시편은 시험 데이터를 취득하고자 하는 밸브나 밸브 조립체, 파이프 리듀서, 확장기 또는 밸브 몸체에 부착된 기타 장치이다. 실물 사이즈의 밸브나 모델이 적격이지만 여기에서는 작은 스케일의 밸브 모델링도 허용된다. 모델링에서 좋은 방법은 레이놀즈 수, 압축성 유체는 마하 수 그리고 구조적 동일성 같은 상관관계에 세심한 주의를 해야 한다.

3.3 시험부

시험 시편과 근접한 상류과 하류 파이프는 시험 시편 연결부의 정격 사이즈와 표 3-1에서 요구하는 길이와 일치하여야 한다.

ANSI 등급 600 이상의 250 mm(10 in) 밸브에 대해서는 시험 시편 양단의 파이프는 스케줄 40 파이프이어야 한다. 10 mm(0.375 in) 두께의 파이프는 300 mm(12 in)에서 600 mm(24 in) 밸브까지 사용할 수 있다. 상기 제한치 이상의 밸브에 대해 인접 파이프의 내경은 시편의 입구와 출구 내경과 일치해야 한다.

파이프 안쪽 면은 유체의 마찰 손실이 커질 수 있는 녹 찌꺼기나 때가 없고 울퉁불퉁하지 않아야 한다.

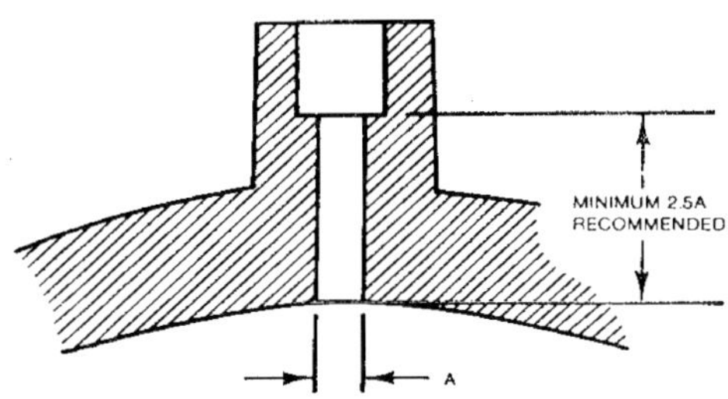

Size of Pipe	A Not Exceeding	A Not less Than
Less than 50 mm (2 in.)	6 mm (1/4 in.)	3 mm (1/8 in.)
50 mm to 75 mm (2 to 3 in)	9 mm (3/8 in.)	3 mm (1/8 in.)
100 mm to 200 mm (4 to 8 in.)	13 m (1/2 in.)	3 mm (1/8 in.)
250 mm and greater (10 in. and greater)	19 mm (3/4 in.)	3 mm (1/8 in.)

[그림 3-2] 압력 탭 연결부

3.4 조절 밸브

상류와 하류의 조절밸브는 시험부 압력 탭 간의 압력 차이를 조절하는데 사용하며, 하류의 특정 압력을 유지하는데 사용한다. 이들 밸브의 스타일에는 제한이 없다. 그러나 하류의 밸브는 압축성 유동과 비압축성 유동에서 시험 시편에 질식 유동을 발생시킬 수 있는 충분한 용량이어야 한다. 액체를 시험할 때 상류 밸브에서의 기포화는 피해야 한다.

3.5 유량 측정

유량 측정 계측기는 규정된 정확도를 만족할 수 있다면 어떠한 장치라도 가능하다. 이 계측기는 실제 값의 ±2%를 초과하지 않으면서 실시간 평균 유량률을 확인하는데 사용한다. 계측기의 분해능과 반복성은 ±0.5% 이내이어야 한다. 측정용 계측기는 규정된 정확도를 유지하기 위해 주기적으로 교정해야 한다.

3.6 압력 탭

압력 탭은 표 3-1에 열거한 요건에 따라 시험부 파이프에 설치해야 한다. 이 압력 탭은 그림 3-2에 도시한 것과 일치해야 한다.

방향

* 비압축성 유체 : 압력 탭으로 공기 또는 오물 유입 가능성을 감소시키기 위해 탭 중앙선은 수평으로 설치해야 한다.

* 압축성 유체 : 오물이나 응축수의 유입을 감소하기 위해 탭 중앙선은 파이프 위에 수평 또는 수직 방향이어야 한다.

압력 측정치를 평균하기 위해 각 시험부에 여러 개의 압력 탭을 사용할 수도 있다. 각 탭은 그림 3-2의 요건과 일치해야 한다.

[표 3-1] 시험부 표준 파이프 요건

A*,**	B	C	D	Standard Test Section Configuration
At least 18 nominal pipe diameters of straight pipe	2 nominal pipe diameters of straight pipe	6 nominal pipe diameters of straight pipe	At least 1 nominal pipe diameter of straight pipe	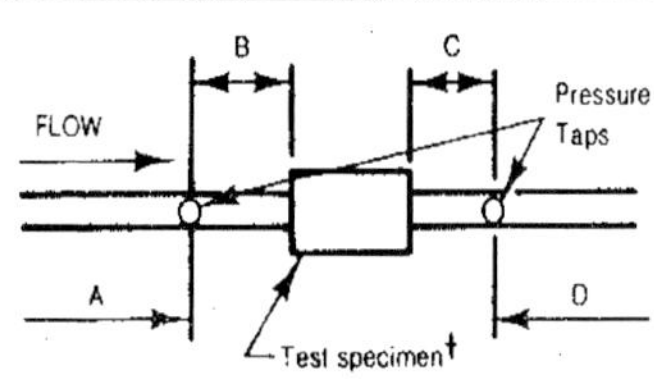

3.7 압력 측정

모든 압력과 압력차 측정치는 실제 값의 ±2%를 초과하지 않아야 한다. 압력 측정 장치는 규정된 정확도를 유지하기 위해 주기적으로 교정해야 한다.

두 측정치 차이로부터 야기되는 부가적인 부정확도를 피하기 위해 시험 시편을 가로질러 압력차를 측정하는 데에는 압력차 계측기가 필요하다. 이에 대한 예외사항은 비압축성 유동과 압축성 유동의 각각에 대한 최대 유량률을 확인하기 위한 5.2항과 7.2항이다.

3.8 온도 측정

유체 온도는 실제 값의 ±2 ℃(±5 °F)를 초과하지 않는 오차로 측정해야 한다. 데이터를 기록하는 시험 중에 입구의 유체 온도는 ±3 ℃(±5 °F)이내에서 유지해야 한다.

3.9 시험 시편 설치

시험부 파이프와 시험 시편의 입출구 중앙선의 정렬은 다음과 같아야 한다.

파이프 사이즈	허용 오정렬
15 mm～25 mm(1/2 in～1 in)	0.8 mm(1.32 in)
32 mm～150 mm(1-1/4 in～6 in)	1.6 mm(1/16 in)
200 mm 이상(8 in 이상)	직경의 1%

로타리 밸브를 시험할 때 밸브 축은 시험 시편의 압력 탭과 일치하도록 정렬해야 한다.

각 가스켓은 유동 흐름 쪽으로 돌출되지 않도록 해야 한다.

3.10 시험 정확도

N_3C_v/d^2 비가 30 이하인 밸브는 시험 시편의 유량계수 C_v를 ±5%의 정확도로 계산할 수 있다.

4. 시험 유체

4.1 비압축성 유체

시험 사용하는 기본 유체는 청수로 해야 한다. 부식을 방지하거나 억제, 유기물의 성장을 방지하기 위해 반응 억제제를 사용할 수 있다. 밀도와 점도에 대한 부가 효과는 여기에서 다루는 공식을 사용하여 계산하고 평가해야 한다. 사이즈를 결정하는 계수는 0.1% 이상의 영향을 미치지 않아야 한다. F_R 및 F_F를 취득하기 위해 다른 시험 유체가 필요할 수도 있다.

4.2 압축성 유체

기본적인 유체로는 공기 또는 일부 다른 압축성 유체를 사용해야 한다. 증기는 시편의 베나 콘트랙타에서 응축점에 도달할 수 있기 때문에 시험 유체로 사용하지 않는다. 시험 중 내부에서 빙결이 되지 않도록 유의해야 한다.

5. 시험 절차 – 비압축성 유체

다음은 비압축성 유체를 사용하는 여러 가지 시험의 수행을 위한 것이다. 이들 시험에 대한 데이터 평가 절차는 6절을 따른다.

5.1 C_v 시험 절차

다음 시험 절차는 유량계수 C_v를 계산하기 위한 시험 데이터를 취득하기 위한 것이다. 데이터 평가 절차는 6.1절을 따른다.

5.1.1 리듀서나 다른 장치를 부착하지 않은 시험 시편을 표 3-1의 파이프 요건에 따라 설치한다.

5.1.2 난류 및 비기포화 영역에서 3가지의 넓은 간격의 압력차로 유동시험을 하여 유량을 측정한다. 제시되는 압력차는 다음과 같다.

1) 캐비테이션 개시점보다 약간 낮은 압력차 또는 시험 설비로 최대 이용 가능한 압력차
2) 1)의 압력차의 약 50%
3) 1)의 압력차의 약 10%에서 그리고 밸브 정격 개도에서 시험부 압력 탭 사이를 측정해야 한다.

파이프 내 속도(Line Velocity)는 13.7 m/s(45 ft/s)를 초과하지 않아야 한다. 최소 밸브 레이놀즈 수 Re_v는 10^5을

권고한다. 이 지침의 요건과 다른 점은 기록해야 한다. 유동시험에 한계가 있는 대형 밸브는 난류 유동이 유지된다면 선택적으로 더 낮은 압력차에서도 시험할 수 있다. 이 지침 요건과 다른 점은 기록해야 한다.

5.1.3 시험부 하류가 충수 상태를 유지하기 위해서 그리고 액체의 기포화를 방지하기 위해서 상류 압력은 표 5-1의 최소값 이상으로 유지해야 한다. 상류의 최소 압력은 시험 시편의 액체 압력회복 인자 FL에 따른다. FL이 알려져 있지 않을 때는 최소 입구 압력은 보수적인 예측값으로 표 5-1의 값을 이용해야 한다.

5.1.4 밸브 유량시험은 밸브 정격 개도 100%에서 수행해야 한다. 선택적인 시험으로 밸브 정격 개도의 각 10% 마다 또는 시편의 고유 특성을 확인하기 위한 위치에서 시험할 수도 있다.

5.1.5 다음 데이터를 기록해야 한다.

1) 밸브 개도(측정 오차는 정격 개도에 대해 ±0.5%를 초과하지 않아야 한다)
2) 상류 압력, P_1(측정 오차는 실제 값의 ±2%를 초과하지 않아야 한다)
3) 시험부 압력 탭을 가로지르는 차압, ΔP(측정 오차는 실제 값의 ±2%를 초과하지 않아야 한다)
4) 체적 유량률, q(측정 오차는 실제 값의 ±2%를 초과하지 않아야 한다)
5) 유체 입구 온도, T_1(측정 오차는 ±1℃(±2 °F)를 초과하지 않아야 한다)
6) 기압계 압력(측정 오차는 실제값의 ±2%를 초과하지 않아야 한다)
7) 시험 시편의 물리적 개요(예를 들면 밸브 형식, 유로 방향 등)
8) 시험 시스템과 시험 유체의 물리적 개요

[표 5-2] 온도범위 5℃에서 40℃의 상류 최소 시험압력

ΔP	kPa	35	70	100	140	350	700	1400
	bar	0.35	0.7	1.0	1.4	3.5	7	14
	psi	5	10	15	20	50	100	200

상류 절대압력, P_1

F_L								
0.5	kPa	280	550	830	1100	2800	5500	11000
	bar	2.8	5.5	8.3	11.0	28.0	55.0	110.0
	psia	40	80	120	160	400	800	1600
0.6	kPa	190	380	570	760	1900	3900	7700
	bar	1.9	3.8	5.7	7.6	19.0	39.0	77.0
	psia	28	56	83	110	280	560	1110
0.7	kPa	150	280	420	560	1400	2800	5700
	bar	1.5	2.8	4.2	5.6	14.	28.0	57.0
	psia	22	41	61	82	200	410	820
0.8	kPa	150	220	320	430	1100	2100	4300
	bar	1.5	2.2	3.2	4.3	11.0	21.	43.0
	psia	22	31	47	62	160	310	620
0.9	kPa	150	180	260	340	830	1700	3400
	bar	1.5	1.8	2.6	3.4	8.3	17.0	34.0
	psia	22	27	37	49	120	250	490

1) 하류의 게이지 압력이 최소한 대기 압력보다 14 kPa (0.14 bar)(2 psig) 높도록 상류의 최소압력이 계산되어 있다.
2) 상류의 압력은 P_1 min = $2\Delta P/F_L^2$을 사용해서 계산하였다.
3) 상류의 압력은 주 1)에 명시된 최소압력을 유지하기 위해 소수점 2자리수로 반올림하였다.
4) 예 : 밸브의 F_L이 0.7로 예상되면 차압은 10 psi, 표로부터 상류의 최소 압력은 41 psia

5.2 F_L 시험 절차

최대 유량률 q_{max}는 액체 압력회복 인자 F_L 계산에 필요하다. 주어진 상류압력에서 q_{max}는 하류 압력을 감소시켜도 유량률이 증가하지 않는 것을 말한다. F_L 계산과 함께 데이터 평가는 6.2항을 따른다.

F_L과 이에 해당하는 C_v의 시험은 동일한 밸브 개도에서 수행해야 한다. 이와 같이 어떤 밸브 개도에서 모든 인자를 시험할 때에는 밸브의 개도를 고정시켜 놓고 수행해야 한다.

5.2.1 리듀서나 다른 장치를 부착하지 않은 시험 시편을 표 3-1의 파이프 요건에 따라 설치한다. 시험 시편은 정격 개도 100%에 있어야 한다.

5.2.2 하류 조절밸브는 완전히 개방된 위치에 있어야 한다. 그다음 미리 정한 상류 압력에서 유량률을 측정하고 하류 압력을 기록한다. 표 5-2는 사용자가 상류 압력을 결정하기 위한 것이다. 이 시험은 시험 시스템에서의 시험 시편에 대해 최대 압력차를 만든다. 두 번째 시험은 상류 압력이 동일한 상태로 압력차는 첫 번째 시험의 압력차의 90%를 유지해야 한다. 두 번째 시험에서 유량률이 첫 번째 시험 시의 유량률의 2% 이내이면 최대 또는 질식 유량률이 형성된 것이다. 그렇지 않다면 상류 압력을 더 높게 하여 시험 절차를 반복해야 한다. 질식 유동을 만들 수 없다면 밸브 시험 값이 최대 측정치라는 것을 근거로 해서 F_L 값이 공개된 값(예를 들면 $F_L > 0.87$)을 초과한다는 주석을 달아야 한다. 이 절차의 상류 압력과 압력차의 값은 압력 탭에서 측정한 값임을 유의해야 한다.

5.2.3 다음 데이터를 기록한다.

1) 밸브 개도(측정 오차는 정격 개도에 대해 ±0.5%를 초과하지 않아야 한다)
2) 상류 압력 P_1과 하류 압력 P_2(측정 오차는 실제 값의 ±2%를 초과하지 않아야 한다)
3) 체적 유량률, q(측정 오차는 실제 값의 ±2%를 초과하지 않아야 한다)
4) 유체 온도(측정 오차는 ±1℃(±2°F)를 초과하지 않아야 한다)
5) 기압계 압력(측정 오차는 실제값의 ±2%를 초과하지 않아야 한다)

5.3 F_p 시험 절차

파이프 구조인자 F_p는 밸브 몸체에 부착된 리듀서나 기타 장치에 대해 밸브 사이즈 계수를 수정한다. 이것은 표준 시험부에 설치되어 이상적인 운전 조건에서 시험되는 밸브의 정격 Cv와 밸브 몸체에 리듀서나 다른 장치가 부착되어 있는 밸브의 Cv와의 비율이다. 이 인자는 밸브, 리듀서 그리고(또는) 다른 장치가 조합된 밸브로 교체한 다음 밸브와 리듀서의 조합체를 시험 시편으로 간주하여 5.1항에서 기술한 유량시험을 수행한다. 예를 들면 150 mm(6 in) 파이프에 리듀서로 연결된 100 mm(4 in) 밸브는 150 mm(6 in) 정격 구경일 때의 압력 탭 위치를 사용해야 한다. 데이터 평가 절차는 6.3항을 따른다.

5.4 F_{LP} 시험 절차

밸브와 파이프 리듀서 또는 다른 장치와 조합된 밸브로 교체하고 밸브와 리듀서의 조합체를 시험 시편으로 간주하여 5.2항의 F_L에 대한 것과 같이 시험을 수행한다.

5.5 F_R 시험 절차

레이놀즈 수 인자 F_R 값을 만들기 위해서는 시험 밸브에 비난류 유동 조건을 만들어야 한다. 이러한 조건은 낮은 압력차, 높은 점도 유체, 작은 Cv 값 또는 이들의 조합이 필요하다. 매우 작은 Cv 값의 밸브를 제외하고는 5.1항에서 기술한 절차에 따라 유동시험을 수행했을 때는 항상 난류 유동이 되고 이러한 조건에서의 F_R은 1.0의 값을 가진다.

표준 시험부에 리듀서나 다른 장치가 부착되어 있지 않은 밸브를 설치하고 유량시험을 수행하여 F_R 값을 결정한다. 이 시험은 다음 사항을 제외하고는 Cv 결정 절차를 따라야 한다.

1) 시험 밸브에서 시험 유체의 기포화가 발생하지 않는다면 시험 압력차는 적절한 값이 될 수 있다.

2) 시험 유체가 20℃±14℃(68°F±25°F)의 청수가 아니라면 표 5-1의 상류의 최소 시험압력 값은 적용하지 않아도 된다.

3) 매우 낮은 압력차를 정확하게 측정할 수 있는 계측기가 없다면 시험 유체는 점도가 물보다 아주 큰 뉴턴 유체이어야 한다.

난류 유동에서 층류 유동까지의 전반적인 범위에 대하여 밸브의 압력차를 변동시키면서 각각의 밸브 개도에 대해 충분한 횟수로 시험을 수행한다. 데이터 평가 절차는 6.5항을 따른다.

5.6 F_F 시험 절차

액체 임계압력비 인자 F_F는 유체 온도에 대한 이상적인 물성치이다. 이것은 질식 유동 조건에서 베나 콘트랙터 압력과 입구 온도에서 액체 기포 압력의 비율이다.

F_F의 양은 F_F와 Cv가 알려져 있는 시험 시편을 사용하여 경험적으로 확인할 수 있다. 리듀서나 다른 장치가 부착되어 있지 않은 표준 시험부에 시험 시편을 설치하여 사용하게 된다. q_{max}를 만들기 위해 5.2항에서 기술한 시험 절차는 필요한 유체를 시험 유체로 사용하면 된다. 데이터 평가 절차는 6.6항에 따른다.

6. 데이터 평가 절차 – 비압축성 유체

다음은 5절의 시험 절차로 취득한 데이터를 평가하는데 사용된다. 유량계수와 기타 유량인자를 계산하는데 사용하는 압력차는 표 1에 규정된 시험부를 이용하여 취득한 것이다. 이들 입력 측정치는 입력 탭에서 취득한 것이며 시험 시편뿐만 아니라 탭 사이의 시험부 파이프도 포함된다.

6.1 Cv 계산

6.1.1 상기 5.1항에서 취득한 데이터와 다음 식을 이용하여 주어진 밸브 개도에서의 각 시험 위치마다 Cv를 계산한다.

$$C_v = \frac{q}{N_1}\left(\frac{G_f}{\triangle P}\right)^{1/2} \quad (1)$$

계산된 값은 3자리 수가 넘지 않도록 조절한다.

6.1.2 밸브의 정격 Cv는 5.1.5항의 시험 데이터로부터 취득한 정격 개도 100%에 대한 수치적으로 평균한 계산 값이다. 계산된 각각의 값은 3.10항의 허용오차 내에서 Cv 값은 같아야 한다.

6.2 F_L 계산

$$F_L = \frac{q_{\max}}{N_1 C_v[(P_1 - 0.96P_V)/G_f]^{1/2}} \tag{2}$$

여기에서 P_1은 $q_{\max}$를 결정하기 위한 상류 압력 탭의 압력이다(5.2항 참조).

6.3 FP 계산

다음 식에 따라 정격 밸브 개도의 F_P를 계산한다.

$$F_P = \frac{q}{N_1 C_v[(\triangle P)/G_f]^{1/2}} \tag{3}$$

6.4 F_{LP} 계산

$$F_{LP} = \frac{q_{\max}}{N_1 C_v[(P_1 - 0.96P_V)/G_f]^{1/2}} \tag{4}$$

여기에서 P_1은 $q_{\max}$란을 결정하기 위한 상류 압력 탭의 압력이다(5.2항 참조).

6.5 F_R 계산

5.5항에 따라 취득한 시험 데이터와 6.1항의 식(1)을 활용하여 Cv 값을 계산한다. 이 Cv는 $F_R Cv$와 같기 때문에 F_R은 계산된 Cv 값과 표준 조건과 동일한 밸브 개도 조건으로 시험한 밸브의 경험적인 Cv

값을 나누어 얻은 값이다. 데이터는 실험자가 결정한 방법에 따라 상관관계를 가질 수 있지만 충분한 상관성이 입증된 방법은 밸브 레이놀즈 수의 이용하는 것이다. 이것을 다음과 같이 계산할 수 있다.

$$Re_v = \frac{N_4 F_d \ q}{\nu F_L^{1/2} C_v^{1/2}} (\frac{F_L^2 C_v^2}{N_2 D^4} + 1)^{1/4} \tag{5}$$

여기에서, F_d : 레이놀즈 수에 대한 구조적 영향을 표현하는 밸브 스타일 보정값, F_d는 $1/m^{1/2}$에 비례하는 것으로 알려짐.

m : 유사 유동 유로 수(예를 들면 Single-ported 밸브는 m=1, Double- ported 밸브는 m=2)

ν : 동점도, Centistoke

F_R 대 Cv 값에 대해 그래프를 그리면 부록 Ⅰ의 그림 3과 같은 곡선이 된다.

6.6 F_F 계산

다음과 같이 F_F를 계산한다.

$$F_F = \frac{1}{P_v} [P_1 - G_f (\frac{q_{max}}{N_1 F_L C_v})^2] \tag{6}$$

여기에서 P_v는 입구 온도의 유체 포화압력이며, $F_L C_v$는 5.2절의 표준 방법의 시험부 시험을 통해서 결정한다.

7. 시험 절차 – 압축성 유체

다음은 압축성 유체를 이용하여 여러 가지 시험을 수행하기 위한 것이다. 이들 시험의 데이터 평가 절차는 8절을 따른다.

7.1 C_v 시험 절차

유량계수 C_v를 결정하기 위해서는 다음 절차를 이용한 유량시험으로 필수적인 시험 데이터를 취득한다. 데이터 평가 절차는 8.1항을 따른다. C_v를 계산하기 위해 대체할 수 있는 절차는 7.3항에 기술되어 있다.

7.1.1 리듀서나 다른 장치를 부착하지 않은 시험 시편을 표 1의 파이프 요건에 따라 설치한다.

7.1.2 유량시험은 3가지의 압력차에서 유량을 측정한다. 비압축성이 예상되는 유동 조건에 접근하기 위해서 압력강하비($X = \Delta P/P_1$)는 0.02 이하이어야 한다.

7.1.3 3가지 압력차에서 밸브 유량시험을 수행한다. 정격밸브 개도의 10% 마다 또는 시편의 고유특성을 확인하기 위한 위치에서 선택적인 시험을 수행할 수도 있다.

7.1.4 다음 데이터를 기록해야 한다.

1) 밸브 개도(측정 오차는 정격 개도에 대해 ±0.5%를 초과하지 않아야 한다)
2) 상류 압력, P_1(측정 오차는 실제 값의 ±2%를 초과하지 않아야 한다)
3) 시험부 압력 탭을 가로지르는 차압, ΔP(측정 오차는 실제 값의 ±2%를 초과하지 않아야 한다)
4) 체적 유량률, q(측정 오차는 실제 값의 ±2%를 초과하지 않아야 한다)
5) 밸브 상류 유체 온도, T_1(측정 오차는 ±1℃(±2 °F)를 초과하지 않아야 한다)
6) 기압계 압력(측정 오차는 실제 값의 ±2%를 초과하지 않아야 한다)
7) 시험 시편의 물리적 개요(예를 들면 밸브 형식, 유로 방향 등) 및 시험 유체

7.2 X_T 시험 절차

압력강하비 인자 X_T 계산에는 최대 유량률 $q_{\max}$가 필요하다. 이 인자는 리듀서나 다른 장치가 부착되어 있지 않은 시험 시편에서의 상류 절대 압력에 대한 차압($\Delta P/P_1$)의 최종 비율이다. 최대 유량률은 주어진 상류 압력에서 하류 압력을 감소시켜도 유량률이 증가하지 않을 때의 유량률이다. $q_{\max}$를 취득하는데 필요한 시험 절차는 이 절차에 포함되어 있고 데이터 평가 절차는 8.2항을 따른다. X_T 결정을 위해 대체할 수 있는 절차는 7.3항에 기술되어 있다.

7.2.1 표1의 파이프 요건에 따라 리듀서나 다른 장치가 부착되어 있지 않은 시험 시편을 설치한다. 시험 시편은 정격 개도 100%이어야 한다.

7.2.2 상류에 공급하는 압력은 질식 유동을 만들 수 있을 만큼 충분해야 하며, 밸브를 가로지르는 어떤 압력차라도 7.2.3항에 명시된 질식 유동 결정 기준을 만족하면 된다.

7.2.3 하류 조절밸브는 완전히 개방된 위치에 있어야 한다. 그다음 미리 결정한 상류 압력에서 유량률을 측정하고 하류 압력을 기록한다. 이 시험은 시험 시스템에서의 시험 시편에 대한 최대 압력차를 만드는 것이다. 두 번째 시험은 동일한 상류 압력에서 하류 조절밸브로 첫 번째 시험의 압력차의 10%까지 압력차를 감소시켜 수행한다. 두 번째 시험의 유량률이 첫 번째 시험의 유량률의 0.5% 이내이면 최대 유량률이 형성된 것이다. 유량률의 절대값은 ±2% 오차를 초과하지 않는 범위 내에서 측정해야 하지만 규정된 정확도를 달성하기 위해 X_T에 대한 시험을 반복하면 정확도는 ±0.5%보다 더 좋아질 것이다.

7.2.4 다음 데이터를 기록한다.

1) 밸브 개도(측정 오차는 정격 개도에 대해 ±0.5%를 초과하지 않아야 한다)
2) 상류 압력, P_1(측정 오차는 실제 값의 ±2%를 초과하지 않아야 한다)

3) 하류 압력, P_2(측정 오차는 실제 값의 ±2%를 초과하지 않아야 한다)
4) 체적 유량률, q(측정 오차는 실제 값의 ±2%를 초과하지 않아야 한다)
5) 밸브 상류 유체 온도, T_1(측정 오차는 ±1℃(±2 °F)를 초과하지 않아야 한다)
6) 기압계 압력(측정 오차는 실제 값의 ±2%를 초과하지 않아야 한다)
7) 시험 시편의 물리적 개요(예를 들면 밸브 형식, 유로 방향 등) 및 시험 유체

7.3 C_v 및 X_T에 대한 대체 시험 절차

7.3.1 표 1의 파이프 요건에 따라 리듀서나 다른 장치가 부착되어 있지 않은 시험 시편을 설치한다. 시험 시편은 정격 개도 100%이어야 한다.

7.3.2 미리 결정한 상류 압력 P_1에서 X(압력차에 대한 상류 절대압력의 비율)에 대한 최소한 5가지의 값으로 유량률 q, 상류 유체 온도 T_1, 하류 압력 P_2를 측정해야 한다.

7.3.3 이들 데이터에서 다음 식을 이용하여 YC_v 값을 계산한다.

$$YC_v = \frac{q}{(N_7 P_1)}[\frac{(G_g T_1)}{X}]^{1/2} \tag{7}$$

여기에서 Y는 다음과 같이 정의된 팽창인자이다.

$$Y = 1 - \frac{x}{3F_k X_T}$$

여기에서,

$$F_k = \frac{k}{1.40}$$

7.3.4 시험별로 선형 좌표상에(YC_v) 대 x 그래프를 그리고 데이터에 따라 선형 곡선을 만든다. 각 시험 점이 곡선에서 5% 이상 편차가 있으면 시편에 비정상적인 현상이 있는지를 확인하기 위해 추가적인 시험을 수행해야 한다.

7.3.5 최소한 한 개의 시험점$(YC_v)_1$은 다음 요건을 만족해야 한다.

$$(YC_v)_1 \geq 0.97(YC_v)_0$$

여기에서, $(YC_v)_0$은 X≒0에 해당한다.

7.3.6 최소한 한 개의 시험점 $(YC_v)_n$은 다음 요건을 만족해야 한다.

$$(YC_v)_n \leq 0.83(YC_v)_0$$

7.3.7 시편의 C_v 값은 $X=0$, $Y=1$의 곡선에서 취해야 한다. 시편에 대한 X_T 값은 $YC_v = 0.667C_v$의 곡선에서 취해야 한다.

7.4 F_P 시험 절차

파이프 구조인자 F_p는 밸브 몸체와 부착된 리듀서나 기타 장치에 대한 밸브 사이즈 결정 계수를 수정한다. 이것은 표준 시험부에 설치되어 이상적인 운전 조건에서 시험되는 밸브의 정격 Cv와 밸브 몸체에 리듀서나 다른 장치가 부착된 밸브의 Cv와의 비율이다. 이 인자는 밸브, 리듀서 그리고(또는) 다른 장치가 조합된 밸브로 교체하여 취득한 다음 밸브와 리듀서의 조합체를 시험 시편으로 간주하여 7.1항에서 기술한 유량시험을 수행한다. 예를 들면 150 mm(6 in) 파이프에 리듀서로 연결된 100 mm(4 in) 밸브는 정격 구경 150 mm(6 in)를 기준으로 한 압력 탭 위치를 이용해야 한다. 데이터 평가 절차는 8.3항을 따른다.

7.5 X_{TP} 시험 절차

밸브를 밸브 및 파이프 리듀서 또는 다른 장치가 부착된 조합체로 교체하고 이것을 시험 시편으로 간주하여 7.2항에 기술한 시험을 수행한다. 데이터 평가는 8.4항을 따른다.

8. 데이터 평가 절차 – 압축성 유체

다음은 7절의 시험 절차를 이용하여 취득한 데이터를 평가하는 것이다. 유량계수와 기타 유량인자를 계산하는데 사용하는 압력차는 표1에 규정된 시험부를 이용하여 취득한 것이다. 이들 압력 측정치는 압력 탭에서 취득한 것이며 시험 시편뿐만 아니라 탭 사이의 시험부 파이프도 포함된다.

8.1 Cv 계산

상기 7.1항에서 취득한 데이터를 사용, 팽창인자 $Y = 1.0$으로 가정하여 각 시험에 대해 다음 식에 따라 Cv를 계산한다.

$$C_v = \frac{q}{N_7 P_1}\left(\frac{T_1 G_g}{X}\right)^{1/2} \tag{8}$$

정격 Cv를 구하기 위해 시험 밸브의 정격 개도에서 취득한 3가지의 수치적 평균치를 계산한다.

8.2 X_T 계산

다음과 같이 X_T를 계산한다.

식 (7)로부터

$$q = N_7 Y C_v P_1 \left(\frac{X}{G_g T_1}\right)^{1/2}$$

$X = F_k X_T$일 때 $q = q_{max}$ 이므로

$$q_{max} = N_7 Y C_v P_1 \left(\frac{F_k X_T}{G_g T_1}\right)^{1/2}$$

$$X_T = \left(\frac{q_{max}}{N_7 Y C_v P_1}\right)^2 \frac{G_g T_1}{F_k} \tag{9}$$

시험 유체로 공기를 가정하면 $Y=0.667$, $G_g=1.0$, $F_K=1.0$ 이므로

$$X_T = (\frac{q_{max}}{0.667 N_7 C_v P_1})^2 T_1 \tag{10}$$

8.3 F_P 계산

정격 밸브 개도에서의 F_P를 계산한다.

$$F_P = \frac{q}{N_7 P_1 (\frac{X}{T_1 G_g})^{1/2} \quad C_{v\ rated}} \tag{11}$$

8.4 X_{TP} 계산

다음과 같이 X_{TP}를 계산한다.

식 (7)로부터

$$q = N_7 F_P Y C_v P_1 (\frac{X_{TP}}{G_g T_1})^{1/2} \tag{12}$$

F_P는 리듀서와 기타 장치에 대해 부가되는 것이다.

여기에서 $X=X_{TP}$, $q=q_{max}$ 이면,

$$q_{max} = N_7 F_P Y C_v P_1 (\frac{X_{TP}}{G_g T_1})^{1/2} \tag{13}$$

시험 유체로 공기를 가정할 경우 $Y=0.667$, $G_g=1.0$, $F_K=1.0$ 이므로

$$X_{TP} = (\frac{q_{max}}{0.667 F_P C_v P_1})^2 T_1 \tag{14}$$

9. 수치 상수

수치 상수 N은 일반적인 사이즈 계산 공식에서 사용하는 단위이다. N 값은 표 9-3과 같다.

[표 9-3] 수치 상수

N		q^*	p	d, D	T	v
N_1	0.0865	m^3/h	kPa	–	–	
	0.865	m^3/h	bar	–	–	
	1.00	gpm	psia	–	–	
N_2	0.00214	–	–	mm	–	
	890	–	–	in.	–	
N_3	645			mm		
	1.00			in.		
N_4	76,000	m^3/h	–	mm	–	센티스톡**
	17,300	gpm	–	in.	–	센티스톡**
N_7	4.17	m^3/h	kPa	–	K	
	417	m^3/h	bar	–	K	
	1,360	scfh	psia	–	°R	

* 표준 ft^3은 14.73 psia, 60°F 기준이며, 표준 m^3은 101.3 kPa, 15.61℃ 기준이다.

** 표준 Centistoke = 10−6m^2/sec

모든 압력은 절대 압력이다.

Appendix III

제어밸브 수압시험

1. 적용 범위

1.1 본 시험방법은 탄소강, 합금강(스테인레스 베이스 고·저합금), 니켈 합금, 주철 또는 연철(Ductile Iron) 재료의 바디(Body), 보닛(Bonnet), 커버 플레이트(Cover Plate)와 하부 플랜지(Bottom Flange)로 구성된 제어 밸브에 적용한다.

1.2 본 시험방법은 밸브 제조자의 제어밸브에 대해 표준 쉘 수압시험(Hydrostatic Shell Test)의 요건을 확립하고 관련 용어를 정의한다. 이 시험은 밸브 바디와 보닛 조인트와 같은 개폐부를 포함하는 밸브 압력유지 부품(패킹, 벨로우즈 또는 기타 마찰 밀봉체, 패킹 누설 연결부는 제외)의 구조적 건전성과 기밀성을 검증한다. 벨로우즈 혹은 유사한 스템 마찰 밀봉체는 조립 후 밸브 제조사와 구매사 간에 합의된 압력에서 압력시험을 진행할 수 있다. 본 시험 방법의 요건은 공압 및 유압 구동기와 조절장치를 포함하지 않는다.

1.3 본 시험방법은 제어 밸브 쉘 수압시험의 특수 환경에 대해 기술한다. 또한 본 시험방법은 ASME/ANSI B16.1, ASME/ANSI B16.34 및 ASME/ANSI B16.42의 수압시험 요건을 따른다. 단, 4.8절의 시험 요건은 ASME/ANSI B16.34에 포함되지 않는다.

1.4 주의 - 압력이 폐쇄된 장치 내부에 저장된 압축 유체의 에너지

로 인해 쉘 혹은 밀봉체에서 높은 속도의 누설은 심각한 신체 부상을 일으킬 수 있다. 시험 및 검사 요원의 안전성을 확보하기 위해 각별한 주의가 요구된다. 수압시험 및 검사를 수행하기 위한 특수 안전요건은 본 시험 범위에 포함되지 않는다.

2. 용어 정의

2.1 제어 밸브에 대한 용어는 본 서의 다른 부록을 참고한다.

2.2 시험용 부착물(Test Fixture) : 시험용 부착물은 쉘 수압시험 시 가압을 위해 제어 밸브의 입구와 출구의 연결부 및/혹은 스템 밀봉부를 차단하기 위한 장치이다.

3. 시험용 부착물 및 계측

3.1 시험용 부착물은 타이바(Tie-bar)와 타이라드(Tie-rod)가 있는 플러그(Plug), 유압 장치, 파이프 연결부에 부착된 플러그 혹은 플랜지, 밸브의 보스(Boss) 혹은 러그(Lug), 그리고 팽창성 고무 플러그를 포함하지만 이것들로 한정되지는 않는다. 양단의 맛대기 용접(Butt Welding End) 밸브에서 양단에 마개를 사용할 경우 밀봉부(Seal Point)는 용접할 때 지나친 응력을 주지 않은 조건으로 가능한 용접부에 가까워야 한다.

3.2 시험에 사용하는 측정기로 사용하는 아날로그 또는 디지털 압력계는 지시형 또는 기록형이어야 한다.

3.3 밸브 제조자는 압력 측정기의 정확성 유지에 대한 책임이 있다.

3.4 압력 측정기는 시험 압력의 3% 범위 내의 정확성을 유지해야 하고, 아날로그 측정기는 눈금의 20%~80% 범위 내에서 사용되어야 한다.

4. 시험요건

4.1 아래의 4.2, 4.3, 4.4, 4.8에서 허용된 부분을 제외하고, 구동기 유무에 상관없이 제어밸브는 쉘 수압시험 전 완벽한 상태이어야 한다.

4.2 아래의 조건이 만족될 경우, 쉘 수압시험 후 밸브를 분해하는 것이 허용된다.

a) 밸브 재조립에는 같은 종류와 사이즈의 새 가스켓 혹은 씰(Seal)을 사용하고,

b) 동일한 스터드 및 너트를 사용하고,

c) 예비시험 시 볼트가 받은 하중과 동일한 값을 유지하기 위해서 동일한 토크 절차나 단계가 취해지고,

d) 적절한 가스켓 설치를 위해서 쉘 수압시험 시보다 낮은 압력에서 공압 혹은 수압 누설시험이 수행될 경우이다.

4.3 작동 중 압력을 받은 캐비티(Cavity)는 쉘 수압시험 압력에 영향을 받는다. 쉘 수압시험 압력에 의해 손상될 수 있는 벨로우즈, 다이아프램(Diaphragm), 스템 및 패킹과 같은 스템 마찰 밀봉부 혹은 압력 경계에 영향을 미치지 않는 트림부(Trim Part)는 시험 시 설치할 필요가 없다.

4.4 용접된 니플, 플랜지, 리듀서 및/혹은 인크리서를 가진 밸브는 밸브 제조자와 구매자 모두가 아래 (b) 혹은 (c)에 동의하지 않는다면 아래의 (a) 혹은 (d)에 따라 제조자의 선택으로 쉘 수압시험이 진행되어야 한다.

a) 해당 등급의 적정 압력에서 밸브 단독으로 쉘 수압시험을 수행하고, 니플, 플랜지, 리듀서 혹은 인크리서를 용접한 후에는 재시험을 하지 않는다.

b) 해당 등급의 적정 압력에서 밸브 단독으로 쉘 수압시험을 수

행하고, 니플, 플랜지, 리듀서 혹은 인크리서를 적용할 수 있는 규격서에 따라 니플, 플랜지, 리듀서 혹은 인크리서를 용접한 후 적정 압력으로 밸브 조립체를 재시험한다. 구매자는 밸브 제조자에게 설계 압력과 온도 및 적용 가능한 규격서를 제공해야 한다.

c) 니플, 플랜지, 리듀서 혹은 인크리서에 적용할 수 있는 규격서에 따라 적정 압력으로 니플, 플랜지, 리듀서 혹은 인크리서가 용접된 밸브의 쉘 수압시험을 수행한다. 그 후 니플, 플랜지, 리듀서 및 인크리서에 의해 결정된 압력과 온도의 한계값을 밸브의 명판과 밸브 바디에 표시해야 한다.

d) 해당 압력에 대해 적절한 니플, 플랜지, 리듀서 및 인크리서가 적용되었다면, 니플, 플랜지, 리듀서 및 인크리서가 용접된 밸브의 쉘 수압시험을 본 시험 방법에 따라 적정 압력으로 수행하여야 한다.

4.5 밸브는 쉘 수압시험이 완료되기 전에 누설을 막을 수 있는 물질로 도색하거나 코팅하여서는 안 된다. 단 설계에 포함된 내부의 피복(Lining) 또는 코팅은 제외된다. 예를 들어, 비금속 버터플라이 밸브의 바디 피복과 화학적 부식 방지 처리는 허용된다. 밸브를 보관 목적으로 도색을 한다면 완전히 조립된 밸브는 4.2절 (d)에 따라 다시 시험 한다는 조건으로 밸브를 도색하기 전에 쉘 수압시험을 수행하여야 한다. 쉘 수압시험 시 구매자 대리인의 참석이 명시되어 있고 밸브 제조자와 구매자 간에 다른 방식의 동의가 없다면 도색된 밸브는 도색을 제거하지 않고 재시험할 수 있다. 제작 후 용접된 니플, 플랜지, 리듀서 및 인크리서의 보호용 코팅은 쉘 수압시험을 위하여 제거할 필요가 없다.

4.6 밸브는 쉘 수압시험 시 플러그나 디스크가 주 밀봉체(Main Seat) 또는 백시트(Back Seat)에 밀착되어서는 안 된다.

4.7 밸브가 (외벽 두께의 차이, 플랜지 등급 혹은 재료와 같은 이유

로 출구 압력등급보다 더 높은 입구 압력등급의) 이중의 정격 압력을 가진다면, 임시 방벽으로 밸브의 저압부와 고압부를 분리하고 각각의 압력으로 고압부와 저압부를 시험하는 것이 필요할 수도 있다.

4.8 압력유지 부품들은 아래의 모든 조건을 만족한다면 부분적으로 쉘 수압시험을 수행할 수도 있다.

a) 밸브 조립체에 포함된 모든 압력유지 부품들의 수압시험은 7장 '시험 압력'에 따라 수행한다.

b) 압력유지 부품들이 완제품 밸브에서 시험될 때, 수압시험은 모든 하중, 고정장치(Fastener) 및 구속장치(Restraint)에 적용할 수 있는 방식으로 진행한다.

c) 개별 부품에 대한 시험은 제조자 및 구매자 모두가 동의해야 한다.

d) 완전조립된 밸브는 4.2절 (d)에 따라 압력시험을 수행한다.

5. 시험 절차

5.1 물(부식 억제제 혹은 다른 적합한 액체가 포함될 수 있음)을 밸브에 채우고, 모든 공기를 배출한 후 각각의 밸브는 이 부록의 Table 2 혹은 Table A.1에 주어진 압력만큼 가압해야 한다(7.4설에 해당하는 부분은 제외).

주의 시험 유체에 공기가 잔존할 경우 위험이 존재하므로 적절한 예방조치를 마련하여야 한다.

5.2 검사 착수 전 시험 압력의 최소 지속 기간은 아래와 같다. 압력등급이 없는 것에 대해서는 다음의 높은 등급을 사용한다.

5.3 시험 액체의 온도가 52℃(125°F)를 초과해서는 안 된다.

최소 시험 지속 기간(분)

Normal Valve Size	Class 150 이하	Class 250 ~ 600	Class 900 ~ 1500	Class 2500 이상
2" 이하	1	1	2	3
2-1/2" ~ 4"	2	2	4	5
5" ~ 8"	2	3	5	8
10" 이상	3	5	8	10

6. 합격 기준

6.1 밸브 바디 조립체의 일부인 압력경계 벽에서 누설이 육안으로 확인된다면 불합격의 사유가 되고, 고정된 밀봉부(Seal) 및 가스켓 장착부의 누설 또한 설계규격서에서 특별히 허용하지 않는다면 불합격의 사유가 된다.

6.2 쉘 수압시험 중 밸브의 원활한 작동을 방해하는 뒤틀림 발생 시 불합격의 사유가 된다.

7. 시험 압력

7.1 ASME/ANSI B16.34 코드에 따라 강철과 니켈합금 밸브의 쉘 수압시험 압력은 38℃(100°F)에서의 사용압력에 1.5를 곱하여 나온 값을 25 psig 단위로 반올림하여 계산한다. 이 부록의 Table 1에 명시되지 않았지만 본 시험 범위에 포함되는 타 재료 및 중간 등급(Intermediate/Limited Class)에 대해서도 상기의 방법으로 시험 압력을 결정해야 한다.

7.2 주철 밸브의 쉘 수압시험 압력은 ASME/ANSI B16.1를 따른다.

7.3 연철(Nodular(Ductile) Iron) 밸브의 쉘 수압시험 압력은 ASME/ANSI B16.42를 따른다.

7.4 이 부록의 Table 1, Table 2 혹은 Table A.1에는 명시되지 않았지만 본 시험 방법의 적용을 받는 타 재료의 경우(압력등급은 공개된 표준서에 명시되거나 제작자가 결정) 쉘 수압시험 압력은 7.1절 혹은 7.5절에 따라 적절하게 계산해야 한다.

7.5 시험 압력(Table 2)의 미터법 단위 값이 Table A.1에 작성되어 있으며, 이 값은 38℃(100°F)의 사용압력(psig)에 1.5를 곱하고 bar 단위로 환산해서 1 bar 단위로 반올림하여 계산한 것이다. 10 bar 이상은 1 bar 단위로, 10 bar 미만의 값들은 0.1 bar 단위로 반올림하여 계산한 것이다.

Table 1 — List of material specifications

Group 1		Applicable ASTM Specifications				
Material		Product Forms				
Material Group No.	Nominal Designation	Forgings	Castings	Plates	Bars and Shapes	Tubular Products
1.1	Carbon C-Mn-Si	A 105 A 350 LF2	A 216 WCB	A 515 70 A 516 70 A 537 Cl.1	A 105 A 350 LF2 A 675 70 A 696 Gr C	A 672 B 70 A 672 C 70
1.2	Carbon 2 1/2 Ni 3 1/2 Ni	 A 350 LF3	A 216 WCC A 352 LCC A 352 LC2 A 352 LC3	 A 203 B A 203 E	 A 350 LF3	A 106 C
1.3	Carbon 2 1/2 Ni 3 1/2 Ni		A 352 LCB	A 515 65 A 516 65 A 203 A A 203 D	A 675 65	A 672 B 65 A 672 C 65
1.4	Carbon	A 350 LF1		A 515 60 A 516 60	A 675 60 A 350 LF1 A 696 Gr B	A 106 B A 672 B 60 A 672 C 60
1.5	C-1/2 Mo	A 182 F1	A 217 WC1 A 352 LC1	A 204 A A 204 B	A 182 F1	A 691 CM 70
1.6	C-1/2 Mo 1/2 Cr-1/2 Mo 1 Cr-1/2 Mo			 A 387 2 Cl.1 A 387 2 Cl.2 A 387 12Cl.1		A 335 P1 A 369 FP1 A 691 1/2 CR
1.7	C-1/2 Mo 1/2 Cr-1/2 Mo Ni-Cr-1/2 Mo Ni Cr-1 Mo	 A 182 F2	 A 217 WC4 A 217 WC5	A 204 C	 A 182 F2	A 691 CM 75

Table 1 — List of material specifications - Group 1 (Continued)

Material		Product Forms				
Material Group No.	Nominal Designation	Forgings	Castings	Plates	Bars and Shapes	Tubular Products
1.8	1 Cr- 1/2 Mo			A 387 12 Cl.2		A 691 1 CR
						A 335 P12
						A 369 FP12
	1 1/4 Cr-1/2 Mo			A 387 11 Cl.1		A 691 1 1/4 CR
						A 335 P11
						A 369 FP11
	2 1/4 Cr-1 Mo			A 387 22 Cl.1		A 691 2 1/4 CR
						A 355 P22
						A 369 FP22
1.9	1 Cr-1/2 Mo	A 182 F12			A 182 F12	
	1 1/4 Cr-1/2 Mo	A 182 F11	A 217 WC6	A 387 11 Cl.2	A 182 F11	
					A 739 B11	
1.10	2 1/4 Cr-1 Mo	A 182 F22	A 217 WC9	A 387 22 Cl.2	A 182 F22	
					A 739 B22	
1.11	3 Cr-1 Mo	A 182 F21		A 387 21 Cl.2	A 182 F 21	
	Mn-1/2 Mo			A 302 A & B		
				A 302 C & D		
	Mn-Si			A 537 Cl.2		
1.12	5 Cr-1/2 Mo			A 387 5 Cl.1		A 691 5 CR
				A 387 5 Cl.2		A 335 P5
						A 335 P5b
						A 369 FP5
1.13	5 Cr-1/2 Mo	A 182 F5a	A 217 C5		A 182 F5a	
		A 182 F5			A 182 F5	
1.14	9 Cr-1 Mo	A 182 F9	A 217 C12		A 182 F9	

Table 1 — List of material specifications (Continued)

Group 2		Applicable ASTM Specifications				
Material		Product Forms				
Material Group No.	Nominal Designation	Forgings	Castings	Plates	Bars and Shapes	Tubular Products
2.1	18 Cr-8 Ni	A 182 F 304 A 182 F 304H	A 351 CF3 A 351 CF8 A 743 CF3 A 743 CF8 A 744 CF3 A 744 CF8	A 240 304 A 240 304H	A 182 F 304 A 182 F 304H A 479 304 A 479 304H	A 312 TP304 A 312 TP304H A 358 304 A 376 TP304 A 376 TP304H A 430 FP304 A 430 FP304H
2.2	16 Cr-12 Ni-2 Mo	A 182 F 316 A 182 F 316H		A 240 316 A 240 316H	A 182 F 316 A 182 F 316H A 479 316 A 479 316H	A 312 TP316 A 312 TP316H A 358 316 A 376 TP316 A 376 TP316H A 430 FP316 A 430 FP316H
	18 Cr-8 Ni		A 351 CF3A A 351 CF8A			
	18Cr-13 Ni-3 Mo			A 240 317		A 312 TP317
	18Cr-9 Ni-2 Mo		A 351 CF3M A 351 CF8M A 743 CF3M A 743 CF8M A 744 CF3M A 744 CF8M			
2.3	18 Cr-8 Ni	A 182 F304L		A 240 304L	A 182 F 304L A 479 304L	A 312 TP304L
	16 Cr-12 Ni-2 Mo	A 182 F316L		A 240 316L	A 182 F 316L A 479 316L	A 312 TP316L

Tab e 1 — List of material specifications - Group 2 (Continued)

Material		Product Forms				
Material Group No.	Nominal Designation	Forgings	Castings	Plates	Bars and Shapes	Tubular Products
2.4	18 Cr-10 Ni-Ti	A 182 F321 A 182 F321H		A 240 321 A 240 321H	A 182 F 321 A 479 321 A 182 F 321H A 479 321H	A 312 TP321 A 312 TP321H A 358 321 A 376 TP321 A 376 TP 321H A 430 FP321 A 430 FP321H
2.5	18 Cr-10 Ni-Cb	A 182 F347 A 182 F347H A 182 F348 A 182 F348H	A 351 CF8c	A 240 347 A 240 347H A 240 348 A 240 348H	A 182 F347 A 182 F347H A 182 F348 A 182 F348H A 479 F347 A 479 F347H A 479 F348 A 479 F348H	A 312 TP347 A 312 TP347H A 358 347 A 376 TP347 A 376 TP347H A 430 FP347 A 430 FP347H A 312 TP348 A 312 TP348H A 376 TP348 A 376 TP348H
2.6	25 Cr-12 Ni		A 351 CH8 A 351 CH20			
	23 Cr-12 Ni			A240 309S		A 312 TP 309 A358 309
2.7	25 Cr-20 Ni	A 182 F310	A 351 CK20	A 240 310S	A 182 F310 A 479 310S	A 312 TP310 A 358 310

Table 1 — List of material specifications (Continued)

Group 3		Applicable ASTM Specifications				
Material		Product Forms				
Material Group No.	Nominal Designation	Forgings	Castings	Plates	Bars and Shapes	Tubular Products
3.1	Cr-Ni-Fe-Mo-Cu-Cb Cu-Cb Alloy 20Cb	B 462 N08020	A 351 CN7M	B 463 N08020	B 473 N08020	B 464 N08020 B 468 N08020
3.2	Nickel Alloy 200	B 160 N02200		B 162 N02200	B 160 N02200	B 161 N02200 B 163 N02200
3.3	Ni-Low C Alloy 201	B 160 N02201		B 162 N02201	B 160 N02201	
3.4	Ni-Cu Alloy 400 Alloy 405	 B 564 N04400 B 164 N04405		 B 127 N04400	 B 164 N04400 B 164 N04405	 B 165 N04400 B 163 N04400
3.5	Ni-Cr-Fe Alloy 600	B 564 N06600		B 168 N06600	B 166 N06600	B 167 N06600 B 163 N06600
3.6	Ni-Fe-Cr Alloy 800	B 564 N08800		B 409 NO8800	B 408 N08800	B 163 N00880
3.7	Ni-Mo Alloy B-2	B 335 N10665		B333 N10665	B335 N10665	B 622 N10665
3.8	Ni-Mo-Cr Alloy C-276 Ni-Cr-Mo-Cb Alloy 625 Ni-Mo Alloy B Ni-Mo Alloy C Ni-Mo-Cr-Fe Alloy N Ni-Mo-Cr Alloy C4 Ni-Fe-Cr-Mo-Cu-Alloy 825	B 574 N10276 B 564 N06625 B 335 N10001 B 573 N10003 B 574 N06455 B 425 N08825	 A 494 N10001 A 494 N10002	B 575 N10276 B 443 N06625 B 333 N10001 B 434 N10003 B 575 N06455 B 424 N08825	B 574 N10276 B 446 N06625 B 335 N10001 B 573 N10003 B 574 N06455 B 425 N08825	B 622 N10276 B 622 N10001 B 622 N06455 B 423 N08825
3.9	Ni-Cr-Mo-Fe Alloy X	B 572 N06002		B 435 N06002	B 572 N06002	B 622 N06002

Table 1 — List of material specifications - Group 3 (Continued)

Material		Product Forms				
Material Group No.	Nominal Designation	Forgings	Castings	Plates	Bars and Shapes	Tubular Products
3.10	Ni-Fe-Cr-Mo-Cb Alloy 700	B 672 N08700		B 599 N08700	B 672 N08700	
3.11	Ni-Fe-Cr-Mo-Cu-Low C Alloy 904L	B 649 N08904		B 625 N08904	B 649 N08904	B 677 N08904
3.12	Ni-Fe-Cr-Mo Alloy 20 Mod Ni-Cr-Fe-Mo-Cu Alloy G-3	B 621 N08320 B 581 N06985		B 620 N08320 B 582 N06985	B 621 N08320 B 581 N06985	B 622 N08320 B 622 N06985
3.13	Ni-Cr-Fe-Mo-Cu Alloy G-2	B 581 N06975		B 582 N06975	B 581 N06975	B 622 N06975
3.14	Ni-Cr-Fe-Mo-Cu Alloy G	B 581 N06007		B 582 N06007	B 581 N06007	B 622 N06007
3.15	Ni-Fe-Cr Alloy 800H	B 564 N08810		B 409 N08810	B 408 N08810	B 407 N08810
3.16	Ni-Fe-Cr-Si Alloy 330	B 511 N08330		B 536 N08330	B 511 N08330	B 535 N08330

Table 2 — Hydrostatic shell test pressures (psig) (3) steel, nickel-base and other alloys per ASME/ANSI B16.34

Material Group (2)	Class 150		Class 300		Class 400		Class 600		Class 900		Class 1500		Class 2500		Class 4500	
	Std	Spcl	Std	Spcl	Std	Spcl	Std	Spcl	Std	Spcl	Std	Spcl	Std	Spcl	Std	Spcl
1.1	450	450	1125	1125	1500	1500	2225	2250	3350	3375	5575	5625	9275	9375	16675	16875
1.2	450	450	1125	1125	1500	1500	2250	2250	3375	3375	5625	5625	9375	9375	16875	16875
1.3	400	400	1050	1050	1400	1400	2100	2100	3150	3150	5225	5225	8700	8700	15625	15625
1.4	375	375	950	975	1250	1300	1875	1950	2775	2900	4650	4825	7725	8050	13900	14475
1.5	400	400	1050	1050	1400	1400	2100	2100	3150	3150	5225	5225	8700	8700	15625	15625
1.6	350	350	900	900	1200	1200	1775	1775	2650	2650	4425	4425	7350	7350	13225	13225
1.7	450	450	1125	1125	1500	1500	2250	2250	3375	3375	5625	5625	9375	9375	16875	16875
1.8	375	375	950	975	1250	1300	1875	1950	2775	2900	4650	4825	7725	8050	13900	14475
1.9	450	450	1125	1125	1500	1500	2250	2250	3375	3375	5625	5625	9375	9375	16875	16875
1.10	450	450	1125	1125	1500	1500	2250	2250	3375	3375	5625	5625	9375	9375	16875	16875
1.11	450	450	1125	1125	1500	1500	2250	2250	3375	3375	5625	5625	9375	9375	16875	16875
1.12	375	375	950	975	1250	1300	1875	1950	2775	2900	4650	4825	7725	8050	13900	14475
1.13	450	450	1125	1125	1500	1500	2250	2250	3375	3375	5625	5625	9375	9375	16875	16875
1.14	450	450	1125	1125	1500	1500	2250	2250	3375	3375	5625	5625	9375	9375	16875	16875
2.1	425	450	1100	1125	1450	1500	2175	2250	3250	3375	5400	5625	9000	9375	16200	16875
2.2	425	450	1100	1125	1450	1500	2175	2250	3250	3375	5400	5625	9000	9375	16200	16875
2.3	350	400	900	1025	1200	1350	1800	2025	2700	3025	4500	5025	7500	8375	13500	15050
2.4	425	450	1100	1125	1450	1500	2175	2250	3250	3375	5400	5625	9000	9375	16200	16875
2.5	425	450	1100	1125	1450	1500	2175	2250	3250	3375	5400	5625	9000	9375	16200	16875
2.6	400	400	1025	1050	1350	1400	2025	2100	3025	3150	5050	5225	8400	8700	15125	15625
2.7	400	400	1025	1050	1350	1400	2025	2100	3025	3150	5050	5225	8400	8700	15125	15625
3.1	350	400	900	1025	1200	1350	1800	2025	2700	3025	4500	5025	7500	8375	13500	15050
3.2	225	250	550	600	725	825	1100	1225	1625	1825	2700	3025	4500	5025	8100	9050
3.3	150	175	375	425	500	550	725	825	1100	1225	1800	2025	3000	3350	5400	6050
3.4	350	400	900	1025	1200	1350	1800	2025	2700	3025	4500	2025	3000	3350	5400	6050
3.5	425	450	1100	1125	1450	1500	2175	2250	3250	3375	5400	5025	7500	8375	13500	15075
												5625	9000	9375	16200	16875

Table 2 — Hydrostatic shell test pressures (psig) (3) steel, nickel-base and other alloys per ASME/ANSI B16.34 (Continued)

Material Group (2)	Class 150		Class 300		Class 400		Class 600		Class 900		Class 1500		Class 2500		Class 4500	
	Std	Spcl	Std	Spcl	Std	Spcl	Std	Spcl	Std	Spcl	Std	Spcl	Std	Spc l	Std	Spcl
3.6	425	450	1100	1125	1450	1500	2175	2250	3250	3375	5400	5625	9000	9375	16200	16875
3.7	450	450	1125	1125	1500	1500	2250	2250	3375	3375	5625	5625	9375	9375	16875	16875
3.8	450	450	1125	1125	1500	1500	2250	2250	3375	3375	5625	5625	9375	9375	16875	16875
3.9	450	450	1125	1125	1500	1500	2250	2250	3375	3375	5625	5625	9375	9375	16875	16875
3.10	425	450	1100	1125	1450	1500	2175	2250	3250	3375	5400	5625	9000	9375	16200	16875
3.11	375	425	975	1075	1300	1450	1925	2150	2900	3225	4825	5375	8025	8950	14425	16100
3.12	400	450	1025	1125	1350	1500	2025	2250	3025	3375	5050	5625	8400	9375	15125	16875
3.13	450	450	1125	1125	1500	1500	2250	2250	3375	3375	5625	5625	9375	9375	16875	16875
3.14	425	450	1100	1125	1450	1500	2175	2250	3250	3375	5400	5625	9000	9375	16200	16875
3.15	350	400	900	1025	1200	1350	1800	2025	2700	3025	4500	5025	7500	8375	13500	15075
3.16	425	450	1100	1125	1450	1500	2175	2250	3250	3375	5400	5625	9000	9375	16200	16875

NOTES

1) For definition of "Std" and "Spcl," see ASME/ANSI B16.34.

2) The material groups are defined in Table 1.

3) Values are listed for reference only. Source is ASME/ANSI B16.34.

Table 2 Hydrostatic shell test pressures (psig) (continued) Cast iron valves per ASME/ANSI B16.1 (4)

	Class 25		Class 125				Class 250				Class 800
	Class A		Class A	Class B			Class A	Class B			Class B
Sizes (NPS)	4-36	42-96	1-12	1-12	14-24	30-48	1-12	1-12	14-24	30-48	2-12
	70	40	270	300	230	230	600	750	450	450	1200

Ductile iron valves per ASME/ANSI B16.42 (5)

Class 150	Class 300
400	975

NOTES

4) Body and bonnet material to be per ASTM A126.

5) Body and bonnet material to be per ASTM A395.

Annex A — Test Pressures (Bar)

Table A.1 — Hydrostatic shell test pressures (bar gauge) (4) - Steel, nickel-base and other alloys per ASME/ANSI B 16.34

Material Group (2)	Class 150		Class 300		Class 400		Class 600		Class 900		Class 1500		Class 2500		Class 4500	
	Std	Spcl	Std	Spcl	Std	Spcl	Std	Spcl	Std	Spcl	Std	Spcl	Std	Spcl	Std	Spcl
1.1	30	30	77	78	103	104	154	156	230	233	384	388	639	647	1150	1164
1.2	30	30	78	78	104	104	156	156	233	233	388	388	647	647	1164	1164
1.3	28	28	72	72	96	96	144	144	216	216	359	359	599	599	1078	1078
1.4	25	26	65	67	86	89	128	133	192	200	320	333	533	555	958	998
1.5	28	28	72	72	96	96	144	144	216	216	359	359	599	599	1078	1078
1.6	24	24	62	62	82	82	122	122	183	183	304	304	507	507	912	912
1.7	30	30	78	78	104	104	156	156	233	233	388	388	647	647	1164	1164
1.8	25	26	65	67	86	89	128	133	192	200	320	333	533	555	958	998
1.9	30	.30	78	78	104	104	156	156	233	233	388	388	647	647	1164	1164
1.10	30	30	78	78	104	104	156	156	233	233	388	388	647	647	1164	1164
1.11	30	30	78	78	104	104	156	156	233	233	388	388	647	647	1164	1164
1.12	25	26	65	67	86	89	128	133	192	200	320	333	533	555	958	998
1.13	30	30	78	78	104	10410	156	156	233	233	388	388	647	647	1164	1164
1.14	30	30	78	78	104	4	156	156	233	233	388	388	647	647	1164	1164
2.1	29	30	75	78	100	104	149	156	224	233	373	388	621	647	1117	1164
2.2	29	30	75	78	100	104	149	156	224	233	373	388	621	647	1117	1164
2.3	24	27	63	70	83	93	125	139	187	208	311	346	518	577	931	1066
2.4	29	30	75	78	100	104	149	156	224	233	373	388	621	647	1117	1164
2.5	29	30	75	78	100	104	149	156	224	233	373	388	621	647	1117	1164
2.6	27	28	70	72	93	96	140	144	209	216	348	359	580	599	1043	1078
2.7	27	28	70	72	93	96	140	144	209	216	348	359	580	599	1043	1078
3.1	24	27	63	70	83	93	125	139	187	208	311	346	518	577	931	1038
3.2	15	17	38	42	50	56	75	84	112	125	187	208	311	347	559	624

Annex A — Test Pressures (Bar)

Table A.1 — Hydrostatic shell test pressures (bar gauge) (4) - Steel, nickel-base and other alloys per ASME/ANSI B 16.34

Material Group (2)	Class 150		Class 300		Class 400		Class 600		Class 900		Class 1500		Class 2500		Class 4500	
	Std	Spcl	Std	Spcl	Std	Spcl	Std	Spcl	Std	Spcl	Std	Spcl	Std	Spcl	Std	Spcl
1.1	30	30	77	78	103	104	154	156	230	233	384	388	639	647	1150	1164
1.2	30	30	78	78	104	104	156	156	233	233	388	388	647	647	1164	1164
1.3	28	28	72	72	96	96	144	144	216	216	359	359	599	599	1078	1078
1.4	25	26	65	67	86	89	128	133	192	200	320	333	533	555	958	998
1.5	28	28	72	72	96	96	144	144	216	216	359	359	599	599	1078	1078
1.6	24	24	62	62	82	82	122	122	183	183	304	304	507	507	912	912
1.7	30	30	78	78	104	104	156	156	233	233	388	388	647	647	1164	1164
1.8	25	26	65	67	86	89	128	133	192	200	320	333	533	555	958	998
1.9	30	30	78	78	104	104	156	156	233	233	388	388	647	647	1164	1164
1.10	30	30	78	78	104	104	156	156	233	233	388	388	647	647	1164	1164
1.11	30	30	78	78	104	104	156	156	233	233	388	388	647	647	1164	1164
1.12	25	26	65	67	86	89	128	133	192	200	320	333	533	555	958	998
1.13	30	30	78	78	104	10410	156	156	233	233	388	388	647	647	1164	1164
1.14	30	30	78	78	104	4	156	156	233	233	388	388	647	647	1164	1164
2.1	29	30	75	78	100	104	149	156	224	233	373	388	621	647	1117	1164
2.2	29	30	75	78	100	104	149	156	224	233	373	388	621	647	1117	1164
2.3	24	27	63	70	83	93	125	139	187	208	311	346	518	577	931	1066
2.4	29	30	75	78	100	104	149	156	224	233	373	388	621	647	1117	1164
2.5	29	30	75	78	100	104	149	156	224	233	373	388	621	647	1117	1164
2.6	27	28	70	72	93	96	140	144	209	216	348	359	580	599	1043	1078
2.7	27	28	70	72	93	96	140	144	209	216	348	359	580	599	1043	1078
3.1	24	27	63	70	83	93	125	139	187	208	311	346	518	577	931	1038
3.2	15	17	38	42	50	56	75	84	112	125	187	208	311	347	559	624

Table A.1 — Hydrostatic shell test pressures (bar gauge) (4) steel, nickel-base and other alloys per AMSE/ANSI B16.34 (Continued)

Material	Class 150		Class 300		Class 400		Class 600		Class 900		Class 1500		Class 2500		Class 4500	
Group (2)	Std	Spcl	Std	Spcl	Std	Spcl	Std	Spcl	Std	Spcl	Std	Spcl	Std	Spcl	Std	Spcl
3.3	10	11	25	28	34	37	50	56	75	84	125	139	207	231	373	416
3.4	24	27	63	70	83	93	125	139	187	208	311	347	518	578	931	1039
3.5	29	30	75	78	100	104	149	156	224	233	373	388	621	647	1117	1164
3.6	29	30	75	78	100	104	149	156	224	233	373	388	621	647	1117	1164
3.7	30	30	78	78	104	104	156	156	233	233	388	388	647	647	1164	1164
8.8	30	30	78	78	104	104	156	156	233	233	388	388	647	647	1164	1164
3.9	30	30	78	78	104	104	156	156	233	233	388	388	647	647	1164	1164
3.10	29	30	75	78	100	104	149	156	224	233	373	388	621	647	1117	1164
3.11	26	29	67	74	89	99	133	148	199	222	332	370	553	617	994	1110
3.12	27	30	70	78	93	104	140	156	209	233	348	388	580	647	1043	1164
3.13	30	30	78	78	104	104	156	156	233	233	388	388	647	647	1164	1164
3.14	29	30	75	78	100	104	149	156	224	233	373	388	621	647	1117	1164
3.15	24	27	63	70	83	93	125	139	187	208	311	347	518	578	931	1039
3.16	29	30	75	78	100	104	149	156	224	233	373	388	621	674	1117	1164

1 bar = 100kPa = 100,000Pa = 0.1MPa = 14,5038 psi

NOTES

1) For definition of "Std" and "Spcl," see ASME/ANSI B16.34.

2) The material groups are defined in Table 1.

3) This Annex which is placed after the main text for convenience, is an integral part of S75.19.

4) Values are listed for reference only. Source is ASME/ANSI B16.34.

Table A1—Hydrostatic shell test pressures (bar gauge) (Continued) - Cast iron valves per ASME/ANSI B16.1 (5)

	Class 25		Class 125				Class 250				Class 800
	Class A		Class A	Class B			Class A	Class B			Class B
Sizes (NPS)	4-36	42-96	1-12	1-12	14-24	30-48	1-12	1-12	14-24	30-48	2-12
	4.8	2.7	19	21	16	16	42	52	31	31	83

Ductile iron valves per ASME/ANSI B16.42 (6)

Class 150	Class 300
28	68

NOTES

5) Body and bonnet material to be per ASTM A126.

6) Body and bonnet material to be per ASTM A395.

Appendix IV

제어밸브 캐비테이션 및 플래싱

1. 개요

캐비테이션(Cavitation)과 플래싱(Flashing)은 밸브와 후단 파이프에 침식 손상을 일으키게 되고 또한 이들 계통에 영향을 미친다. 이러한 손상은 유지보수 업무량을 증가시키고 밸브의 고장, 누설, 파이프 파단 등의 문제점을 일으킨다. 일반적으로 증기와 물에서 발생할 수 있는 가장 일반적인 침식은 캐비테이션, 플래싱, 액체 물방울 충돌 및 고체입자 침식으로 나누어지나 여기에서는 캐비테이션과 플래싱에 대해 집중적으로 설명한다.

2. 메카니즘

2.1 캐비테이션

캐비테이션 손상은 압력강하 후 회복하는 액체 유동이 있을 때 발생한다. 그런 압력강하(즉, 상류압력과 하류압력 차이)는 작은 면적을 통과하면서 유동이 가속되는 밸브 내부에서 발생한다. 유체가 제약된 면적을 통과할 때 모멘텀 공식(즉 베르누이 이론)이 보여주는 것과 같이 유체 속도는 증가하고 압력은 강하한다. 만약 국부 압력이 증기압 아래로 내려간다면 작은 기포가 형성된다. 하류압력이 증기압 이상으로 상승할 때 기포는 붕괴한다*. 기포의 붕괴는 높은 국부 압력과 매우 높은 국부적인 워터 제트 속도(Water Jet Velocity)를 발생시킨다. 만

* 작은 기포는 "캐비테이션"(cavitation)이라는 이름이 유래한 "캐비티"(cavities)로 불렸다.

약 붕괴하는 기포가 고체표면에 매우 근접해 있다면 고체표면을 손상하게 한다. 그림 2-1은 특정 지점에서 캐비테이션을 도식적으로 설명한다.

유체의 속도는 밸브 전반부에서 낮은 값을 보이다가 밸브 플러그(Plug) 주변을 지날 때 유로 면적이 작아지면서 가속되어 큰 속도를 가지게 된 다음 후방으로 빠져나가면서 다시 낮은 값을 보인다. 압력은 밸브의 전방에서 후방으로 갈수록 떨어지는데, 특히 속도가 큰 플러그 주위에서 아주 낮은 값을 가지게 된다. 만약 밸브 플러그 주위 유체의 압력이 증기압력보다 낮아지게 되면 기포들이 생성된다. 이러한 상태는 기포와 액체의 혼합 상태로 이 기포 생성 과정을 플래싱이라고 한다. 이 기포들은 다시 압력이 회복되는 영역인 밸브 후방에서 내파되는 캐비테이션이 발생한다. 이 내파는 굉장히 격렬해서 표면에 거의 100,000 psi 정도의 응력을 발생시킨다. 따라서 이러한 캐비테이션이 발생하면 아무리 재질을 경화 처리했다 하여도 손상을 방지할 수 없을 뿐 아니라 캐비테이션은 재질의 부식, 마멸 등을 가속화시키며 심한 잡음, 심각한 진동, 제어 불량 그리고 어떤 유체들은 밸브 기능을 단시간 내에 퇴화시키기도 한다.

수많은 기포의 붕괴는 소음과 진동을 발생시킨다. 캐비테이션은 흔히 손상(예, 용접 균열, 계측 라인 파손, 플랜지 이완)을 일으킨다. 또한 캐비테이션으로 유발된 침식은 프로세스 유체를 오염시키는 입자를 만든다. 캐비테이션 프로세스에 대한 상세한 내용이 이 부록의 A에 기술되어 있다.

캐비테이션은 파이프의 누설, 파이프 벽두께의 감소, 밸브 내장품의 손상을 일으킨다. 이는 계통의 정지 및 밸브 보수업무의 증가와 연관된다. 결국 부적합한 밸브(캐비테이션이 발생하는 밸브)를 사용하면 밸브 내장품의 진동을 초래할 수 있다. 이러한 진동은 소음을 일으키고 부품 이완과 밸브 혹은 연결된 파이프의 기계적 피로가 발생한다.

소음, 진동 및 물리적 손상에 추가하여 캐비테이션은 유동 저항을 증가시켜 파이프의 수력 특성을 바꾼다. 이러한 캐비테이션은 액체를 다루는 계통의 제어밸브와 오리피스 하류에서 매우 흔히 발생한다. 또한 캐비테이션은 수력용 터빈, 배의 프로펠러, 원심 펌프 같은 다양한 장치에서 발생한다.

여기에서는 밸브 및 파이프 설비에서의 캐비테이션만을 기술한다. 캐비테이션은 오랜 기간 동안 광범위하게 연구되었으며 상당한 문헌이 존재한다. 손상 메커니즘의 정확한 성격에 대한 이견이 여전히 존재하지만 캐비테이션을 충분히 이해하고 있어야 밸브의 설계와 사용에 적용할 수 있다.

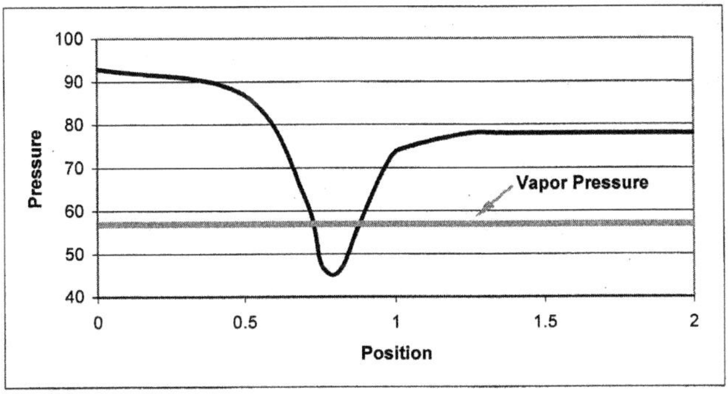

[그림 2-1] 캐비테이션 과정에 대한 개념도

2.1.1 밸브의 캐비테이션

캐비테이션 과정을 설명하기 위하여 캐비테이션을 몇 개 영역으로 나눈다. 일반적으로 문헌마다 용어에 대한 정의가 약간 혹은 완전히 다를 수 있다는 것에 주의해야 한다. 표준 트림 밸브의 경우 대표적인 소음 수준과 함께 일반적으로 사용되는 일련의 영역이 표 2-1에 제시되어 있다.

[표 2-1] 표준 트림 밸브의 소음 수준과 캐비테이션 영역

영역	설명	소음 상태	소음 수준
초입	캐비테이션이 막 시작됨.	격한 쉿 혹은 지글거림, 단속적인 약한 포핑 혹은 베이컨을 굽는 것과 같음.	85 dBA
임계	캐비테이션이 정상 상태 값에서 발생함.	흐르는 자갈 소리와 같이 덜컥거리는 금속 혹은 숏블라스팅 소리, 타닥타닥거리는 소리	120 dBA
초임계 혹은 플래싱 (Flashing)	방해물을 통과하는 유동이 임계, 즉 질식(Choke) 혹은 음속 유동에 도달	윙윙 혹은 쉬~	82 dBA

대부분의 캐비테이션 문제는 다음의 하나에 의하여 발생된다.

- 주어진 용도에 부적절한 사이즈의 밸브
- 적합한 사이즈 밸브에서 부적절한 운전(흔히 교착)
- 유동을 제어하기 위해 사용되는 밸브 형식의 부적합(예, 버터플라이 밸브)

캐비테이션에 의한 손상은 보통 신속하며 국부적이다. 손상된 표면은 통상 매우 거칠고 불규칙적이다. 그림 2-2는 캐비테이션 침식으로 손상된 밸브를 보여준다.

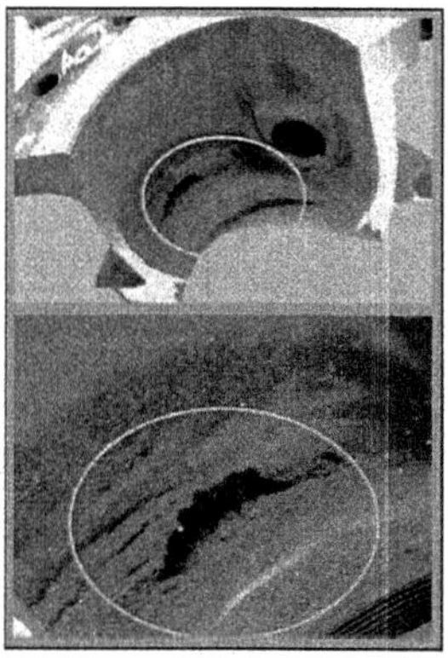

[그림 2-2] 플러그 밸브의 몸체에서 발생한 캐비테이션 손상

2.1.2 오리피스의 캐비테이션

캐비테이션은 오리피스에서도 문제다. 특히 압력 저감을 위해 사용되는 오리피스가 그렇다. 밸브의 캐비테이션 영역은 오리피스의 캐비테이션 정도를 설명하기위하여 사용된다. 오리피스의 형상은 잘 정의되어 있기 때문에 손상 위치에 대한 연구 결과 가장 큰 손상은 비록 캐비테이션 정도에 따라 다르나 오리피스의 하류(직경×1.1)에서 발생한다.

2.2 플래싱(Flashing)

플래싱은 고압의 액체가 밸브 혹은 오리피스를 통하여 상당히 낮은 압력 지역으로 흐를 때 발생한다. 만약 압력이 증기압 이하로 강하하면 액체 중 일부는 즉시 증기로 전환될 것이다. 그림 2-3을 참조하라. 하류 속도는 2상 혼합물의 낮은 평균 밀도로 인하여 대단히 증가할 것이다. 파이프 혹은 설비에 고속 액체의 충돌은 플래싱 손상을 발생시킨다.

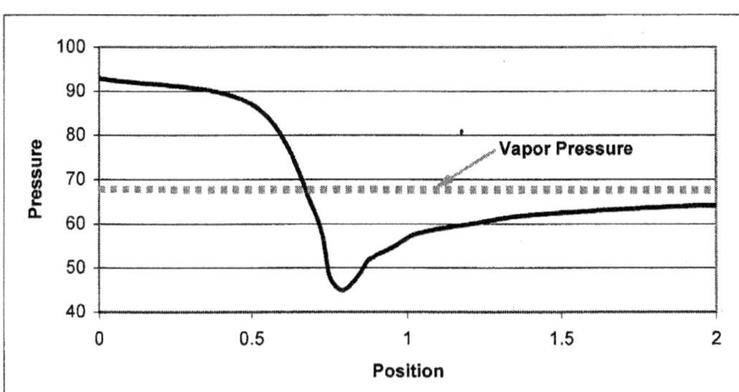

[그림 2-3] 플래싱 과정에 대한 개념도

플래싱이 발생할 때는 질식 유동(Choke Flow)이 된다. 즉 주어진 상류 압력에서 가능한 최대 유량이 방해물을 통과한다*. 이러한 영역은 초 캐비테이션으로 알려졌다. 유량을 증가시키는 유일한 방법은 상

* 상세한 사항은 유체역학 혹은 공기역학을 참조할 것.

류 압력을 증가시키는 것이다. 이러한 상태에 도달할 때 2상 혼합물에서 음속이 도달된다. 이는 정확하게 수축 노즐을 통과하는 기체의 음속과 유사하다. 그러나 2상 혼합물의 경우 혼합물의 음속은 순수한 액체 혹은 순수한 증기보다 작은 음속이다. 이는 그림 2-4로 설명된다.

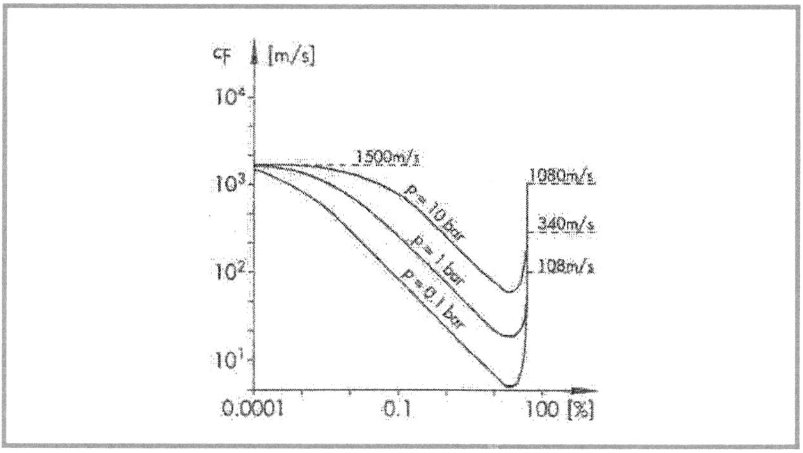

[그림 2-4] 증기와 물의 혼합 상태에서 기포 분율에 대한 음향 속도

플래싱이 발생할 때 증기질이 1%에서 유체의 평균속도는 초당 100 피트가 예상된다. 증기 질이 3.5%로 증가하면 유체의 평균 속도는 초당 약 200 피트로 증가할 것이다. 하류 파이프에서 슬러그(Slug) 혹은 플러그 유동(Plug Flow)과 결합한 높은 속도는 높은 응력과 파이프의 움직임을 유발할 수 있다. 침식에 추가하여 플래싱은 하류 파이프에 불안정하고 혼란스러운 상황을 초래한다. 그러한 조건은 유해한 진동을 발생시킬 수 있다. 플래싱 조건에서 하류의 과도한 속도를 피하기 위하여 밸브는 충분히 커야 한다. 이 경우 유체의 속도는 초당 200 피트를 초과해서는 안된다고 알려져 있다.

캐비테이션은 하류 압력이 통상 국부적인 증기압보다 높아 기포가 붕괴된다는 것을 주목해야 한다. 그러나 플래싱 상황에서는 하류 압력이 국부적인 증기압 보다 낮아 기포가 붕괴되지 않고 하류로 이송된다. 또한 캐비테이션 발생을 방지하는 방법(예로 제어밸브의 설계 변경)은 있으나 하류 압력이 증기압 보다 낮으면 플래싱이 발생한다. 플래싱은 보통 콘덴서(Condender)로 들어가는 액체 파이프의 밸브 혹은 오리피스의 하류, 혹은 캐스케이드 드레인(Cascade Drain)의 제어밸브 하류에서 발생한다. 계통 압력과 콘덴서 사이에 위치한 누설 밸브 하류에서도 발생할 수 있다.

플래싱으로 인한 손상은 감압 밸브 하류에서 발견된다. 플래싱 손상 형태는 보통 매끄럽거나 연마한 것처럼 나타나며 그림 2-5와 같다.

실제적인 문제로 밸브의 가장 좁은 길목 즉, 베나 콘트랙타(Vena Contracta) 하류에서 플래싱이 발생할 가능성이 있는 밸브는 침식이 안되는 재료를 사용하여 플래싱 손상과 침식 문제를 처리할 수 있다. 불행하게도 보통 파이프의 플래싱 침식은 누설 혹은 파단이 발생할 때까지 고려하지 않고 있는 실정이다.

[그림 2-5] 플래싱 손상의 일반적인 형태

3. 잠재적 손상 위치 확인

3.1 캐비테이션

캐비테이션은 보통 높은 압력강하가 발생하는 밸브 혹은 오리피스에서 발생하며 물로 채워진 파이프에서도 발생한다.* 소음의 존재는 캐비테이션이 발생하고 있거나 손상이 발생하고 있음을 의미하는 것이 아니다. 소음은 증기 기포의 붕괴로 발생하기 때문이다. 재료 표면 근처에서 기포가 붕괴할 때 손상이 발생한다. 그러나 소음이 없다는 것은 캐비테이션이 발생하고 있지 않음을 의미한다.

소음을 손상과 연관시키기 위한 실험이 있었으나 실제 현장에서 적용하기 위해 입증된 장치가 없었다. 진동 혹은 국부 압력의 측정은 캐비테이션 위치 확인을 위해 사용될 가능성은 있으나 이런 측정들이 실제로는 어렵다.

캐비테이션이 발생하는 밸브를 다음과 같이 선별할 수 있다.

- 밸브 내장품 혹은 밸브 구동장치에 대한 밸브 보수기록을 조사하여 과도하게 보수한 밸브를 찾아낸다. 캐비테이션 유발 진동은 밸브 내장품은 물론 밸브 구동장치를 손상시킬 수 있다.
- 밸브, 밸브 구동기, 밸브 연결 파이프에 소음과 진동이 발생하는 밸브에 대하여 문제점을 운전요원과 보수요원에게 질의한다.
- 모든 운전 밸브에 대한 운전 상황을 조사하라. 유량 제어를 위해 특별히 설계된 밸브가 아닌데 유량 제어(즉, 교축)에 사용되는 밸브는 특별한 관심 대상이다.

3.2 플래싱

플래싱에 의한 손상은 액체로 채워진 파이프에서 증기를 발생시키기에 충분한 압력강하가 발생하는 곳에서 발견된다. 다음 2개 지역이 일반적으로 플래싱이 발생하는 지역이다. (1) 유체를 콘덴서에 복귀시키는 밸브 혹은 오리피스 하류, (2) 캐스케이드(Cascade) 파이프 계통의 수위 제어밸브의 하류 즉, 유체를 콘덴서에 복귀시키는 파이프는 일반적으로 운전 밸브, 비상 밸브 및 누설 밸브가 설치되어 있다. 플래싱은 이들 밸브의 재료를 손상시킬 만한 충분한 속도를 발생시킨다.

* 여기에서 캐비테이션은 밸브 및 파이프 설비에서 발생하는 것에 국한되며 펌프는 제외된다.

캐비테이션을 방지하거나 지연시키기 위한 수단은 있으나 플래싱은 그렇지 않다. 만약 출구 압력이 증기압보다 낮으면 밸브 트림과는 관계없이 플래싱이 발생할 것이다. 운전되는 밸브에서 플래싱 손상이 발생할 수 있는지를 결정하는 방법을 아래 예시와 같다.

- 예 : 350°F, 1,200 psia의 급수계통의 물이 밸브를 통과한다. 플래싱을 피하기 위한 가장 낮은 하류 압력은 얼마인가?
- 해법 : 밸브의 운전 조건을 알기 위해 증기표를 이용하여 물의 포화압력을 계산할 수 있다. 350 °F의 포화압력은 134.6 psia이다. 따라서 플래싱 발생을 방지하려면 밸브 하류 압력이 134.6 psia 이상이어야 한다.

위 예시에서 설명된 방법은 모든 운전 밸브에 적용될 수 있다. 더 나아가 누설이 의심되는 밸브에도 적용될 수 있다.

4. 점검 방법

불행하게도 캐비테이션과 플래싱에 의한 손상 위치는 보통 밸브의 누설 혹은 파이프 파단으로 발견하는 것이 산업계의 현실이다. 캐비테이션 또는 플래싱에 의한 파이프의 침식 마모를 감지하기 위하여 사용되는 점검 방법은 UT 및 RT이다. UT가 사용될 경우 스캐닝(Scanning)을 제안하다. 캐비테이션 또는 플래싱 손상이 의심되는 지역을 모두 조사하는 것이 바람직하다.

5. 재료 고려사항

5.1 침식 손상

캐비테이션과 플래싱은 예측 가능하게 거동하지 않는다. 재료 성질과 침식 손상의 연관성에 상당한 논란이 있다. 침식 손상에 영향을 받지 않는 재료가 알려져 있지 않다. 모든 재료는 손상된다. 유일한 질문은 손상 속도이다.

5.2 침식 특성

균일 부식과 침식의 주요 차이점은 시간에 따른 손상 거동이다. 균일 부식 손상은 시간에 따라 선형이거나 감소(예, 일반 부식) 한다. 이는 시간이 지남에 따라 산화물 층이 정상 상태에 도달하거나 더욱 보호성을 가지기 때문이다.

대조적으로 침식 손상은 보통 훨씬 복잡한 시간 의존성을 보인다. 그림 5-1은 캐비테이션을 당하는 취성 재료의 손상률을 보여준다. 그림 5-1의 단계는 보통 다음과 같이 정의된다*.

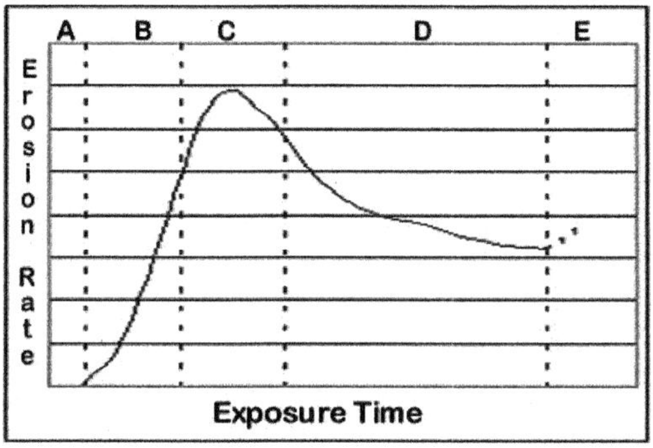

[그림 5-1] 캐비테이션 침식률과 시간에 대한 개념도

- 구간 A : 포란기 구간, 육안으로는 손상이 분명치 않으나 표면 아래는 반복된 충돌로 피로가 누적된다.
- 구간 B : 가속 구간, 재료의 피로 한계값에 도달하여 표면 조각이 떨어진다.
- 구간 C : 최대율 구간, 표면이 매우 거칠어짐에 따라 최대 침식 손상률에 도달한다.
- 구간 D : 감속 구간, 표면이 거칠어지고 손상율은 비교적 일정하다. 많은 조사자들이 이 구간의 이해를 시도하였으나 유일하게 일치된 사항은 거친 표면이 충돌 및 이와 관련

* 조사자에 따라 동 도표를 다른 영역으로 구분하기도 한다(더 많은 영역 혹은 적은 영역으로 구분).

된 충격파로부터 표면을 보호한다는 것이다. 보호 과정에 대한 상세사항은 여전히 완전하지 않다.

- 구간 E : 종점 혹은 최종 정상상태 구간, 이 단계는 도달되지 않을 수 있다.

이들의 적용 분야에 따라 엔지니어들은 특정 지역에 도달하는 시간을 결정하는 관심이 있을 수 있다. 예를 들어 저압 터빈 브레이드는 얼마간의 침식 손상을 입도록 설계된다. 이리하여 터빈 설계자는 이른 구간보다 구간 D에 더 관심을 가진다. 그러나 항공기 캐노피(Canopy) 설계자들은 손상이 분명하기 전까지 지속 시간에 더 관심이 있다. 그리하여 그들은 구간 A의 지속 시간에 더 관심이 있다.

5.3 재료 특성

밸브의 플러그와 시트의 밀봉면이 손상되는 원인 중 가장 파괴적인 것은 밸브에서 일어나는 캐비테이션이며, 이것이 발생하면 시트 표면의 경화된 재질로는 손상을 방지할 수 없기 때문에 캐비테이션의 발생을 억제하는 것이 최선의 방법으로 인식되고 있다. 캐비테이션이 발생하는 파괴강도가 100,000 psi 이상이고 경화된 재질의 항복점이 약 35,000 psi를 고려할 때 재질 개선만으로는 캐비테이션 손상을 방지할 수 없다.

캐비테이션이 마모율에 미치는 재료 조성의 영향을 결정하기 위하여 상당량의 실험 및 이론적 연구가 있었다. 대부분의 연구는 캐비테이션에 초점이 맞추어졌다. 사실 캐비테이션 실험은 다른 침식 메카니즘에 의한 마모를 모델링하기 위하여 종종 사용된다. 주어진 재료의 침식 저항성을 예측하기 위한 캐비테이션 침식과 재료의 기계적 성질의 연관성은 필연적으로 동일하다. 대부분의 연구 역량은 침식 손상과 재료 성질(예, 경도 혹은 피로 한계)과의 보편적인 연관성을 취득하는데 집중되었다. 그 결과 많은 양의 시험 데이타를 비교함으로써 다양한 엔지니어링 재료들의 침식 저항성의 순위를 매기는 방법을 개발되었다.

여러 가지 엔지니어링 금속에 대한 표준화된 침식 저항성은 그림 5-2와 같다. 주어진 재료 형태에서 침식 저항은 보통 경도와 관련된다. 그림 5-2를 살펴보면 부식에 저항성 있는 재료(특히 300 시리즈 스테인리스 스틸)들은 침식에 대한 저항성이 작다는 것이다.

이 그림에 빠진 것은 탄소강의 대체 재료로 일반적으로 사용되는 크롬-몰리강이다. 불행하게도 이 데이터가 없는 것으로 보인다. 그러나 크롬-몰리강 성능이 탄소강보다 그리 좋지 않다는 것이 분명한 추론이다. 이는 주형 크롬-몰리강 구간이 탄소강 구간 내에 있어 소량의 합금 원소가 침식에 추가적인 저항성을 제공하지 못함을 나타낸다. 크롬-몰리강은 탄소강보다 다소 더 좋은 저항성을 제공하나 수명은 2제곱 정도 개선된다. 이 논의에 대한 예외는 인코넬이다. 인코넬은 탄소강 혹은 스테인리스 스틸보다 침식 저항성이 훨씬 강하다.

비록 재료에 대해 표준화된 침식 저항성이 사용되지만 그림 5-2의 값은 상대적인 저항값으로 조건에 따라 다르기 때문에 어림의 데이터로 사용되어야 한다.

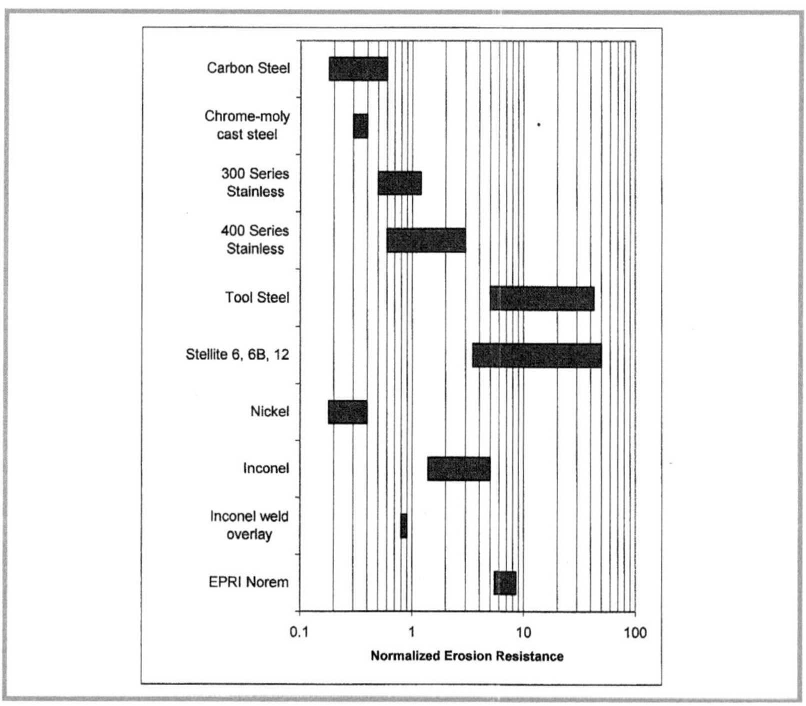

[그림 5-2] 재료별 캐비테이션 침식 저항

6. 침식 저감을 위한 옵션

6.1 캐비테이션 저감을 위한 옵션

모든 형식의 밸브에 대하여 제작자 문헌, 기술 논문, 지침서 등을 포함하여 캐비테이션에 관한 상당량의 정보가 존재한다.

밸브에서의 압력강하와 더불어 소음 및 침식 등과 같은 부작용을 해소하기 위해서는 유체의 운동에너지(Kinetic Energy)를 제한하여야 한다. 밸브 전 유로의 특정 구간에서 유체의 속도와 운동에너지(KE)는 다음과 같다.

$$V_0 = \frac{w}{\rho_0 A_o} \tag{1}$$

$$KE = \frac{1}{2}\rho_0 V_0^2 \tag{2}$$

여기에서 w, ρ, A는 각각 유체의 속도, 밀도 및 유로의 단면적이다.

일반적인 유동 조건에서는 밸브의 트림(Trim) 출구의 운동에너지가 480 kPa(물의 경우 30 m/s에 해당)가 이하이면 문제점이 거의 발생하지 않게 되나, 어떠한 경우에도 운동에너지가 1,030 kPa 이상이 되어서는 안된다. 특히 캐비테이션이 발생할 수 있거나 2상 유체의 조건에서는 이 운동에너지를 275 kPa(물의 경우 23 m/s) 이하로 제한하여야 하고, 진동에 민감한 시스템에서는 75 kPa(물의 경우 12 m/s) 이하로 제한하여야 한다. 이와 같은 밸브의 트림 출구 운동에너지에 대한 제한 기준은 다음 표 6-1과 같다.

[표 6-1] 밸브 트림 출구의 운동에너지 제한 기준

적용 조건	운동에너지 기준		물의 등가 속도	
	psi	kPa	ft/s	m/s
단상 유체	70	480	100	30
캐비테이션과 2상 유체	40	275	75	23
진동 민감 계통	11	75	40	12

이와 더불어 과도하게 캐비테이션이 발생하는 밸브에 대처하는 방법이 여러 가지가 있지만 여기에서는 몇 가지 방법을 제시한다.

1) 밸브 형태를 변경하라.

밸브 형식이 다른 밸브와 같은 형식이라도 형태가 다른 밸브는 완전히 다른 캐비테이션 특징을 가진다. 만약 사용하고 있는 재래식 밸브에서 캐비테이션이 과도하게 발생한다면 다른 재래식 밸브 형식 혹은 다른 밸브 형태를 제안한다. 제작자 카타로그는 보통 캐비테이션 평가에 필요한 특성을 포함한다. 만약 성공하였다면 이는 가장 경제적인 옵션이다.

2) 안티 캐비테이션(Anti-cavitation) 형태로 바꿔라.

만약 사용하는 재래식 형태의 밸브가 캐비테이션을 만족한 수준까지 감소시키지 못한다면 안티 캐비테이션 형태의 밸브 사용을 권장한다. 안티 캐비테이션 밸브는 재래식 밸브보다 비싸다. 만약 캐비테이션 손상이 발생한다면 안티 캐비테이션 밸브의 사용은 정당화 될 것이다. 밸브 제작자들은 보통 2가지 원칙 중 하나에 근거하여 여러 가지 설계를 한다.

이러한 설계 방법의 하나는 밸브로 유입되는 유체가 갈라져서 갑작스러운 확장지역으로 팽창하는 오리피스를 통과하여 흐르도록 한다. 보통 트림은 원통형 모양이며 유체의 유동은 많은 작은 구멍을 통과하도록 한다. 이런 밸브 중 일부는 그림 6-1과 같이 제트류가 중심에서 서로 충돌하도록 유체의 유동이 안쪽으로 향하도록 한다. 이와 같은 설계 방법으로 유체의 유동이 밸브 경계를 향하여 바깥쪽으로 향하게 할 수도 있다. 어떠한 경우이든지 재래식 밸브 형태에서 볼 수 있는 한 개의 제트류를 많은 수의 제트류로의 변경하면 소음과 진동을 상당히 저감시킨다.

또 다른 설계 방법은 병렬로 구축된 방해물(즉 래비린스 통로)이 있는 많은 수의 평행 통로로 설계하는 것이다. 대표적인 것으로는 이들 방해물을 포함된 적층 디스크가 있다. 스템 위치는 유체가 흐를 수 있는 적층 개수를 조절한다. 디스크에서 방해물의 저항은 밸브 특성 제어에 알맞도록 할 수 있다. 이들 밸브는 작은 소음과 진동으로 질식 한계(Choking Limit)에서 혹은 근처에서 운전되도록 설계할 수 있다. 그림 6-2는 이런 형식의 밸브 예를 제시한다.

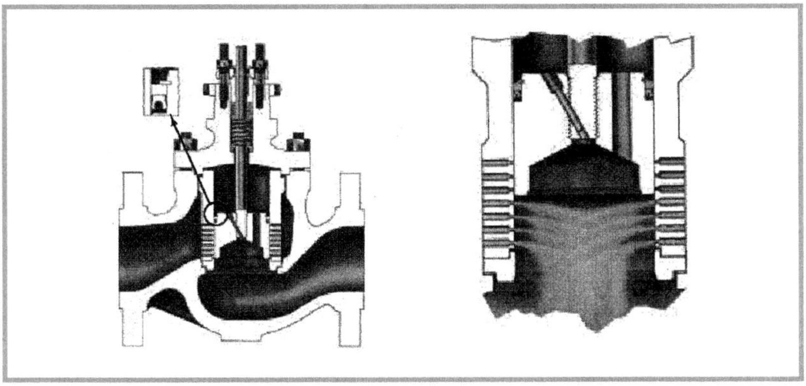

[그림 6-1] 일반적인 단단 트림 제어밸브의 단면도

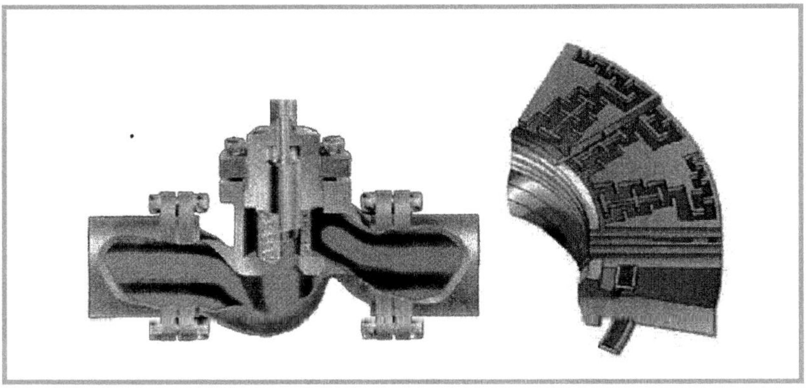

[그림 6-2] 안티 캐비테이션 밸브와 유로 형상

위에서 기술한 것에 추가하여 다른 안티 캐비테이션 밸브 형식이 존재한다. 어떤 것은 위에서 언급된 두가지 원칙의 변형이다. 어떤 것은 다른 개념을 사용한다. 예를 들어 그림 6-3은 그림 6-1의 밸브와 개념적으로 유사하나 오리피스 구멍 대신 홈을 가진 밸브를 제시한다.

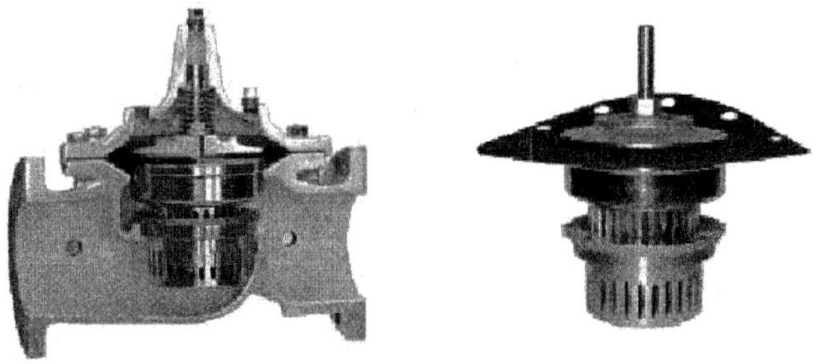

[그림 6-3] 안티 캐비테이션 밸브와 트림 형상

그림 6-4는 다른 형식의 안티 캐비테이션 밸브를 제시한다. 이 밸브에서 환형 통로는 직렬의 오리피스들을 모사한다. 제작자는 이 설계 방법을 통해 작은 통로가 데브리(Debris)로 막히는 문제점을 제거한다고 주장한다.

[그림 6-4] 캐스케이드(Cascade) 트림 제어 밸브

3) 직렬로 밸브와 오리피스를 사용하라.

캐비테이션 저감을 위한 효과적인 기법으로 유동 손실물을 직렬로 여러 개를 설치함으로써 에너지를 분산시키는 것이다. 이 기법은 아래에 논의된 것처럼 오리피스 혹은 밸브와 오리피스 조합으로 적용할 수 있다.

밸브와 오리피스를 조합하여 사용하면 만족스러운 수준까지 캐비테이션을 저감할 수 있어 안티 캐비테이션 밸브만큼 효과적일 수 있다. 그러나 이 기법의 사용은 예상되는 유동의 범위가 1:3으로 국한될 때 효과적이다.

4) 병렬로 밸브를 사용하거나 더 큰 밸브를 사용하라.

이 접근방법은 캐비테이션을 약간 저감하는데 효과적이기 때문에 다만 제한된 환경에서 사용할 것을 권장한다.

5) 급격한 확장 방법을 사용하라.

급격한 확장이 캐비테이션 밸브 하류에 존재하고 밸브로부터 제트류가 시트 하류 밸브 내장품과 접촉하지 않고 확장지역으로 향한다면 손상이 방지될 것이다. 기포가 재료에서 먼 곳에서 붕괴되어 캐비테이션 침식 손상이 제거되기 때문이다. 그림 6-5는 실험실 시험에 사용된 방법을 제시한다.

6) 공기를 주입하라.

공기를 주입하는 것이 허용된다면 캐비테이션 손상 저감에 효과적인 방법이다. 충분한 공기가 주입되면 소음, 진동 및 침식 손상이 감소된다. 그러나 공기 존재는 계통의 고점에 에어 포켓(Air Pocket)이 축적될 수 있으며 유량 측정 장치의 정확성을 훼손할 수 있다.

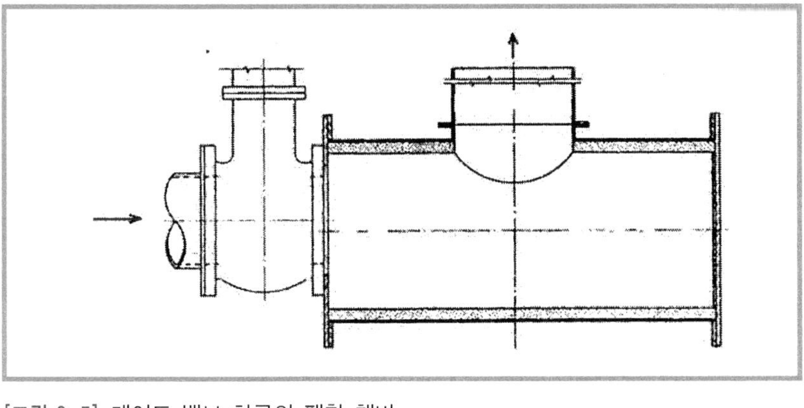

[그림 6-5] 게이트 밸브 하류의 팽창 챔버

7) 타겟 티(Target Tee)를 사용하라.

밸브 캐비테이션 손상을 저감시키기 위하여 엘보우가 있는 곳에 타겟 티(Target Tee)가 사용된다. 이 접근방법은 위에서 제시한 급격한 확장 접근방법과 유사하다. 이러한 접근방법에서 캐비테이션 유동은 엘보우보다 오히려 브라인드 프랜지를 가진 티를 향한다. 브라인드 프랜지에서 직접적인 손상의 대상물은 침식 저항 재료를 사용하거나 필요시에는 주기적으로 교체할 수 있다.

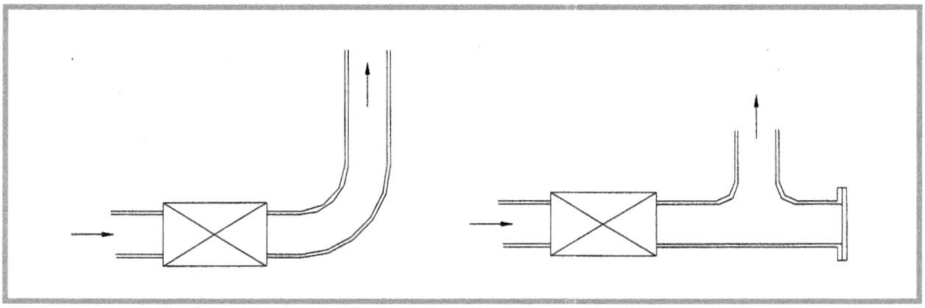

[그림 6-6] 타겟 티

8) 밸브를 저압부에 밀착 설치하라.

기존의 제어밸브에서 캐비테이션 손상 또는 이와 유사한 손상이 발생하고 있다면 우선 밸브 후단의 저압부(예를 들면 복수기 또는 탱크)와 얼마나 떨어져 있는지 확인하고 저압부와 멀리 떨어져 있는 밸브는 가능한 저압부에 밀착 설치하여 밸브 후단에서 플래싱 유체의 압력이 회복되지 않도록 해야 한다.

9) 밸브 행정시간을 조정하라.

제어신호에 의한 응동의 결과로 밸브의 전 행정 소요시간(Stroke Time)이 25초 이내라면 밸브 행정의 변화에 따라 복잡한 유동으로 인해 캐비테이션 및 수격작용의 부작용이 발생하므로 전 행정 소요시간이 25초 이상 되도록 조정해야 한다.

6.2 플래싱 침식 저감을 위한 옵션

하류 압력이 유체의 증기압보다 낮으면 플래싱이 발생한다. 문제는 고속의 2상 유동에 따른 침식 손상을 어떻게 방지하느냐이다. 이를 위해 플래싱의 나쁜 영향을 저감 혹은 제거하기 위하여 몇 가지 접근방법이 제안된다.

- 고속 유체가 벽과 접촉하여 침식을 발생시키는 것을 방지하기 위하여 급격한 팽창을 사용한다. 그림 6-5와 유사한 배열이 사용된다.
- 타켓 티 접근 방법(그림 6-6)이 사용될 수 있다.
- 유동 속도를 저감시키기 위하여 더 큰 직경의 하류 파이프를 사용한다. 임계 플래싱 속도를 기술한 문헌이 없기 때문에 유동 속도는 낮을수록(즉, 파이프가 클수록) 더 좋다는 것이다.

또 다른 방법 중 하나는 플래싱 유동을 유발하는 압력강하와 하류 설비(예, 콘덴서) 사이의 파이프 길이를 제한한다. 스파저 내의 오리피스 사용은 동일한 목적을 이룬다.

나머지 방법은 침식 저항 재료를 사용하는 것이다. 플래싱 조건에서 재료 저항에 대한 데이터가 없기 때문에 캐비테이션에 대한 재료를 사용하는 것이다.

A – 캐비테이션 과정

영국 물리학자 Osborne Reynolds는 캐비테이션을 관찰하기 이전에 이를 가정하였다. 1873년 영국 전함 시험 중 프로펠러 주변의 캐비테이션은 전함의 성능을 예상치 이하로 저하시켰다. 이것이 최초의 공식적인 캐비테이션 관찰이었다. 이후 펌프, 배 프로펠러, 수력 터빈 및 밸브의 캐비테이션이 광범위하게 연구되었다. 여기에서는 밸브, 오리피스 및 파이프 피팅에 의한 캐비테이션만을 다룬다.

A.1 밸브 유동 저항

어떤 피팅을 통과하는 와류를 생각하자.* 어떤 저항을 통과할 때 압력강하와 유량은 다음 공식에 따른다는 것이 경험상 알려져 있다.

$$Q = C\sqrt{\frac{\Delta P}{SG}} \tag{A-1}$$

여기에서

$Q =$ 용적 유량 (gpm)**
$C =$ 피팅의 생김새에 따른 상수 [gpm/(psi)0.5]
$\Delta P =$ 피팅의 압력강하 (psi)
$SG =$ 비중*** (무차원)

밸브의 경우 이 공식은 다음과 기술한다.

$$Q = C\nu\sqrt{\frac{\Delta P}{SG}} \tag{A-2}$$

여기에서

$C\nu =$ 밸브 유량계수 [gpm/(psi)$^{0.5}$]

---

* 파이프에서 와류는 레이놀드 수 약 10,000에서 시작한다. 보통 모든 파이프 유동은 와류 영역에 있다.
** 설명 목적으로 영식 단위가 괄호 안에 표시된다. 여기에 제시된 모든 공식에서 SI 단위가 사용될 수 있다.
*** 비중은 39°F에서 물 밀도와 유체 밀도의 비이다.

그림 A-1은 공식 A-2를 플롯한 것이다.

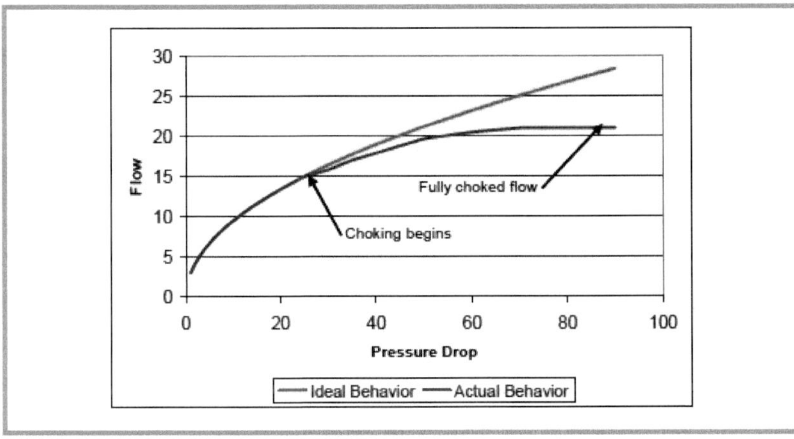

[그림 A-1] 밸브에 대한 이론적인 유량과 실제 유량

일정한 밸브의 상류 압력을 생각하자. 하류 압력이 감소함에 따라 유량은 증가하기 시작할 것이다. 이론적으로 실제 유동은 와류 유동 공식(공식 A-2)을 따라야 한다. 실제로는 압력강하가 증가함에 따라서 유량은 이러한 라인으로부터 이탈하기 시작한다. 두 커브가 떨어지기 시작하는 점이 질식의 시작 혹은 초입을 나타낸다.

이 점에서 가장 낮은 국부 압력은 증기압보다 낮으며 증기가 형성되기 시작할 것이다. 기포 붕괴로 일어나는 캐비테이션 또한 이 지점 근처에서 발생한다. 압력 강하가 계속적으로 증가함에 따라 유량은 결국 일정한 값에 안정된다. 이는 완전한 질식 조건(Choked Condition)이며 아무리 하류 압력이 낮아진다 할지라도 더 이상 유량이 증가하지 않는다. 이 점에서 하류는 응축 없이 흐르는 증기와 물 혼합물의 유동이다.

질식과 캐비테이션 과정의 물리학적 현상을 이해하기 위하여 제약 지점 및 하류의 유동 현상을 이해해야 한다. 이는 베나 콘트랙타(Vena Contracta, 유동 직경이 가장 작은 지점)를 포함한다.

A.2 베나 콘트랙타

유체의 유동이 제한장치를 흐르면서 유동 면적이 제한 장치의 면적보다 더 작아진다. 이러한 지역이 베나 콘트랙타(학술적으로는 Contracted Vein)로 알려져 있다. 그림 A-2를 참조하라.

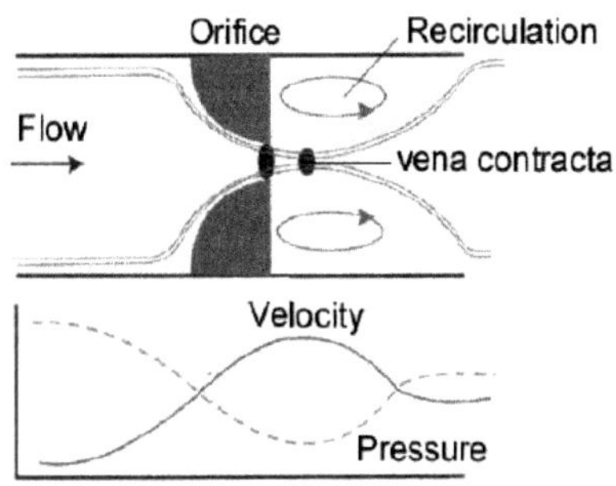

[그림 A-2] 베나 콘트렉타

이 그림은 오리피스의 단순한 생김새를 설명하지만 동일한 이론이 글러브 밸브와 같은 복잡한 생김새에도 적용된다.

모멘텀 관점에서 볼 때 가장 작은 유동 면적은 가장 높은 속도를 가지고 가장 낮은 정압을 가진다. 베나 콘트랙타가 가장 낮은 정압을 가지는 면적이기 때문에 캐비테이션을 예측하는데 있어서 베나 콘트랙타에서의 압력을 기준압력으로 사용하는 것이 때로는 편리하다.

위의 예를 생각할 때 베나 콘트랙타 지점에서의 압력은 유량이 증가함에 따라 감소한다. 결국 베나 콘트랙타 지점에서 압력은 해당 액체 온도에 해당하는 증기압 아래로 떨어진다. 이 지점에서 아주 작은 기포가 형성되기 시작한다. 이 지점은 위에서 언급한 것처럼 질식(Choking)의 시작에 해당한다. 기포가 베나 콘트랙타에서 형성됨에 따라 캐비테이션 징후, 특히 소음이 시작한다.

유량이 증가함에 따라 기포를 함유한 면적은 증가하고 하류로 이동할 것이다. 결국에는 모든 하류 지역이 기포로 가득 찰 것이다. 이 시점에서 완전한 질식(혹은 Supercavitation) 조건에 도달한다.

A.3 캐비테이션 계수

제약 장치에서 캐비테이션 발생을 예상하거나 기술하는데 사용되는 몇 개의 관련항이 있다. 불행하게도 보편적으로 합의된 일련의 표준 용어 및 정의가 존재하지 않는다. 여기에서는 Tullis 용어가 사용된다.

어떤 계에서 캐비테이션 계수는 다음과 같이 정의된다.

$$\delta_{sys} = \frac{P_u - P_v}{P_u - P_d} \tag{A-3}$$

여기에서

δ_{sys} = 시스템의 캐비테이션 계수(무차원)

P_u = 상류 정압(psia)

P_v = 국부 증기압(psia)

P_d = 하류 정압(psia)

하류 압력은 최소 제한장치의 직경×6의 하류에서 측정하여야 한다. 또한 캐비테이션 계수는 유효한 압력 강하와 상류에서 포화압력까지의 압력 차이의 비율이다.

공식 A-3로 주어진 캐비테이션 계수의 정의를 가지고 그 계의 캐비테이션 수준을 정의하는 것이 가능하다. 표 A-1은 가능한 캐비테이션 수준을 정의한다. 이러한 정의를 가지고 캐비테이션 계수와 계통압력 및 형상과 같은 다른 계통 변수의 항으로 캐비테이션 정도를 상호 연관시키는 것이 가능하다.

[표 A-1] 캐비테이셔 수주의 정의

명칭	심볼	의미
초생 캐비테이션	σ_i	약하고 단속적인 소리로 듣기 어려움
임계 또는 일정 캐비테이션	σ_c	초생 캐비테이션과 같이 거의 같은 강도이지만 단속적인 소음보다는 연속적인 소음
초기 손상 캐비테이션	σ_{id}	캐비테이션 계수처럼 캐비테이션 손상이 빠르게 시작되는 캐비테이션으로 소리의 차이는 뚜렷하지 않음.
초기 질식	σ_{ich}	이론적인 압력강하 유동 관계와 분리되는 상태
완진 질식 유동	σ_{ch}	유동이 완전하게 질식되는 상태에 도달하고 상류 압력이 증가하지 않으면 너 이상 유동이 증가하지 않음.

다른 대부분의 계처럼 이 계에서도 정의에 모호성과 중첩이 존재한다. 예를 들어 서로 아주 근접한 지점에서 발생하기 때문에 초생 캐비테이션(Incipience of Cavitation)과 초생 질식(Incipience of Choking)을 구분하는 것이 어렵다.

A.4 캐비테이션 및 밸브 형식

서로 다른 밸브 형식은 서로 다른 캐비테이션 민감성을 가진다. 유동 제어 밸브들은 2개의 넓은 부류, 고압력 회복(High-pressure Recovery) 밸브와 저압력 회복(Low-pressure Recovery) 밸브로 나누어질 수 있음을 생각하자. 이것은 그림 A-3에서 설명된다. 버터플라이 혹은 볼 밸브 같은 고압력 회복 밸브는 글로브 밸브와 같은 저압력 회복 밸브보다 압력강하에 있어서 입구부터 베나 콘트랙타까지 압력 차이가 더 높은 비율을 가진다. 그림에서 급격한 커브를 덜 급격한 커브와 비교함으로써 알 수 있다. 유량과 전체적인 압력강하는 두 밸브에서 동일하다는 것에 주목하라.

이러한 차이점을 가지고 유체의 증기압을 고려할 수 있다. 이것은 그림 A-4에서 설명된다. 고압력 회복 밸브(예, 버터플라이 밸브)는 저압력 회복 밸브보다 베나 콘트랙타에서 더 낮은 압력을 가지기 때문에 어떤 주어진 조건에서 캐비테이션에 더 근접할 것이다.

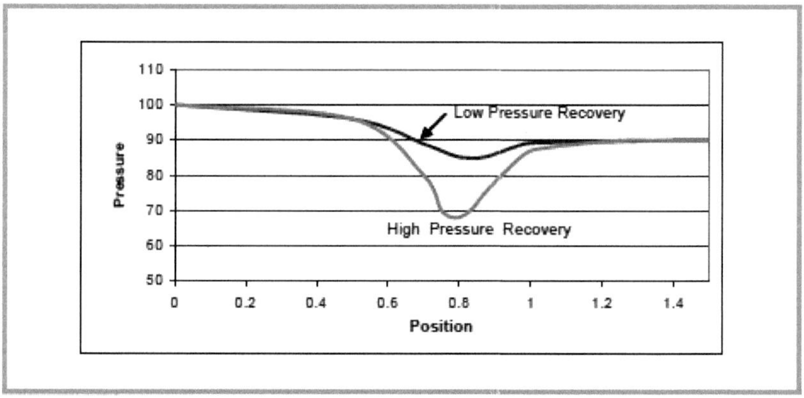

[그림 A-3] 높은 압력회복 밸브와 낮은 압력회복 밸브

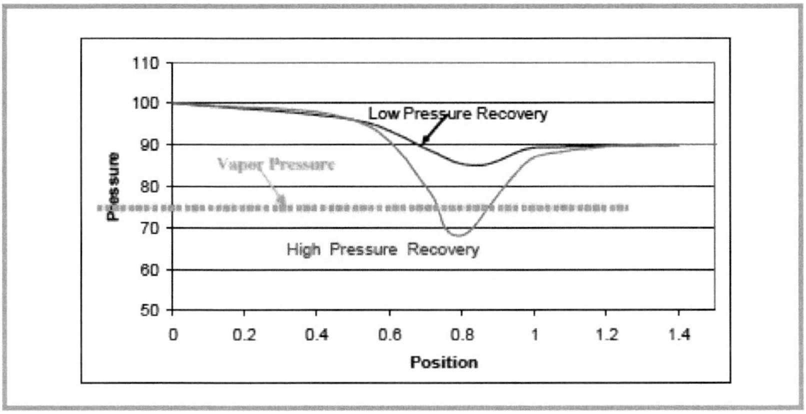

[그림 A-4] 기포 압력선에서의 높은 압력회복 밸브와 낮은 압력회복 밸브

A.6 만곡 유동 혹은 재순환 캐비테이션

밸브와 오리피스 자체 그리고 하류의 캐비테이션에 추가하여 엘보우와 티와 같은 피팅에서 캐비테이션이 발생할 수 있다. 이런 형태의 캐비테이션 손상은 '만곡유동 캐비테이션(Flow-curvature Cavitation)' 혹은 '재순환 캐비테이션(Re-circulation Cavitation)'이라고 하며, 2차 혹은 재순환 유동 영역의 낮은 압력 지역에서 기포가 발생하여 생긴다. 이러한 유동은 터보 기계류의 여러 지점, 유동이 혼합되는 지역, 엘보우 및 티에서 발견된다.

이러한 현상을 설명하기 위하여 엘보우의 유동을 생각하자. 만약 유동이 와류이면 유동이 만곡부 주변의 곡선에서 재조정됨에 따라 2차 유동이 발생하게 된다. 외호면의 유체는 내호면의 유체보다 더 많이 이동해야 하기 때문에 엘보우 내호면 압력이 더 높게 형성된다. 이런 압력 구배는 엘보우 안쪽에서 바깥쪽으로 유동을 일으킨다. 더 높은 유동으로 형성된 낮은 압력은 캐비테이션 기포를 형성케 한다. 만약 이런 과정이 지속되면 종국적으로 그림 A-5에서 처럼 엘보우가 캐비티(Cavity)로 질식이 될 것이다.

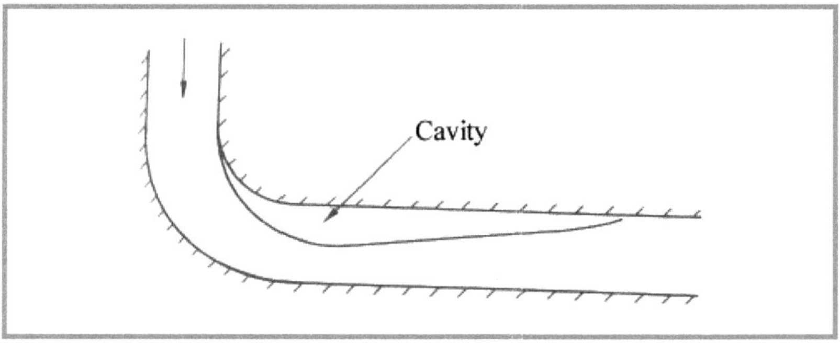

[그림 A-5] 엘보우 내부의 질식 캐비테이션

이런 형식의 캐비테이션은 정압이 증기압에 근접할 때 발생하며 낮은 압력의 파이프에서만 발생할 수 있다. 그림 A-6는 엘보우에서 발생한 손상 예이다. 그림 A-7은 재순환 유동으로 인한 캐비테이션에 의해 구멍이 뚫린 티이의 예이다.

A.7 캐비테이션 및 소음

캐비테이션이 기포 붕괴로 인한 소음을 발생시킨다는 것은 잘 알려져 있다. 그림 A-8은 유럽 기준들로부터 발췌한 도식 곡선이다. 이 플로트는 소음 발생을 몇 영역으로 나눈다.

- A-B는 층류 유동 영역이다. 여기에서 소음은 낮으며 유량에 따라 증가한다.
- B-C는 캐비테이션이 없는 와류 영역이다. 소음 수준은 층류 유동 영역보다 높다.
- D-E는 캐비테이션이 있는 와류 영역이다. 소음 수준은 최대에 도달한 후 완전 질식 조건에 도달함에 따라서 점점 작아진다. 점선 커브는 다른 밸브 설비에 대한 것이다.

소음 발생과 계통의 소음 특징을 해석하는 주제가 최근 상당한 주목을 받았다. 특히 밸브 제작자는 그들 제품의 소음을 저감시키고자 하는 욕구에 민감하다.

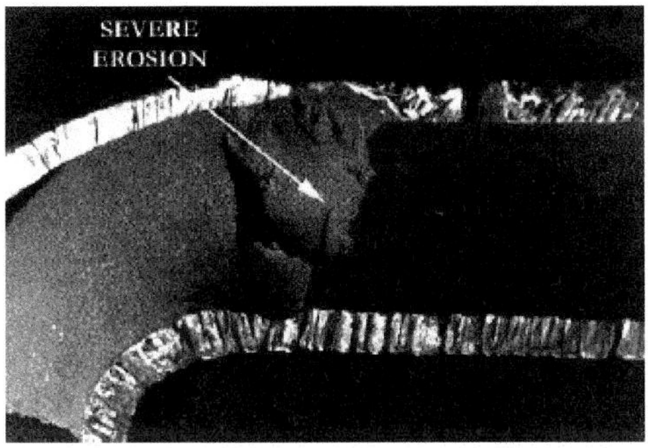

[그림 A-6] 발전소 엘보의 심각한 침식

[그림 A-7] 재순환 캐비테이션으로 구멍이 뚫린 티이

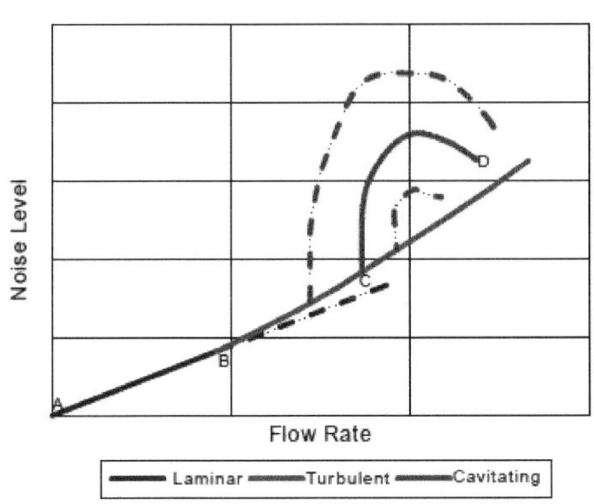

[그림 A-8] 유동으로 발생하는 소음 개념

B – 캐비테이션 정의 및 계산 방법

B.1 기본적인 정의

밸브 캐비테이션 분야의 캐비테이션 계수(σ) 혹은 캐비테이션 지수(또한 압력회복계수, K로 표시)를 사용한다. 캐비테이션 계수는 일반적으로 미국에서 사용되고 캐비테이션 지수는 유럽에서 사용된다. 대부분의 경우 캐비테이션은 캐비테이션을 유발하는 압력차와 캐비테이션을 억제하는 압력 차이의 비율로 표시한다. 캐비테이션은 다음과 같이 정의된다.

$$\sigma = \frac{P_d - P_v}{P_u - P_d} \tag{B-1}$$

여기에서

$\sigma =$ 캐비테이션 계수

$P_d =$ 10×직경 하류의 평균 압력

$P_v =$ 액체 증기압

$P_u =$ 1×직경 상류의 평균압력

$$K = \frac{P_u - P_v}{Velocity\ Head} = \frac{P_u - P_v}{\frac{\rho V^2}{2}} \tag{B-2}$$

여기에서

$K =$ 캐비테이션 지수

$\rho =$ 액체 밀도

$V =$ 상류 파이프 평균 속도

B.2 밸브 캐비테이션 평가

밸브의 캐비테이션 취약성은 다음 단계에 따라 결정한다.

1) 심각한 캐비테이션이 발생하지 않을 정도의 최대허용 밸브 교축 차압을 결정한다.

$$P_{allow} = F_L^2 [P_1 - F_F \cdot P_V] \tag{B-3}$$

여기에서

$P_1 =$ 밸브 입구압력

$P_V =$ 운전온도에서 증기압

$F_L =$ 압력회복인자, 무차원

$F_F =$ 임계 압력비, 온도의 함수

FL의 제곱 값은 특정 밸브의 함수이다. 이 변수는 보통 제작자의 시험 데이터이다.

2) 예상되는 밸브 교축 차압이 ΔP_{allow}의 80%를 초과하는지 확인한다. 80%는 '안전(Safety)' 혹은 '무시(Ignorance)' 인자이다.

3) 만약 예상되는 차압이 ΔP_{allow}의 80%를 초과하면 캐비테이션이 예상된다.

위에 제시된 방법이 일반적으로 제어 밸브 사이즈 결정에 사용된다. 이 방법은 질식으로 인한 유동 손실을 고려한다. 그러나 만약 밸브가 계산에 의하여 허용되는 최대 차압(안전인자 없이)에서 운전된다면 밸브는 심각한 캐비테이션을 겪고 질식이 될 것이다. 차압이 더 증가하면 수퍼 캐비테이션에 이르게 될 것이다.

질식 캐비테이션의 압력강하는 압력회복 인자(F_L)로 예상된 캐비테이션 수준의 압력강하와 같다. 압력회복 인자는 질식 캐비테이션에 해당하기 때문에 F_L로 예상된 소선에서 밸브를 운전하지 말아야 한다.

C – 밸브 하류 속도 추정

여기에서는 플래싱 밸브 혹은 오리피스의 하류 속도를 추정하는 방법을 제시한다. 이 방법은 복잡한 열수력학 문제와 근사하다.

플래싱이 발생할 때 유체는 포화 혹은 과냉각수와 같이 평형상태에서 출발하여 액체가 자연적으로 증기로 변환되는 불평형 상태를 거쳐 결국에는 방해물의 하류 압력에 해당하는 평형상태에 도달한다. 이러한 문제를 다루기 위한 많은 모델들이 개발되어졌다. 사실 모든 경우에 하류 파이프의 침식을 다루기 위한 것이 아니고 유량 및 하류 조건을 찾는 것이 계산의 목적이었다.

이러한 문제를 해결하는데 있어서 여러 수준의 지식이 이용되며, 가정 사항은 다음과 같이 여러 가지가 있다.

- HEM(Homogenous Equilibrium Model)
  가장 간단한 모델은 2상이 균일하고(즉, 2상이 균일한 속도로 이동한다) 평형상태(즉, 동일한 온도를 가진다)에 있다고 가정하는 것이다. 이 경우 하류 조건 결정을 위해 열역학이 직접적으로 이용될 수 있다.
- SEM(Separated Equilibrium Model)
  이 형식의 모델은 2상의 속도는 다르나 동일한 온도를 가진다고 가정하는 것이다. 2상 간의 관계를 정의하기 위하여 추가적인 정보가 모델에 포함되어야 한다. 추가적 정보는 기포 분율의 상관관계 형태 혹은 상 간의 속도 차이를 정의하는 표류 관계일 수 있다.
- Non-Equilibrium Model
  이 형식의 모델은 2상의 온도와 속도가 다르다고 가정한다. 이것을 해결하는 일련의 연립방정식을 만들기 위해 상 속도와 에너지(즉, 온도)를 관련시키는 여러 보조 모델이 정의되어야 한다.

C.1 단순 모델

유량을 알고 있다고 가정함으로써 단순 모델이 개발될 수 있다. 이 모델은 유체상태에 대하여 HEM 가정 사항을 사용한다. 원한다면 미지의 유량을 예측하기 위하여 질식 모델(HEM 또는 다른 것)이 사용될 수 있다. 상류 조건의 함수로 임계 유량을 결정하기 위하여 Fauske 같은 많은 모델이 존재한다.

플래싱 밸브 혹은 오리피스의 하류 속도를 계산하기 위하여 다음 단계들이 사용될 수 있다.

1) 상류의 열역학적 상태가 정의되어야 한다. 온도와 압력은 상태를 정의하기에 충분하다. 압력을 알지 못한 경우 만약 유체가 액체상이면 온도만 사용될 수 있다.*
2) 증기 테이블을 사용하여 상류 엔탈피를 결정한다. 이런 형식의 문제에는 정적 엔탈피(즉, 증기 테이블에 직접 찾는 엔탈피)를 사용해야 한다. 총 엔탈피 항에 동적 에너지와 잠재 에너지 기여도는 무시될 수 있다.
3) 하류 압력을 사용하고 밸브를 통과하는 열역학적 과정이 Isoentalpy(즉, 일정한 엔탈피)라고 가정하면 하류의 질은 공식 C-1을 사용하여 계산될 수 있다.**

$$x = \frac{(h_d - h_f)}{h_{fg}} \tag{C-1}$$

여기에서

x = 질
h_d = 하류 엔탈피(상류 엔탈피와 같음)
h_f = 액체 엔탈피(하류 압력에서 증기 테이블로부터)
h_{fg} = 증발을 위한 엔탈피 증가(하류 압력에서 증기 테이블로부터)

* 이 가정은 유체가 과냉각되었다라고 하기보다 포화되었음을 함축하고 있다. 이러한 가정으로 상류 엔탈피에 약간의 에러가 도입될 것이다.

** 밸브를 통과하는 과정은 개방된 계에서 열역학 제1 법칙을 생각하면 Isoentalpy임을 쉽게 보여줄 수 있다. 유동이 단열이고 한 일이 없다는 합당한 가정을 한다면 일정한 엔탈피를 따른다. 더 나아가 잠재적인 그리고 운동에너지 차이가 무시될 수 있다는 합리적인 가정을 한다면 하류 정적 엔탈피는 상류 정적 엔탈피와 같다.

4) 하류 압력을 사용하여 혼합물의 질과 비체적이 계산된다. 이 계산은 본래부터 2상이 동일한 속도로 이동한다고 가정하고 있다. 비체적은 혼합물 밀도의 역임을 주목하라.

$$v = v_f + x \cdot v_{fg} \qquad \text{(C–2)}$$

여기에서

$v =$ 혼합물의 비체적

$v_f =$ 액체상의 비체적(하류 압력에서 증기 테이블로부터)

$v_{fg} =$ 증발을 위한 비체적 증가(하류 압력에서 증기 테이블로부터)

5) 하류 비체적, 들어오는 유량 및 하류 파이프 면적을 알면 속도는 다음과 같이 주어진다.

$$V = \frac{W \cdot v}{A} \qquad \text{(C–3)}$$

여기에서

$v =$ 속도

$W =$ 질량 유량

$A =$ 하류 단면적

C.2 계산 샘플

다음 계산 샘플은 상기 방법을 설명한다.

- 주어진 조건 : 1,500 psia 및 400 °F의 상류 조건. 배압이 200 psia, 100 psia, 50 psia 이면 속도는 얼마인가? 유량은 100,000 lb/hr이고 하류 파이프는 4 인치 Schedule 80으로 가정하라.
- 해법: 증기 테이블로부터 포화 엔탈피 및 비체적을 찾을 수 있고 다음 표에 기재되었다. 파이프 데이터로부터 4인치 Schedule 80 파이프의 내경이 3.826 인치임을 찾을 수 있다. 이것으로부터 유동 면적이 계산되고 속도가 결정된다.

상류 조건에 C-3 공식을 적용함으로써 단일 상 속도가 6.43 inch/sec. 로 결정된다.

Downstream Pressure (psia)	h_f (Btu/lb)	h_{fg} (Btu/lb)	*X* Calculated from Eq. C-1	v_f (ft^3/lb)	v_{fg} (ft^3/lb)	*v* Calculated from Eq. C-2 (ft^3/lb)	V Calculated from Eq. C-3 (ft/sec)
200	355.5	842.8	0.0250	0.018390	2.2689	0.075086	26.12
100	298.5	888.6	0.0878	0.017740	4.4133	0.405431	141.02
50	250.2	923.9	0.1368	0.017274	8.4967	1.179351	410.21

C.3 더 정확한 방법

위에 제시된 계산에서 임계유동 계산은 수행되지 않았다는 것을 주목하라. 밸브는 정해진 유동을 통과하는 것으로 가정한다. 더욱 정확한 분석에서 임계 유동계산이 유동을 수립하기 위해서 먼저 수행될 것이다. 나머지 계산은 위에 제시된 것을 따른다.

만약 이러한 상황에서 더 정확한 유량 계산이 바람직하다면 여러 가지 방법이 존재한다. 이러한 방법에서 밸브 혹은 오리피스를 통과하는 가능한 최대유동을 예측하기 위해서 임계유동 모델이 사용된다.

D – 2상 유체의 속도 추정

여기에서는 2상 혼합물의 속도 추정에 사용될 수 있는 방법을 제시한다. 이 방법은 근사한 것으로 선별하는 목적에 적합하다.

2상 유동은 광범위하게 연구되었다. 엄격히 말하면 물과 증기가 하나의 파이프 속을 이동할 때 각 상은 다른 속도를 가질 것이다. 이러한 문제를 다루기 위하여 많은 모델들이 개발되었다.

선별 목적으로 균질 유동이 가정된다. 이는 액체와 증기 상이 동일한 속도를 가진다는 것을 의미한다. 이 균질 가정은 높은 2상의 속도에서 보통 합리적으로 정확하다. 낮은 속도에서는 2상에서 상당한 속도 차이가 확연해진다. 균질 유동을 가정해서 몇 개의 유사 문제가 설명된다.

D.1 샘플 문제 1

파이프 계통에서 증기 유량이 1.236 million pounds/hour 이고 물 유량이 0.234 million pounds/hour이면 혼합물의 질은 얼마인가? 습분은 얼마인가?

질은 증기의 질량 분율로 정의된다. 정상 유동 조건에서 총 질량 유량에 대한 증기 질량 유량의 비율이다. 그러므로 질은 다음과 같다.

$$x = \frac{W_s}{Ws + W_w} = \frac{1.236}{1.236 + 0.234} = 0.841 \text{ or } 84.1\%$$

습분은 물의 질량 분율로 정의된다. 이리하여 습분은

$$moisture = \frac{W_w}{W_s + W_w} = \frac{0.234}{1.236 + 0.234} = 0.159 \text{ or } 15.9\%$$

D.2 샘플 문제 2

증기와 물의 혼합물이 500 psia이고 질은 95%이다. 혼합물은 500,000 lbs/hr로 14인치 Schedule 80 파이프를 흐르고 있다. 혼합물의 속도는 얼마인가?

증기 테이블에서 500 psia의 포화액체의 비체적, v_f와 포화증기의 비체적 v_{fg}은 다음과 같다.

$$v_f = 0.01975 \text{ ft}^3/\text{lb},$$

$$v_{fg} = 0.90787 \text{ ft}^3/\text{lb}$$

혼합물 비체적은 다음과 같이 결정된다.

$$v = v_f + x \cdot v_{fg} = 0.01975 + 0.95 \cdot (0.90787) = 0.88223 \text{ ft}^3/\text{lb}$$

혼합물 비체적에 질량 유량 정의를 적용함으로서 질량 속도를 구한다.

$$W = \frac{A \bullet V}{v}$$

여기에서

W = 질량 유량

A = 단면적

V = 속도

v = 비체적

이 공식을 적용하고 파이프 단면적을 사용하여 속도를 구한다.

$$V = \frac{W \bullet v}{A} = \frac{500{,}000 \bullet 0.88223}{0.8522} = 517{,}619\, ft/lb \text{ or } 143.7\, ft/\sec$$

D.3 샘플 문제 3

만약 앞의 샘플 문제에서 유체가 밸브를 통과하며 배압이 50 psia이고 직경이 18인치 Schedule 40으로 증가한다면 혼합물의 속도는 얼마인가?

해법의 첫 번째 단계는 하류의 열역학적 상태를 결정하는 것이다. 밸브를 통과하는 유동이 정상상태이고, 단열 과정(즉, 열전달이 없음)이며 일을 하지 않음을 고려하면 동 과정이 Isocntalpy(일정한 엔탈피)임을 열역학 1법칙으로 입증된다. 상류 엔탈피는 증기 테이블의 포화 데이터와 알고 있는 질을 사용하면 된다.

증기 테이블과 500 psia로부터 포화액체 엔탈피, h_f, 및 포화증기 엔탈피 v_{fg}는 다음과 같이 구한다.

$$h_f = 449.5 \text{ Btu/lb},$$

$$v_{fg} = 755.1 \text{ Btu/lb}$$

$$h = h_f + x.h_{fg} = 449.5 + 0.95(755.1) = 1166.9\,Btu/lb$$

50 psia 하류 압력에서 포화 엔탈피는

$$h_f = 250.2 \text{ Btu/lb},$$

$$v_{fg} = 923.9 \text{ Btu/lb}$$

이 정보를 가지고 하류의 질을 다음과 같이 풀 수 있다.

$$x = \frac{h - h_f}{h_{fg}} = \frac{1166.9 - 250.2}{923.9} = 0.9922$$

포화 조건에서 비체적은 다음과 같다.

$$v_f = 0.017274 \text{ ft}^3\text{/lb}$$

$$v_{fg} = 8.4967 \text{ ft}^3\text{/lb}$$

이 전처럼 진행하면 혼합물 비체적과 속도는 다음과 같이 결정한다.

$$v = v_f + x \cdot v_{fg} = 0.01727 + 0.9922 \cdot (8.4967) = 8.448\,ft^3/lb$$

파이프의 단면적을 알면 혼합물 속도는 다음과 같다.

$$V = \frac{W.v}{A} = \frac{500{,}000.(8.448)}{1.2266} = 3{,}443{,}665\,ft/hr \text{ or } 956\,ft/\sec$$

주 : 매우 높은 속도는 음속을 초과하는지 점검하여야 한다. 2.2절을 참고한다.

Appendix V

제어밸브 캐비테이션 평가

1. 적용범위

이 자료는 프로세스 유체의 제어에 사용하는 제어 밸브에 적용하기 위한 것으로 유압기기에는 적용되지 않는다. 이 자료의 사용자는 유체 역학뿐만 아니라 밸브의 사이즈 결정 및 시험에 관한 부록 Ⅰ과 부록 Ⅱ의 내용을 잘 알고 있어야 한다.

2. 목적

응용과학으로써 캐비테이션(Cavitation) 분야는 아직도 제어 밸브의 사이즈 계산을 지원할 수 있는 높은 수준까지 발전하지 않았다. 캐비테이션 과학은 복잡한 밸브 구조의 캐비테이션 작용을 정의하는 초기 단계에 있다. 그러나 이 분야는 사용자와 제작자 모두에게 실질적인 정보로써 매우 필요하다. 이 자료의 목적은 이러한 정보를 제공하기 위한 것이며, 이 때문에 범위가 필연적으로 넓어진다. 이 자료의 세부적인 목적을 다음과 같다.

① 여러 문헌을 요약하여 밸브 캐비테이션에 대한 최신 기술과 지침에 대한 교육 배경 및 자료 제공

② 캐비테이션 변수와 기호를 정의하여 의사소통 기준 수립

③ 시험 절차와 적용 경험에 의한 개별 제어 밸브의 캐비테이션 특성을 평가하는 방법 제안

④ 주어진 조건에서의 제어 밸브의 선정 지침 제공

3. 기호

a	PSE 계산을 위한 경험적 특성 지수
b	SSE 계산을 위한 경험적 특성 지수, 구조적으로 유사한 밸브의 참조 값으로 결정
C_v	밸브 유량계수
C_{vr}	참조 밸브에 대한 유량계수
d	밸브 입구 직경
dr	시험된 참고 밸브의 입구 직경, inch(mm)
D_1	상류 파이프 내경, inch(mm)
D_2	하류 파이프 내경, inch(mm)
e	자연 대수, e = 2.71828...
F_{dc}	강도 지수를 수정하기 위한 작동주기 인자
F_F	액체 임계압력비 인자, 무차원
F_L	액체 임계압력비, 무차원
F_P	밸브 사이즈 결정을 위한 파이프 인자
F_T	강도 지수를 수정하기 위한 온도 인자
F_U	강도 지수를 수정하기 위한 속두 인자
G_f	상류의 액체 비중(15.6℃에서 물의 밀도와 유동 액체의 밀도와의 비율), 무차원
I	강도 지수
K_{B1}	상류 파이프 리듀서의 베르누이 계수
K_{B2}	하류 파이프 리듀서의 베르누이 계수
K_1	상류 파이프 리듀서의 수두손실계수
K_2	하류 파이프 리듀서의 수두손실계수

N_{1-4}	공식에서 사용하는 측정 단위에 대한 상수
P_a	대기압력, psia(kPa)
P_1	밸브 상류의 절대압력, psia(kPa)
P_2	밸브 하류의 절대압력, psia(kPa)
PSE	압력 스케일 효과
P_v	입구 온도에 대한 액체의 절대 증기압, psia(kPa)
P_{vc}	베나 콘트랙타의 절대압력, psia(kPa)
q	체적 유량률, gpm(m^3/hr)
SSE	사이즈 스케일 효과
SPL	20×10^{-6} Pascal(2.0×10^{-5} N/m^2)을 근거로 한 음압 레벨
T	유체의 온도, °F(℃)
T_{avg}	특정 압력에 대해 액체의 빙결 및 증발 온도 사이의 평균 온도, °F(℃)
T_B	특정 압력에 대해 액체의 증발 온도, °F(℃)
T_F	액체의 빙결 온도, °F(℃)
U	밸브 입구의 평균 속도, ft/s(m/s)
U_o	밸브 입구에서 결정되는 공식(Pitting) 한계 속도, ft/s (m/s)
x_{FZ}	초생 캐비테이션의 계수
$\triangle P$	측정한 밸브 차압, psi(kPa)
$\triangle P_{ch}$	질식에 의한 압력 감소, psi(kPa)
σ	운전조건에서 $(P_1-P_v)/(P_1-P_2)$인 캐비테이션 지수
σ_2	운전조건에서 $(P_1-P_v)/(P_1-P_2)$인 캐비테이션 대체 지수

σ_c	일정 캐비테이션에 대한 계수, σ_c는 부드럽고 안정적인 캐비테이션이 발행하는 조건에서 $(P_1-P_v)/\triangle P$와 같다.
σ_{ch}	질식 캐비테이션에 대한 계수, σ_{ch}는 밸브에서 질식과 관련된 지점에서$(P_1-P_v)/[F_L{}^2(P_1-F_F P_v)$와 같다.
σ_i	초생 캐비테이션에 대한 계수, σ_i는 초생 캐비테이션이 발생하는 지점에서 $(P_1-P_v)/\triangle P$와 같다.
σ_{id}	캐비테이션에 대한 초기 손상 계수, σ_{id}는 캐비테이션이 일어나는 조건에서 $(P_1-P_v)/\triangle P$와 같다.
σ_{mr}	특정 밸브에 대해 제작자가 권고하는 최소 캐비테이션 지수에 대한 계수, σ_{mr}은 최소 권고치 $(P_1-P_v)/(P_1-P_2)$와 같다.
σ_{mv}	캐비테이션 변수 플롯 상에서 최대 진동을 일으키는 캐비테이션 지수(그림 3-1)
σ_p	배관에 리듀서가 부착되어 있고 배관보다 더 작은 밸브대한 효과에 대해 캐비테이션 계수 σ_v 를 조정
σ_R	캐비테이션 계수의 참고 값
σ_{ss}	강도 지수 계산에 사용하기 위해 운전 압력과 사이즈 영향을 조정한 캐비테이션 지수, σ_{ss}는 $[(\sigma/SSE-1)/PSE]+1$과 같다.
σ_v	원래의 시험 사이즈와 압력보다 다른 밸브의 사이즈와 압력에 대해 조정한 밸브로서 시험 밸브와 구조적으로 유사한 밸브 캐비테이션 지수, 이것은 리듀서의 효과가 포함되지 않는다.

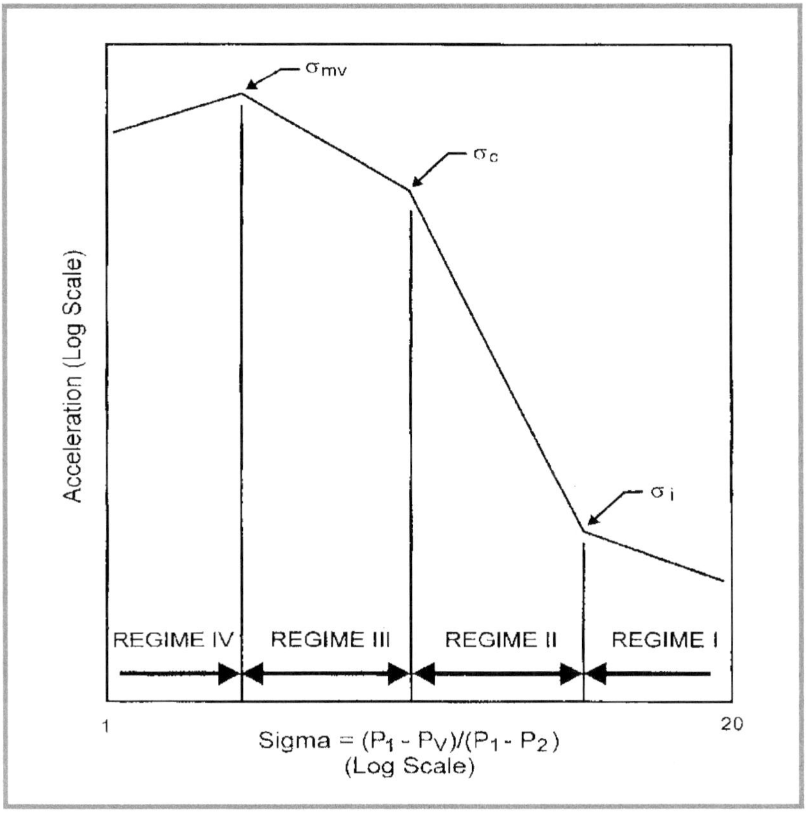

[그림 3-1] 캐비테이션 변수에 대한 플롯

[표 1] 캐비테이션 공식의 수치 상수

상수		단위	
N		d, D	U, U_o
N_{c1}	1.00 0.00155	in mm	– –
N_{c2}	890 0.00214	in mm	– –
N_{c3}	1.0 25.4	in mm	– –
N_{c4}	0.078 0.256	–	ft/s m/s

4. 요약

캐비테이션은 액체가 제어 밸브를 통과하면서 발생할 수 있는 현상이다. 캐비테이션을 이해하지 못하면 성능 측면에서 비용 문제를 초래하게 된다. 이러한 상황을 예방하기 위해 제어 밸브 규격에 관계하는 사람은 캐비테이션의 성질과 기본적인 완화 기술을 이해하는 것이 중요하다. 이 절의 목적은 이러한 주제를 간략하게 소개하기 위한 것이다. 이에 대한 포괄적인 것은 이 부록의 B를 참조하면 될 것이다. 이 자료와 친숙할 필요가 있으며 캐비테이션 문제를 성공적으로 해결하기 위해서는 캐비테이션의 기본 원리에 대한 통찰력과 기술적인 판단에 크게 의존할 수밖에 없다.

간략하게 살펴보면 캐비테이션은 액체에서의 캐비티(Cavity)의 형성, 성장, 급속 붕괴 순으로 구성되어 있다. 이러한 기포 캐비티는 유체의 압력이 액체의 포화압력 이하로 떨어질 때 형성되고, 압력이 포화압력 이상으로 증가하면 붕괴된다.

압력 변화를 일으키는 다른 특정 원인도 캐비테이션을 유발하지만, 이 모든 것은 제어 밸브를 통과하는 액체의 유동으로부터 발생한다. 보통 캐비테이션은 경계층과 관련된 낮은 압력 영역에서 시작된다. 이것은 평균압력이 포화압력보다 높더라도 발생할 수 있다. 액체가 밸브 트림의 여러 저항을 통해 흐를 때 평균압력(유로 방향의 수직면에 대한 평균 정압)은 감소할 것이다. 이러한 영역에서 포화압력 이하로 떨어질 때 캐비테이션 정도와 범위는 확대된다.

밸브와 인접한 설비의 심각한 소음 정도, 과도한 진동 및 물리적 손상은 캐비테이션과 관련한 주요 문제점이다. 이러한 문제점 모두가 기포 캐비티의 붕괴로부터 발생한다. 재료의 손상은 캐비티가 붕괴할 때 발생하며, 경계 표면에 충돌하는 충격파(Shock Waves)와 마이크로 제트(Micro-jets)에서 기인한다. 부식은 이러한 기계적 손상기구를 더욱 악화시킨다. 캐비테이션 손상으로 인한 재료의 외양은 젖빛 우유 색깔에서 거친 잿빛 직물 같은 모양으로 변한다.

캐비테이션의 다른 부작용은 밸브 성능이 확실하게 감소하는 것이다. 액체의 일부가 기포화될 때 유체에 작용하는 압축성은 유체의 플래싱과 유사한 질식 유동 조건을 유발할 수 있다.

이 절에서는 간단히 다루지만 캐비테이션은 매우 복잡한 것이다. 모든 캐비테이션이 상기의 문제점을 반드시 일으키는 것은 아니다. 그러나 액체의 캐비테이션 현상에 대한 모델링 시도가 지금까지 성공하지는 못했다. 아직까지 문제를 일으키는 캐비테이션 현상을 구별하는 것은 매우 어려운 상황이다.

지금까지 제어 밸브 업계에서는 캐비테이션을 확정되지 않은 단일 변수로 기술하는 방법을 채택해 왔다. 이러한 접근 방법으로 주어진 제어 밸브의 적합성은 운전조건에서 평가된 변수의 값을 운전 제한치와 비교하여 결정한다.

사용자 관점에서 표현하면 상기에 기술한 접근 방법은 몇 가지 주요한 결함을 가진다. 첫째, 사용되는 변수와 방법의 정의가 제작자마다 매우 다르다. 방법상 기초 원리가 기본적으로 같지만 외형의 차이점이 많은 혼동을 일으킨다. 더욱이 캐비테이션의 복잡성은 주어진 조건에서 확정되지 않은 단일 변수로는 정확한 현상을 예측하기가 어렵다. 많은 운전 인자가 캐비테이션 수준에 영향을 미칠 수 있다. 불행하게도 아직까지 여러 가지 변수를 채택하여도 보편적인 변동 조건에서 캐비테이션의 강도와 범위를 완전하게 표현할 수 있는 모델은 알려져 있지 않다.

비교 기준으로 사용되는 운전 제한치는 많은 경우에 압력회복 인자 F_L 값과 일치한다. 밸브를 압력회복 인자로 정의한 제한치에서 운전하게 되면 이 밸브는 질식 유동 조건에 있게 된다. 유동 상태에서 상당한 기포가 형성되면 심각한 수준의 캐비테이션이 존재할 수 있다. 다른 경우를 언급하면 이러한 방법으로 F_L을 사용하는 것은 보통 정확한 방법이 아니며, 일반적으로 특별하게 설계된 밸브 트림에서만 유효하다. 대부분 밸브가 이러한 조건에서 문제없이 운전될 수는 없다.

이 절에서는 개선된 단일 변수를 사용하게 될 것이다. 식 1로 정의된 특정변수의 사용을 권고한다. 적용 조건의 차이점과 관련된 변화를 설명하는 곳마다 이 변수가 조정된다. 이 기법이 한계가 있는 경우에도 사용의 용이성과 예측의 유용성이 조화를 이룰 것이다.

본 자료에서 사용하기 위해 선택한 변수는 캐비테이션 지수이다

$$\sigma = (P_1 - P_v)/(P_1 - P_2) \tag{1}$$

여기서 P_1은 밸브 상류의 절대압력, P_2는 밸브 하류의 절대압력, P_v는 유체 입구온도에 대한 절대 포화압력이다.

앞서 언급한 것처럼 다른 변수들도 사용해 왔고 아마도 장래에도 계속 같은 목적으로 사용될 것이다. 많은 경우에서 제대로 정의된 수학적 상관 식은 이들 변수와 식 1에서 정의한 지수 사이에서 존재한다. 몇 개의 다른 변수, σ의 상관 식 그리고 관련 이득과 불이득은 이 부록의 B에서 다룬다.

σ 지수는 사실 운전조건에서 만의 양이다. 그 자체로써는 특정 밸브의 적용에 대해서는 어떠한 정보도 전달하지 않는다. 밸브마다 다른 수준의 캐비테이션이 허용될 수 있으며, 달리 적용할 경우 다른 관점의 캐비테이션(예를 들면 소음대비 손상)이 고려된다. 그러므로 σ는 운전조건에서 평가하여야 하고 그 후 다소간의 벤치마크와 비교하여야 한다.

특수한 적용을 위한 벤치마크 σ 값은 선정된 밸브의 스타일뿐만 아니라 소음 같은 문제점 모두와 관련이 있다. 과거에는 제어 밸브 업계에서 다양한 제한치가 제시되어 사용되었다. 이 자료에서 전반적인 캐비테이션 수준으로 인용하는 벤치마크는 다음과 같다.

① 초생 캐비테이션

② 일정 캐비테이션

③ 초기 손상

④ 질식 캐비테이션

⑤ 최대 진동 캐비테이션

이 다양한 수준의 정의는 3절에 나타나 있다. 이들의 중요성에 대한 상세 내용은 이 부록의 B를 잠조하면 된다. 또 이들을 결정하는 방법은 7절에서 기술한다.

상기에 기술한 캐비테이션 수준의 차이점은 단지 심각한 캐비테이션 조건을 정의한 것으로 특별한 캐비테이션 수준을 권고하는 것은 아니다. 주어진 상태에서 활용하기 위해 이것이 결정되어 있지 않으며 보통 주관적인 정도가 포함되어 있다. 운전조건에 추가하여 밸브 스타일과 개도, 운전 주기, 위치, 기대 수명 및 과거의 경험 같은 인자를 고려해야 하고, 밸브 제작자는 이것을 항상 진단해야만 한다. 제작자는 소위 '제작자 권고 제한치' σ_{mr}이라는 밸브 운전 제한치를 권고할 수도 있다. 추가적인 내용은 6절과 이 부록의 B에 기술되어 있다.

다양한 캐비테이션 수준들은 제어 밸브의 내부 구조에 대한 함수이다. 주어진 캐비테이션 계수 값 차이는 밸브 스타일의 차이 그리고 동일 밸브일지라도 개도 차이와 관련이 있다.

더욱이 축소된 스케일의 모델로 캐비테이션을 결정하게 되면 이들 캐비테이션에 대한 수치적인 값들은 조정되어야만 한다. 캐비테이션 계수의 수치적인 값을 변하게 하는 인자는 '스케일 효과'로 알려져 있다. σ 계수의 수치적 값은 6절의 스케일 공식을 사용하여 '사이즈 스케일 효과(SSE)'로 수정할 수 있다.

지금까지의 연구 결과 수많은 인자가 캐비테이션의 총체적 성격과 문제점에 기여하는 것으로 알려져 있다. 이들 인자 중의 일부는 상기에서 언급한 것과 같이 밸브의 기하학적 형상과 관련이 있다. 우선 운전조건의 스케일 효과는 '압력 스케일 효과(PSE)'이다. 특정 밸브에 대해 여러 가지의 캐비테이션 계수의 수치적 값은 평가 압력에서의 함수로 변하게 된다. 결과적으로 운전 압력이 시험 압력과 다르다면 이 값의 조정은 필수적이다. 이러한 조정을 위한 계산식은 6절에 나타나 있다.

이 시점에서 상기에서 정의한 스케일 효과와 다른 효과를 소개하겠다. '영향도(Influence)'는 스케일 효과처럼 캐비테이션 계수의 수치적 값을 변하지 않게 하는 인자들로 구성되어 있지만 캐비테이션 강도에 영향을 미친다. 영향도 인자는 여러 가지이지만 공학적 목적에서는 다음과 같은 주요한 효과만을 다룬다.

① 점도

② 속도

③ 액체내의 용해성 및 불용성 가스

④ 액체의 열적 특성

⑤ 운전 주기

이들의 효과와 이해 방법에 대한 자세한 내용은 이 부록의 B를 참조하면 된다.

캐비테이션에 대한 시험밸브에서 측정되는 압력강하 ΔP는 상류와 상류의 압력 탭 사이의 차압이다. 높은 압력회복 밸브($Cv/N_1d^2 > 20$)와 가혹한 조건에서 Cv, ΔP, 밸브 개도 및 σ를 평가하려면 배관에 배열되는 압력 탭을 조절하는 것이 필요하다. 자세한 내용은 이 부록의 D에서 다룬다.

캐비테이션은 산업계의 프로세스 제어에서 주요한 문제점으로 지속될 것이다. 이러한 캐비테이션의 성질을 이해하고 정량적인 정보를 활용하면 문제점을 효과적으로 완화하는데 도움이 될 것이다. 그러나 밸브와 캐비테이션의 운전조건 분석을 통한 궁극적 이득은 운전조건과 밸브의 가용 정보에 대한 품질과 완벽함에 달려있다. 밸브 사용자와 제작자는 투명하고 정확한 데이터를 공유하는 노력이 필요하다. 이 데이터는 운전조건과 밸브 용량 간의 차이점을 비교할 수 있도록 한다.

이 자료에 포함된 절차는 현재 이용 가능한 최상의 실용 지식을 제공하려는 것이다. 그러나 이것을 이용하는 사람은 항상 새로이 입증된 기법이 이용 가능하다면 그것을 이용하여야 한다.

5. 캐비테이션 지수 및 밸브 스케일 효과

가. 적용 가능성

캐비테이션 지수 σ(식 1)는 밸브의 사이즈와 프로세스 유체의 특성(포화압력과는 다름)이 지수의 값에 영향을 거의 미치지 않는다고 가정한다. 사실 캐비테이션 현상과 캐비테이션 계수는 밸브 상류의 압력이나 밸브 사이즈와 독립적이지도 않고 일치하지도 않는다. 압력 변화와 관련하여 캐비테이션 계수 값이 변하는 것은 '압력 스케일 효과

(PSE)'로 알려져 있다. 이와 같이 밸브 사이즈와 관련하여 캐비테이션 계수 값이 변하는 것은 '사이즈 스케일 효과(SSE)'로 알려져 있다. 밸브 사이즈 변화에 추가하여 파이프 리듀서나 인크리서는 계수 값에 영향을 줄 수 있다.

이 절에서는 이러한 효과를 체계적으로 설명하고자 한다. 실제 사이즈 또는 운전 압력에 대한 시험 사이즈 또는 압력(참조 조건) 간의 차이점은 공식을 이용하여 계수 값을 조정할 수 있다. 파이프 피팅에 따라 계수를 수정할 수도 있다. 스케일 효과를 조정하는 공식은 시험 유체로 물을 사용하여 개발되었다는 점이다. 이것은 물보다 유체로 유용하다고 가정한 것이다.

압력과 밸브 사이즈 외에 다른 인자들도 캐비테이션의 성질에 영향을 줄 수 있다. 점도, 밀도 및 표면장력과 같은 유체의 특성도 영향을 준다. 이와 같은 영향은 계수 값을 변하지 않게 하는 경향이 있지만, 특정한 캐비테이션 수준과 관련해서는 캐비테이션 정도가 변할 수 있다. 이러한 것들을 '영향도(Influence)'라고 말하며 이 부록의 B에 기술되어 있다.

나. 캐비테이션 계수에 관한 공식

공식과 지수는 하나의 계에서의 압력과 크기로부터 다른 계에서의 압력과 크기로 캐비테이션 계수를 조정하고 추정하기 위해 유도된 것이다. 식 2는 밸브에 대한 계수 σ_v로부터 참조 계수 σ_R을 계산할 수 있는 상관관계를 가진다.

σ_R 값은 캐비테이션 계수 값 또는 제작자의 제한치 σ_{mr}에서 선택할 수 있다. 식 2는 발표된 데이터의 상관관계를 반영한다.

$$\sigma_v = (\sigma_R SSE - 1)PSE + 1 \tag{2}$$

σ_v를 계산한 후 식 1에서 계산한 운전조건의 σ와 비교할 수 있다. 운전조건의 σ가 σ_v보다 크면 밸브는 제작자가 결정한 σ_R 보다 덜 심각한 캐비테이션 수준에서 운전될 것이다. 밸브를 대구경 배관에 설치한다면 식 7을 이용하여 σ_v에서 σ_p를 계산하여야 한다. 그리고 배관

에 따라 조정된 σ_p를 운전조건의 σ와 비교하게 된다.

캐비테이션 강도와 수준은 $(P_1 - P_v)$가 커짐에 따라 증가한다. 압력 스케일 효과 또는 스케일 보정 PSE는 식 3의 힘에 대한 상관 식으로 계산할 수 있다.

$$PSE = [(P_1 - P_v)/(P_1 - P_v)_R]^a \tag{3}$$

여기서 아래첨자 R은 참조 압력을 의미한다. 대부분 경우에 실제 시험압력 차이$(P_1 - P_v)$는 100 psi(690 kPa)보다 작다. 높은 압력회복 밸브($Cv/N_1d^2 \rangle 20$)는 파이프 손실 상관관계를 감안하여 이 부록의 D를 참조하라. 데이터 표현의 일관성을 위해 시험 값의 비율은 확대하고 $(P_1 - P_v)$ R의 참조 값은 100 psi(690 kPa) 이하로 권고한다. 예를 들면 계통의 용량과 안전성을 고려하여 로터리 밸브는 $(P_1 - P_v)$을 40 psi(276 kPa)에서 시험할 수 있다.

식 3의 지수 a는 σ_n ($n = i$, c, mv, id 등) 대 $P_1 - P_v$ 로그-로그 플롯으로 측정한다. 표 5-1는 각기 다른 형식의 밸브와 각기 다른 캐비테이션 수준에서의 전형 적인 계수 값을 나타낸다. 계수 a 값이 0인 것은 질식에 대한 압력 스케일 효과가 없음을 의미한다.

캐비테이션 강도와 수준은 밸브 사이즈에 따라 증가한다. 사이즈 스케일 효과 보정 SSE는 식 4의 힘의 상관 식으로부터 계산할 수 있다. 식 5의 지수 b는 초생 캐비테이션, 일정 캐비테이션, 초기 손상 수준에 대한 사이즈 스케일 효과의 제한적인 시험으로부터 유도되었다. 여기에는 질식 캐비테이션 수준에 대해 사이즈 스케일 효과가 없다는 것을 유의해야 한다. 따라서 계수 b는 질식 캐비테이션에 대해서는 0의 값을 가진다.

$$SSE = (d/d_R)^b \tag{4}$$

$$b = 0.068\left(\frac{C_v}{N_1d^2}\right)^{1/4} \tag{5}$$

여기서 Cv_R와 d_R은 참조 값을 의미한다.

[표 2] PSE 지수

밸브 타입	캐비테이션 수준	지수 a
반회전 밸브 (Quater-turn Valve : 볼, 버터플라이 밸브 등)	초생	0.22~0.30
	일정	0.22~0.30
	초기 손상	0.10~0.18
	질식	0
반 볼 밸브 및 편심 플러그 밸브 (Segmented Ball and Eccentric Plug)	초생	0.30~0.40
	일정	0.30~0.40
	초기 손상	N/A
	질식	0
단단 글로브 밸브 (Single-stage Globe)	초생	0.10~0.14
	일정	0.10~0.14
	초기 손상	0.08~0.11
	질식	0
다단 글로브 밸브 (Multi-stage Globe)	초생	0.00~0.10
	일정	0.00~0.10
	초기 손상	N/A
	질식	0
오리피스	초생	0
	일정	0
	초기 손상	0.20
	질식	0

캐비테이션 계수에 대한 이 식은 밸브가 구조적으로 유사할 경우에만 유용하다는 것에 유의해야 한다. 보통 대부분 밸브는 각기 다른 사이즈에서 구조적으로 유사하지 않다. 그러나 제한적인 시험에서 이 식들은 밸브 두 개가 같은 형식(예를 들면 글로브, 버터플라이 또는 볼 밸브)이고 유로 방향이 같을 때 사용된다.

$$C_v/d^2 = C_{vR}/d_R^2 \tag{6}$$

주 : 사이즈 스케일 효과를 특정 밸브, 다단(Multi-stage) 밸브, 안티 캐비테이션(Anti-cavitation) 밸브 설계에는 적용하기 어렵다. 이러한 이유로 밸브 제작자는 이러한 형식의 제품에 응용하기 위

해서는 심사숙고해야 된다.

밸브 캐비테이션과 관련한 또 다른 중요 인자는 밸브를 매우 큰 사이즈의 배관에 설치하는 것이다. 예를 들면 6 인치(150 mm) 밸브를 8인치(200 mm) 배관에 설치하는 것이다. 상류 파이프 리듀서와 하류 확대부는 캐비테이션 수준과 계수를 변하게 한다. 식 7은 큰 사이즈의 배관에 밸브를 설치할 경우 보정된 캐비테이션 계수 σ_p를 계산하는데 사용할 수 있다. 계수 σ_p는 운전조건에서의 식 1의 σ와 비교할 수 있다. 리듀서가 없는 밸브는 식 7을 사용하기 전에 식 2로부터 σ_v를 계산해야 한다. 식 7은 모든 캐비테이션 수준에 사용할 수 있다.

$$\sigma_p = F_p^2[\sigma_v + (K_1 + K_{B1})C_v^2/(N_2 d^4)] \tag{7}$$

$$F_p = [1 + (\sum K)C_v^2/(N_2 d^4)]^{-1/2} \tag{8}$$

$$K_{B1} = 1 - d^4/D_1^4 \tag{9}$$

$$K_{B2} = 1 - d^4/D_2^4 \tag{10}$$

$$K_1 = 0.5(1 - d^2/D_1^2)^2 \tag{11}$$

$$K_2 = 1.0(1 - d^2/D_2^2)^2 \tag{12}$$

$$\sum K = K_{B1} - K_{B2} + K_1 + K_2 \tag{13}$$

식 7에서 식 13까지는 상류와 하류 리듀서와 관련한 총 수두손실을 설명하는 이론적 표현이다. 인접하여 연결된 리듀서에 대한 잠재적인 효과는 포함되어 있지 않다. 이 식들은 시험을 통해 구축되었지만 상대적으로 용량(Cv/d^2)이 증가하면 방법상 정확도는 조금 떨어진다. 실제적인 σ_p는 아주 높은 정확도로 사용해야 한다.

6. 적용

가. 방법

밸브에서 캐비테이션 수준을 확인하기 위해 σ를 사용하는 방법은 정확한 절차에 따른다. σ 값은 운전조건으로 계산한다. 그다음 선택된 캐비테이션 계수와 비교한다. 운전조건의 σ가 선택한 σ 제한치보다 크다면 선택한 제한치보다 작은 캐비테이션 강도를 가지게 될 것이다. 운전 압력과 밸브 사이즈는 각기 다른 캐비테이션 수준과 체계에서 시험하는 것으로 가정한다(이 부록의 B.7과 B.8을 참조). 5절에서는 캐비테이션 시험으로부터 취득한 데이터가 운전 압력과 밸브 사이즈와 비교하여 어떠한 스케일로 되는지를 설명한다.

나. 밸브 정보

캐비테이션에 대한 밸브의 평가와 선정은 어떠한 결정이 취해지고 필요한 정보가 이용 가능해진 후에야 타당한 것이 된다. 이 절에서는 특정 운전조건의 밸브를 평가하기 위해 4절과 5절에서 기술한 캐비테이션 계수를 어떻게 이용하는지를 기술한다. 다음 순서는 평가에서 필수 조건이다.

1) 계통과 밸브의 운전 데이터를 취득한다. 밸브 입출구의 압력 P_1과 P_2를 결정한다. $Cv/N_1d^2\rangle$ 20인 밸브(예를 들면 볼, 버터플라이 및 플러그 밸브는 이 부록의 D를 참조한다)
2) 밸브 형식을 알 수 없으면 일반 형식의 밸브(예를 들면 글로브, 볼, 버터플라이, 플러그 등)를 선택한다.
3) 고려하고 있는 형식과 사이즈의 밸브에 대해 캐비테이션 시험으로 데이터를 취득한다. 제작자로부터 이용 가능한 계수(예를 들면 σ_c, σ_{id} 등) 또는 운전 권고 제한치 σ(예를 들면 σ_{mr})를 확인한다.

다. 운전 수준

캐비테이션의 다양한 수준에 대해 5절과 이 부록의 B에 소개되어 있다. 특정 밸브에 대한 캐비테이션 계수는 적용 요건, 밸브 성능 용량 및 비용이 고려되어야 한다. 밸브의 참조용 캐비테이션 지수 σ_R은 보통 캐비테이션 허용 수준과 관련한 σ_c, σ_{id}, σ_{mr}의 값에서 결정한다. 설계 측면에서 캐비테이션 변수 양상에서 σ_c, σ_i 또는 기타 특성이 나타나지 않을 수 있다. 어떤 밸브는 시험 설비의 한계로 인해 시험하지 않았을 수도 있다. 이러한 상황에서 제작자는 현장 경험, 손상시험 또는 사용자에게 적용할 만한 기준을 기초로 한 σ_{mr} 만을 제공할 수도 있다.

라. 캐비테이션 제한 고려사항

1) 제작자 권고 제한치, σ_{mr}

캐비테이션에 대한 제작자 권고 제한치는 주어진 밸브에 대해 제작자가 제안하는 제한치이다. 이것은 초기 손상 또는 일정 캐비테이션과 같은 캐비테이션 계수와 일치하거나 일치하지 않을 수 있다. 이 제한치는 경험과 일반적인 밸브 형식을 기초로 한 것이다. 제작자는 σ_{mr} 선정 기준을 알려주어야 한다. 각각의 밸브 형식에 적용하는 권고 제한치는 제작자를 통해서 취득할 수 있다.

2) 초생 캐비테이션, σ_{mr}

초생 캐비테이션을 선정하는 것은 캐비테이션이 전혀 없는 영역에서 운전하기 위한 것이다. 이 영역은 상대적으로 낮은 압력강하일 때만 존재한다. 이를테면 높은 압력회복 밸브와 낮은 압력회복 밸브에 대한 일반적인 σ_i 값은 각각 15와 8이다. 높은 압력강하에 적용하여 캐비테이션 없이 운전하기 위해서는 보다 크고, 보다 비용이 드는 다단 트림이 필요하다. 이러한 운전 영역은 기포화가 전혀 발생하지 않아야 하는 실험실 시험과 생화학적 프로세스에서 필수적일 수 있다.

3) 일정 캐비테이션, σ_c

일정 캐비테이션은 캐비테이션이 적은 수준으로 낮은 수준의 진동과 캐비티를 형성하지만 밸브 장치에는 손상이 없다. 이것을 보수적인 적용 제한치로 고려할 수 있다. 이 조건에서는 일반적으로 불쾌한 소음, 진동 또는 손상이 일어나지 않는다.

4) 초기 손상 캐비테이션, σ_{id}

제어 밸브를 초기 손상 수준의 캐비테이션 σ_{id}에서 운전하면 불쾌한 소음과 진동을 유발할 수 있다. 최소한의 공식(Pitting) 징후가 연한 재질부터 나타나기 시작된다. σ_{id} 시험은 이 자료의 범위를 벗어나는 복잡한 프로세스이다. 트림에 최소한의 침식이 허용된다면 압력강하가 완하된 이 수준에서 제어 밸브를 운전할 수도 있다. 아주 작은 사이즈의 밸브에서는 경제적인 운전을 위해 별도의 설계 향상이 없이도 스테인리스 스틸 또는 경화된 재질로 저항력을 충분하게 줄 수 있다. 매우 높은 압력강하 상태에서 이 제한치로 운전하기 위해서는 특수한 재질, 다단 유로(Multi-stage 또는 Tortuous-path)의 설계가 필요하다. 이 범위 안에서 운전할 수 없다면 이 부록의 C에 따라 강도 지수의 평가가 필요하다.

5) 질식 캐비테이션, σ_{ch}

질식 캐비테이션 σ_{ch}는 그림 3-1의 캐비테이션 변수 플롯에서 확인되지 않는다. 그러나 이것은 액체 압력회복 인자 F_L에 부합하는 것으로 식 4를 이용하여 계산한다. 압력과 사이즈 차이에 대해 사이즈 효과를 F_L 또는 σ_{ch}에 적용하지 않는다는 것을 유의해야 한다. 대부분의 제어 밸브에서 σ_{ch}를 운전에 대한 참조 값으로 사용하지 않는다. 액체 유동이 질식이 되면 밸브와 파이프 내에서 캐비테이션은 압력회복으로 인해 기포 캐비티가 붕괴될 때까지 기포 체적은 매우 커지게 된다. 다른 한편 플래싱은 하류 압력이 포화압력 이하에 있기 때문에 캐비티가 붕괴되지 않는다. 체적의 증가는 극도로 높은 속도를 만든다. 대부분의 재질은 질식 조건에 노출되면 트림의 상당한 부분이 심각한 손상을 입는다. 이러한 조건에서도 운전하기 위해 설계한 밸브는 간헐적 운전을 위한 밸브(예를 들면 압력방출밸브)이다. 어떤 경우에는 소모품 개념(예를 들면 Choke, Liner)으로 사용한다. 이것들은 하류 배관이나 장치를 침식으로부터 보호하기 위해 탱크, 헤더(Header) 또는 베기구로 배출시킨다. 간헐적 사용 또는 기동 조건에서 질식 조건으로 운전될 수 있으나 이것에 대해서는 많은 주의를 요한다. 이 부록의 C는 강도와 운전 수명에 대해 이러한 상황을 정량화 하는 평가 절차가 기술되어 있다.

6) 최대 강도 진동, σ_{mv}

질식과 더불어 최대 강도 진동 조건에서 상당한 기간 동안 노출시키면 밸브와 배관은 심각한 손상을 입을 수 있다. 이러한 조건에서 밸브는 간헐적 운전과 소모품 개념으로 설계하고 용기 벽에 충격 없이 용기 속으로 배출하도록 설계한다. 이 부록의 C는 손상 강도를 예측하기 위한 평가절차를 기술하고 있다.

마. 캐비테이션 저지 밸브 설계

캐비테이션 영향을 저감하거나 캐비테이션을 제거하기 위해서는 특별한 설계가 필요하다. 제작자는 캐비테이션 조건에 사용할 수 있는 밸브나 특수 트림을 생산한다. 이러한 것은 로터리 밸브나 직선 작동(Linear Motion) 밸브에도 설계한다. 밸브 사용자에게서 취득할 수 있는 사용 조건과 정확한 프로세스 데이터를 이해하는 것이 캐비테이션 저지 밸브를 설계하기 위해서 필수적이다.

7. 시험

가. 범위

이 절에서는 캐비테이션을 일으키는 유체 조건에서 제어 밸브의 성능 특성에 대한 시험 방법을 기술한다. 또 하나의 밸브에서 취득한 시험결과를 보다 크거나 작은 밸브 그리고 다른 압력 조건으로 어떻게 수치를 조정할 것인지를 기술한다.

1) σ_i (영역 Ⅰ의 끝에서 영역 Ⅱ의 시작까지), 초생 캐비테이션 계수

2) σ_c (영역 Ⅱ의 끝에서 영역 Ⅲ의 시작까지), 일정 캐비테이션 계수

3) σ_{mv} (영역 Ⅲ의 끝에서 영역 Ⅳ의 시작까지), 최대 진동 캐비테이션 계수

주 : 상기의 캐비테이션 계수는 수용할 수 없거나 손상 캐비테이션 지점을 확인하려는 것은 아니다. 4절, 5절, 6절 및 이 부록의 B에

서 이들의 활용과 개념을 상세히 설명하고 있다.

나. 시험 체계

1) 일반적 개요

그림 7-1와 같이 유동시험 체계를 갖추어야 한다. 캐비테이션 감지 장치를 제외하고는 유동시험 체계는 부록 II의 요건과 동일하다. 이 체계에는 다음과 같이 구성되어 있다.

- 시험 시편
- 시험부
- 상류와 하류 조절 밸브
- 유량 측정 장치
- 압력 탭과 측정 장치(상류와 하류)
- 온도 센서
- 그림 7-2과 같이 설치한 캐비테이션 감지 계측기

2) 시험 시편

시험 시편은 시험 데이터가 필요한 밸브나 시험 기구가 될 수 있다. 실험용의 최초 시험 시편은 그림 7-3과 같은 교정용 시험 장치이여야 한다. 시험용 오리피스 판으로부터 취득한 시험결과는 실험 장치를 검증할 수 있는 바. 항의 교정 제한치 이내에 있어야 한다.

3) 시험부

시험 시편의 상류와 하류 배관은 시험 시편 연결부의 정격 사이즈와 다음 길이 요건을 만족해야 한다. 상류 압력 탭은 시험 시편 연결부로부터 파이프 정격 구경의 2배 거리에 설치해야 한다. 반면 하류 압력 탭은 시험 시편 연결부로부터 파이프 정격 구경의 6배 거리에 설치해야 한다. 상류 압력 탭은 시험 시편의 전단 직관에 최소한 파이프 정격 구경의 18배는 되어야 하고 하류 압력 탭은 후단 직관에 최소한 파이프 정격 구경의 1배는 되어야 한다. 시험 시편의 입구와 출구의 내경과 인접 배관의 내경은 일치하도록 하여야 한다.

주 : Cv/N_1d^2 〉 20인 밸브는 이 부록의 D를 참조한다.

4) 조절 밸브

상류와 하류의 조절밸브는 시험 시편 압력 탭간의 압력 차이를 조절하고 하류를 특정 압력으로 조절하기 위해 사용한다. 하류 밸브는 질식 유동(표준 교정 시험 매니폴드의 경우에서)과 캐비테이션 계수(σ_i, σ_c, σ_{mv})를 만들 수 있는 충분한 용량이어야 한다. 시험 중 이들 밸브로부터 발생하는 소음 또는 캐비테이션이 시험 결과에 영향을 미치지 않도록 각별히 주의해야 한다.

5) 유량 측정

유량 계측기는 정확도를 만족하는 어떠한 장치이어도 된다. 이 계측기는 오차가 실제 값의 ±2%를 초과하지 않는 범위 내에서 실시간 평균 유량률을 측정할 수 있어야 한다. 계측기의 분해능(Resolution)과 반복성(Repeatability)은 ±0.5% 이내이어야 한다.

6) 압력 탭

압력 탭은 시험 시편의 요건에 따라 시험부 배관에 설치하며 이 부록 C에 기술한 상태로 제작하여야 한다.

7) 압력 측정

압력이나 압력차 측정치는 오차가 ±2% 이내이어야 한다.

8) 온도 측정

온도 측정치는 오차가 ±2 °F(1.1 ℃) 이내이어야 한다.

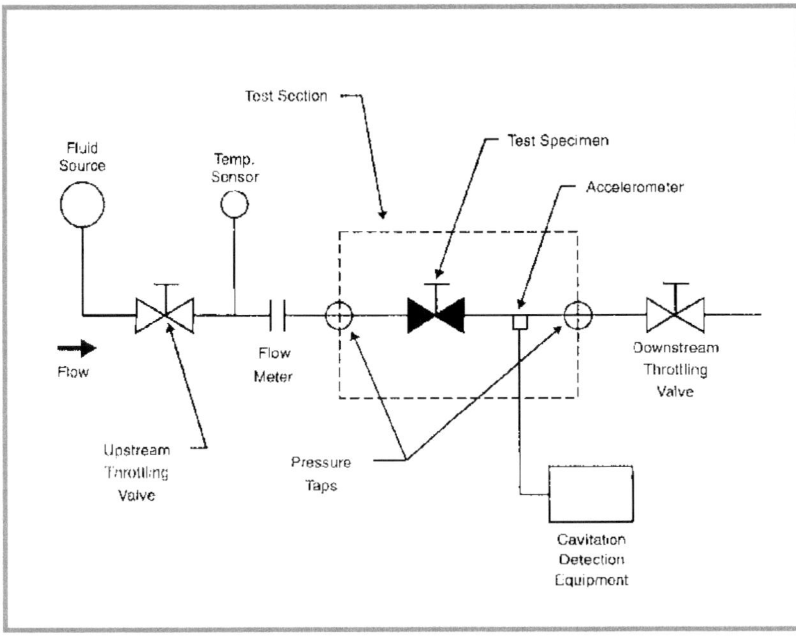

[그림 7-1] 유량 시험 체계

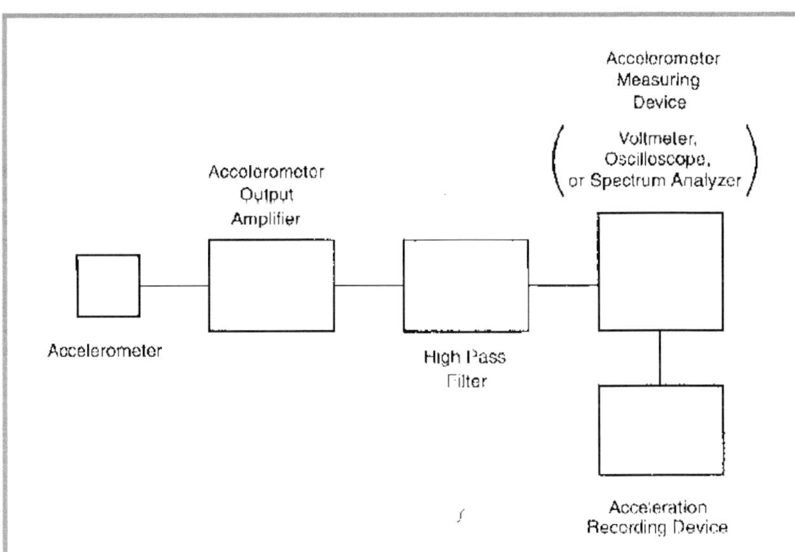

[그림 7-2] 캐비테이션 감지 장치

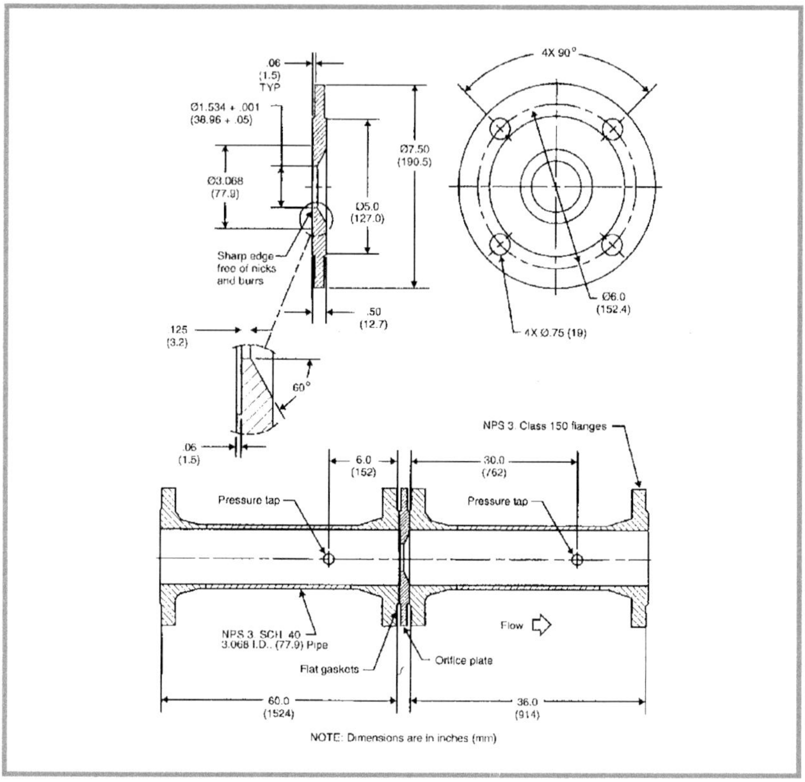

[그림 7-3] 캐비테이션 교정 시험 매니폴드

9) 진동가속도계 설치

진동가속도계는 시험 시편 하류 배관에 견고하게 장착해야 한다. 진동가속도계의 주 감지기 축은 파이프 축 방향에 직각이어야 한다. 하류 파이프의 정확한 위치는 시험을 통해 최대 진동을 감지할 수 있는 곳이어야 한다. 그러나 초기에는 시험 시편 연결부 하류 배관으로부터 정격 구경의 1배 위치가 알맞다. 이 시험에서 비교적 높은 주파수의 진동(5～50 kHz)이 관심 사항이지만 플랜지에 장착할 때와 비교하여 작은 질량의 파이프 벽에 장착하면 고주파수 진동가속도에 대한 민감도가 개선된다.

10) 진동 측정

이 시험에서는 정확하고 정량적인 가속도 결과치(±5%)를 요구하지 않지만 높은 공명 주파수(>100 kHz)를 가진 압전기(Piezoelectric) 또는 다른 진동가속도계를 사용하여야 한다. 이것은 분석해야 할 전반적인 주파수 범위(5-50 kHz)에 부합하는 결과가 보장된다. 진동 프리앰플리파이어는 진동가속도계 제작자가 권하는 것을 사용해야 한다. 데이터 분석을 용이하게 하기 위해 고속 필터(High Pass Filter)가 백그라운드와 난류 유동의 저주파수 소음(<5 kHz)과 캐비테이션으로부터 발생하는 고주파수 소음을 분리하는데 사용된다. 그림 7-2는 계측기 구성도이다.

11) 시험 시편 설치

시험부의 파이프 중앙선과 시편의 입출구 중앙선 간의 정렬은 파이프 구경 기준으로 NPS 6(150 mm)까지는 1/16인치(1.6 mm), NPS 8(200 mm) 이상은 1% 이내이어야 한다.

로타리 밸브를 시험할 때 밸브 축은 시험부 압력 탭과 일직선으로 맞추어야 하다. 모든 가스켓은 유동체제 내로 삐져나오지 않도록 설치하여야 한다.

다. 시험 유체

시험 절차에서는 상대적으로 일정한 온도의 물을 기본적인 유체로 사용한다. 이 물은 시험결과에 영향을 미치지 않도록 부유 입자, 공기 또는 가스 등이 포함되어 있지 않아야 한다. 바. 항의 절차에 따른 시험 분석 시험을 성공적으로 완결함으로써 시험 유체의 적절성을 확인할 수 있다. 부식을 방지하거나 억제하거나 유기물의 성장을 방지하기 위해 억제재를 사용할 수 있다. 부가물에 대한 밀도, 포화압력 및 점도의 영향은 확인해야 한다.

라. 시험 절차

1) 그림 7-1과 같이 시험부는 특정 개도의 시험 시편(밸브)을 사용하여야 한다. 최소한 밸브의 정격 개도 20%, 40%, 60%, 80%, 100%가 사용되어야 히며 각 개도 위치에서 다음 시험을 수행하여야 한다. 시험을 통해 취득하는 변수는 밸브 구조에 대한 직접적인 함수이므로 어떤 밸브는 추가적인 개도가 필요할 수도 있다(그림 3-1은

단일 개도 위치에서만 적용되는 것이다.).

2) 하류 조절 밸브는 완전히 개방된 위치로 하거나 시험밸브에서 캐비테이션 조건이 되는 개도 위치에 있어야 한다. 그 다음 미리 정한 상류 압력에서 유량률, 상류 압력, 하류 압력 또는 시험밸브 사이의 차압 및 진동가속도계 레벨을 기록해야 한다. 차압 측정 계측기는 정확도가 보장된다면 유용하다. 시험중 P_1은 ±5% 이내에서 일정하게 유지해야 한다. 이것은 특별한 개도 위치의 시험밸브에 대한 최대 차압을 만든다.

주 : 시험되는 밸브의 최대 압력강하율을 초과하지 말라. 가스가 하류 압력탭에 체류하지 않도록 주의하라.

3) 하류 조절밸브를 조절하여 압력강하를 감소시키는 추가적인 시험을 수행한다. 각각의 시험으로 진동곡선에서 굴곡점을 감지할 수 있도록 시험시편의 압력강하를 감소시킨다. 마찬가지로 유량, 압력 및 진독가속도를 기록한다.

4) 기록해야 할 데이터는 다음과 같다.

- 밸브 개도 – 측정치 오차는 정격 개도의 ±0.5%를 초과하지 않아야 한다.
- 상류 압력(P_1) – 계측기 오차는 실제값의 ±2%를 초과하지 않아야 한다.
- 압력강하(ΔP) 또는 하류 압력(P2) – 계측기 오차는 실제값의 ±2%를 초과하지 않아야 한다.
- 유량(q) – 측정치 오차는 실제값의 ±2%를 초과하지 않아야 한다.
- 유체온도(T) – 측정치 오차는 실제값의 ±2°F(1.1℃)를 초과하지 않아야 한다. 모든 시험에서 포화압력을 확인할 수 있도록 유체의 온도 변화를 주의하여 감시하고 기록해야 한다.

⑥ 하류 파이프 벽 진동 – 측정치 오차는 Full Scale의 ±5%를 초과하지 않아야 한다. 계측기의 Full Scale은 진동 진폭 범위에 대한 최적 측정치로 선정해야 한다.

⑦ 기압계 압력 : 측정치 오차는 실제값의 ±2%를 초과하지 않아야 한다. 절대압력(Pa), psia(kPa)로 변환한다.

마. 데이터 평가

각각의 시험에 대해서 다음과 같이 평가한다.

1) 부록 Ⅱ 또는 이 부록의 D에 따라 Cv 와 F_L을 평가한다.

2) 각 시험마다 차압 측정 데이터를 이용하여 캐비테이션 지수 시그마를 계산한다.

$$\sigma = (P_1 - P_v)/(\triangle P) \tag{14}$$

3) 평균가속도를 G, ft/s^2(m/s^2)로 계산하거나 주파수 범위 5-50 kHz 내에서 계측기에 의해 허용되는 한 고주파수로의 등가치를 계산한다. 이 데이터들은 주파수 분석기, 오실로스코프 또는 볼트 미터(High-path Filter를 이용)로 취득할 수 있다.

4) 특정 개도에서 각각의 시험에 대하여 진동가속도 대 시그마(σ) log/log 플롯(또는 Semi-log)을 만들어 캐비테이션 계수를 취득한다. 각각의 개도에서 시험한 것에 대해 별개의 플롯을 만든다. 이 플롯으로부터 그림 3-1과 같이 영역 Ⅰ, Ⅱ, Ⅲ 및 Ⅳ의 직선 교차점에서 캐비테이션 곡선의 굴곡점 σ_c, σ_{id} 및 σ_{mr}을 결정한다. 어떤 밸브는 시험 데이터에서 굴곡점이 나타나지 않을 수 있으며 이 경우에는 전문가 해석을 따른다. 또한 일부 다단(Multi-stage) 밸브에서는 이런 시험 방법으로 유용한 데이터를 취득하지 못할 수도 있다.

바. 시험장치 검증

특별한 시험으로 한 개의 장비를 절차대로 완벽하게 시험하려면 검증시험을 권고한다. 3인치 시험부 파이프를 사용한 그림 7-3과 같은 교정시험 매니폴드를 앞서 기술한 시험 절차대로 시험을 평가해야 한다. 시험 압력으로 P_1은 100 psig(690 kPa)을 권고한다. 실험 장치와 장비에 대한 섬증을 위해 취득한 시그마 값이 다음 허용 범위 내에 있어야 한다.

$$\sigma_i = 2.7 \pm 5\%$$
$$\sigma_c = 2.3 \pm 5\%$$
$$\sigma_{mv} = 1.4 \pm 25\%$$
$$Cv = 52 \pm 5\%$$
$$F_L = 0.86 \pm 5\%$$

3인치 파이프 매니폴드를 사용하기 어려워 다른 사이즈의 파이프(내경 D_1)를 교정시험 매니폴드로 사용하려면 다음 설계조건을 만족해야 한다.

1) 파이프 내경에 대한 오리피스 구경 비율은 0.50 ± 1%
2) 오리피스 상류에 직관으로 최소한 파이프 적경 구경의 20배를 적용
3) 오리피스 하류에 직관으로 최소한 파이프 적경 구경은 12배를 적용
4) 상류와 하류의 압력 탭은 오리피스 전단의 파이프에는 파이프 직경의 2배 위치에 적용하고 오리피스 후단의 파이프에는 파이프 직경의 10배 위치에 적용
5) 오리피스는 상용 Sharp-edged Design(매니폴드 배관에 맞도록 그림 7-3과 비슷하게)으로 시험 시에 발생하는 진동과 압력에 대응할 수 있는 두께 그리고 배관과 중심이 일직선이어야 한다.

시험을 위해 다른 교정 매니폴드 사이즈가 사용될 때 사이즈 스케일 효과(식 2에서 식 5까지)를 고려하고 PSE = 1.00으로 가정한다. 대체되는 파이프 시험 값은 시험 장치 및 장비의 검증을 위해 다음 허용범위(사이즈 스케일 효과에 대한 조정 포함) 내에 있어야 한다.

$$\sigma_i = 2.7[(D_1/3.068N3)0.104] \pm 5\% \tag{15}$$
$$\sigma_c = 2.3[(D_1/3.068N3)0.104] \pm 5\% \tag{16}$$
$$\sigma_{mv} = 1.4 \pm 25\%$$
$$Cv/N_1D_1^2 = 5.52 \pm 5\%$$
$$F_L - 0.86 \pm 5\%$$

A – 캐비테이션의 용어 정의

기포 압력 : 특정 유체온도에 대한 압력으로 이 압력에서 유체의 액체와 기포 상태가 모두 평형을 이루는 압력이다. 이 기포 압력은 보통 일반적으로 열역학적 포화압력이기도 하다.

베나 콘트랙타 : 유로의 가장 작은 면적이다. 유로가 수축되는 면적보다 더 작은데 이것은 유로 흐름이 수축부와 조금 떨어진 거리까지 계속 수축되기 때문이다. 그럼에도 불구하고 분리 영역과 난류 경계층의 국부적인 난류 압력은 베나 콘트렉타 압력보다 더 낮을 수 있다.

스케일 효과 : 밸브 유량 시험 조건과 실제 밸브 운전조건과 달라 나타나는 캐비테이션 계수의 차이이다. 스케일 공식은 밸브 제작자가 공급하는 참조 조건과 다른 설비를 평가하기 위해 캐비테이션 계수를 수정할 때 사용한다(그림 B-1).

압력 회복 : 유체가 밸브의 베나 콘트렉타에서 밸브 출구와 하류 배관으로 이동할 때 유체 정압이 증가하는 것이다. P2-Pvc 차이로 표현할 수 있는 이 압력회복은 하류의 구조에 따라 속도 감소, 확산 활동으로 일어난다.

영향도(Influences) : 캐비테이션 계수의 수치값을 변화시키지 않지만 손상률 변화 또는 손상 정도에 대한 인자 또는 효과(그림 B-2)

유동 분리(Flow Separation) : 벽을 따라 흐르는 유동 대신에 유체 경계층 유동이 경계벽 유동과 분리되어 있는 유동 상태이다. 난류는 와류가 형성되는 유동 분리 지점 하류에 생기게 된다. 이러한 와류는 유체 속도가 국부적으로 높은 영역과 이에 따라 압력이 국부적으로 낮은 영역을 포함한다. 저압 면적은 기포 형성의 잠재적인 위치이다.

일정 캐비테이션 : 청음이나 진동을 측정할 수 있는 부드럽거나 안정적인 쿵쾅거리는 소리 또는 단속적인 소리가 특징인 캐비테이션 초기 수준이다. 캐비테이션 프로파일에서 초생 캐비테이션 지점보다 더 높은 데서 꺽히는 지점이다. 이 수준은 그림 3-1에서 일정 캐비테이션 계수 σ_c로 나타난다.

작동 주기(Duty Cycle) : 밸브가 설치되어 있는 총 시간에서 하나의 특정 기능을 수행하는데 사용되는 시간의 비율이다. 이것은 총 시간 분율로 표현될 수 있다(운전 시간 대 설치 시간).

제작자 권고 캐비테이션 제한 : 주어진 밸브, 사이즈, 개도 및 상류 압력에 대해 밸브 제작자가 공급하는 캐비테이션 계수 σ_{mr}로 표현되는 운전 제한치이다. 이 제한치 적용은 운전조건과 밸브 사이즈가 기준 압력과 사이즈와는 다른 경우 스케일 효과 및 영향도가 필요할 수 있다.

초생 캐비테이션 : 캐비테이션의 시작을 의미하며, 여기에서 유동 중에 작은 기포가 형성된다(그림 3-1). 이 수준에서는 초생 캐비테이션 계수 σ_1 또는 $1/X_{FZ}$ 로 표현된다.

최대 진동 캐비테이션 : 첨두 진동 측정과 관련한 캐비테이션 수준으로 첨두치가 분리되는 영역 Ⅲ 와 Ⅳ의 캐비테이션 수준에서 결정된다. 이 점에서의 시험 조건은 밸브 캐비테이션 계수 σ_{mv}를 계산하기 위한 조건을 정의한다(그림 3-1).

질식 캐비테이션 : 밸브를 통과하는 유량률을 어떤 최대 값으로 제한하는 캐비테이션이다. 밸브를 통과하는 유량을 추가로 증가시킬려면 오로지 밸브 입구 압력만을 높여야만 한다. 왜냐하면 후단 압력을 낮추는 것으로는 유량률을 증가시킬 수 없기 때문이다.

캐비테이션 : 액체의 유동과 관련한 두 단계의 과정이다. 첫 번째 단계는 유체의 유동으로 국부 정압이 액체의 증기압 이하로 떨어지면 증기의 캐비티(Cavity) 또는 기포가 형성된다. 이후 두 번때 단계는 국부 정압이 다시 유체의 기포 압력보다 증가할 때 증기 캐비티가 액체 상태로 붕괴 또는 내파되는 것이다. 용존 기체가 갑자기 소멸되는 캐비테이션은 이 자료에서 취급하지 않는다.

캐비테이션 계수 : σ(예를 들면 σ_1, σ_c, σ_{mv}, σ_{id}, σ_{ch})에 대한 특성치이다. 주어진 밸브, 밸브 개도 및 압력 조건에 따라 결정된다. 이것은 초생 캐비테이션, 일정 캐비테이션, 최대 진동 캐비테이션, 초기 손상 및 질식 캐비테이션에서 캐비테이션 지수의 수치에 해당된다.

캐비테이션 수준 : 초생 캐비테이션, 일정 캐비테이션, 초기 손상, 질

식 캐비테이션 또는 최대 진동 캐비테이션이 일어날 때의 캐비테이션의 수준이다. 이 수준은 진동, 공식 또는 재료 손실, 밸브 용량(Cv)의 변화에 대한 시험으로 결정할 수 있다.

플래싱(Flashing) : 밸브 출구압력이 유체의 기포 압력보다 높기 때문에 밸브 하류에서 증기 기포가 지속적으로 유지되는 유동 상태이다.

B – 캐비테이션의 원리

B.1 개요

캐비테이션은 이론가나 산업계 활용가 모두가 최근 1세기 동안 관심사로 이어져온 주제이다. 불행하게도 지금까지 캐비테이션 작용에 대해 많은 관점의 다각적인 연구에도 불구하고 불행하게도 여전히 미스테리로 남아있다. 현재까지의 이론으로는 여러가지 변수의 영향과 단일 캐비티 작용을 이해할 수 있도록 하였다. 또한 펌프, 밸브, 프로펠라 및 수중익의 캐비테이션 문제점에 대해서도 이를 예측하고 결정하고자 하는 우선적 논리(rules-of-thumb)를 양산하고 있다. 그렇지만 첨단기술로도 현재로선 이론과 실제와의 간격을 이어줄 수 있는 만족할 만한 기법이 없는 실정이다.

따라서 여기에서는 캐비테이션에 대한 이론적인 것과 실제적인 관점에 대해서 보다 깊은 통찰력을 제공하고, 프로세스 제어 산업에서 캐비테이션을 취급하는데 필요한 폭넓은 토대를 제공하려는 것이다. 그리고 일반적으로 쓰이는 정량적인 방법 뿐만 아니라 특정 유형에 적용하기 위한 기술적 판단이 필요할 경우 그 기본 배경을 확립하는 것이다.

B.2 캐비티 현상(Cavity Behavior)

캐비티 역학(Cavity Dynamics)은 유체압력의 변화에 의해 지배되며, 매우 복잡해질 수 있다. 규정된 환경의 단일 캐비티 분석에는 열역학, 열전달, 질량 확산, 유체역학, 정역학 및 동역학의 방법들이 요구된다. 이 자료의 전반적인 성격상 상세한 내용이 여기에 포함되어 있지는 않다. 그러나 캐비티의 발달, 성장 및 붕괴에 대한 주요 특징은 아래와 같다.

액체의 기포화 시작과 관련이 있는 압력 범위는 열역학적 증기압(Vapor Pressure)이다. 이러한 모델은 유체의 압력이 증기압 이하로 감소할 때 액체의 일부가 기포화하는 것으로 간주한다. 이러한 기포화는 액체 연속체내의 취약부에서 발생한다. 이러한 취약부는 보통 액체 자유표면에 포함되어 있는 이물질, 미세한 가스 기포 및 기타 핵 등과 관련이 있다. 이러한 핵들이 없으면 유체의 열역학적 증기압에서 기포화가 일어나지 않는다. 순수한 액체에서 아주 작은 기포에 대해 반경으로 작용하는 표면장력 효과를 극복하려면 매우 큰 유체의 힘이 필요하다.

핵들이 액체의 증기압에서 기포화를 촉진하기 때문에 핵의 함유량 문제가 자연스럽게 대두된다. 산업계에서는 대부분 이러한 핵들이 다양한 오염물의 형태로 존재한다. 고도로 정화된 액체의 경우에서도 적은 양의 가스가 액체와 고체 표면 주위에 개재되어 있을 수 있다. 이와 같이 실제적인 의도와 목적상 유체는 액체의 증기압에서 기포화되는 것으로 가정한다.

이러한 모델은 열역학적 평형으로 가정하였기 때문에 압력 변화율이 여러 가지 열에너지 양의 변화를 일으킬 수 있는 충분한 시간이 존재할 때에만 정확하다. 압력 변화가 매우 크고 아주 빨리 발생할 때 불평형 또는 준안정적인 열역학적 상태가 가능하다. 특별한 경우에 이것은 보통 포화상태에 해당하는 압력과 온도 조건 이하의 액체상태의 유체에서 일어나게 될 것이다.

불평형 조건이 발생할 때 유체의 압력은 기포화가 거의 없이 유체의 증기압 이하로 감소할 수 있다. 열역학이 관성역학으로 변하기 때문에 물리적으로 국부압력이 증기압 이하로 감소되는 곳의 하류에 놓이고 기포화는 급속하게 일어난다.

캐비티가 형성될 때 안정된 초기 성장 과정을 거친다. 이 성장 단계에서 캐비티 상의 힘의 균형은 성장에 필요한 에너지와 같은 것이다. 그러나 캐비티가 임계 크기에 도달하면 이 성장은 더 이상 안정하지 않다. 이때의 힘의 균형은 추가적인 성장으로 이탈하려는 에너지와 같은 것으로 이러한 상황에서 성장은 폭발적이다.

이 유체의 압력이 증기압 이상으로 증가된다면 반대의 과정이 일어난다. 예를 들면 캐비티 성장은 정지되고 캐비티는 붕괴되어 기포의 응축이 일어난다. 이러한 과정은 매우 급속하게 일어나며, 소음, 진동 및 재료 손상의 주 원인이 된다. 어떠한 경우에는 추가적인 성장과 붕괴가 반복될 수도 있다.

이 시점에서 다른 현상을 언급하자면 외관적으로는 캐비테이션과 유사하지만 구분해야 할 것으로는 가스 용출(Out-gassing)이다. 불용성 가스와 유체내에 포함되어 있을 수도 있는 기포가 유체의 감압화로 인해 용액으로부터 용출될 때 가스 포켓이 형성될 수 있다. 때때로 이것은 가스화 캐비테이션(Gaseous Cavitation)이라고도 한다. 이것은 기포화 캐비테이션(Vapour Cavitation)과 같은 형태로써 별도로 또는 복합적으로 일어날 수 있다. 이러한 형식의 캐비테이션 형성 현상은 뚜렸하게 다르다. 일반적으로 성장과 부분적인 붕괴율이 매우 감소하기 때문에 손상정도가 적은 것으로 간주한다.

B.3 손상 기구

재료 손상은 캐비테이션의 부작용이므로 신중한 주의를 요한다. 손상 정도를 설명할 수 있는 여러 가지 이론이 있으나 현재로서는 단일 손상기구로 고려하지 않기 때문에 입증된 이론 모두를 적용해야 한다.

마이크로 제트 이론(Micro-jet Theory)은 기포 캐비티가 비대칭적으로 붕괴되면서 매우 작고 높은 속도의 액체 제트가 발생하는 것이다. 이러한 제트가 재료 표면에 충돌하게 되면 재료의 일부가 떨어져 나가는 침식으로 손상을 입게 된다. 이러한 이론은 캐비티의 붕괴에 대한 고속 촬영과 각각의 캐비티 붕괴에 대한 수 많은 연구로 구체화되고 있다. 흥미롭게도 이러한 제트은 제트에 근접한 경계의 다양한 성질에 따라 영향을 받는다. 딱딱한 표면은 마이크로 제트를 유인하는 경향이 있고, 유려한 표면은 마이크로 제트를 거부하는 경향이 있다. 이것은 유영중인 캐비티의 초기 붕괴에 관한 지배적인 손상기구로 나타난다.

다른 이론인 충격파 이론(Shock Wave Theory)은 붕괴 중 기포와 액체의 경계면의 급속한 이동으로 인해 생기는 충격파 개념이다. 재료 표면에 충격파가 충돌하여 발생하는 압축력이 피로(복합적인 하중)나 소성변형(단일 하중)에 의해 손상을 초래한다. 이것은 대칭적인 붕괴 형태, 즉 반동적인 붕괴로 특정할 수 있다.

이러한 두가지 형태의 캐비테이션 공격이 기계적인 공격 요인으로 기여한다. 이러한 형태의 기계적 손상은 약간 유사한 형태를 가진다. 캐비테이션 손상으로 인해 초기의 젖빛 유리같은 재료의 외형은 거칠고 쇠찌꺼기 같은 표면 결로 바뀐다. 손상기구를 감안하지 않더라도 재료에 손상이 발생하려면 캐비티 붕괴가 재료 표면에 근접해야만 한다. 충격파 강도와 마이트로 제트 모두가 아주 짧은 전달거리 내에서 유해하다.

마지막으로 화학적 공격 또는 부식은 기계적 공격과 동시에 발생할 수 있다. 보통 이러한 공격의 형태는 이차적으로 고려된다. 이 상황에서는 기계적 공격 과정을 가속하거나 강화하는 경향이 있다는 것이 중요하다. 이러한 형태의 공격 정도는 프로세스 유체와 밸브 제작 재료의 화학적 적합성에 의존한다.

기계적 공격, 화학적 공격 및 제작된 재료의 복합적인 작용으로 어떤 상황에서는 잠복기가 존재한다. 이것은 상황이 변화되는 동안 재료에 손상이 일어나지는 않는 기간이다. 이후 캐비테이션 강도가 일정하다 할지라도 소성변형이나 질량손실이 일어난다.

B.4 압력학적 캐비테이션

캐비테이션을 일으키는 압력 변화는 제어 밸브를 통과하는 유량으로부터 기인한다. 그러나 캐비테이션을 일으키지 못할 정도로 압력이 낮으면 다른 원인으로 나타난다. 일반적으로 산업계의 논문에서는 단지 유체의 유효 압력으로 보통 설명되고 있다. 또한 여러 가지의 압력 경계층 현상과 관련한 압력 변화는 산업계에서 다루는 캐비테이션에 중요한 역할로 작용한다.

제어 밸브에서의 캐비테이션은 일반적으로 경계층 분리와 관련이 있는 국부적인 압력 감소로부터 시작된다. 제어 밸브에서의 유체 흐름은 불규칙적인 모양의 통로, 횡단면적의 급변과 돌출부에 의해 결정된다. 이러한 인자들은 유체의 압력 기울기에 역행하여 반복적으로 유체 흐름이 경계 표면에서 분리된다. 결과적으로 높은 난류와 와류의 형성이 캐비테이션이 시작될 수 있는 매우 낮은 압력을 유발한다. 이것은 수축부(Vena Contracta)에서의 유체의 유효압력이 증기압보다 높을지라도 유발될 수 있다.

유체의 유효압력 변화는 밸브를 통과하는 유체의 운동에너지 변화와 관련이 있다. 유체의 속도는 유체가 좁아져 감소된 면적을 통과할 때 증가하며, 이것은 유체의 유효압력 감소만큼 일어난다. 역으로 유체가 목 부분에서 큰 유로 단면적으로 빠져 나가면 유체의 속도는 감소하고 유효압력은 부분적으로 복구된다. 이와 같이 밸브의 최소 유로 면적 근처에서 최소 압력이 존재한다. 이 유효 압력이 유체의 증기압 이하로 감소하면 캐비테이션의 수준과 강도가 증가한다.

캐비테이션 원인 모두 즉 유효압력 변화 및 국부압력 변화가 중요하다. 이것은 캐비테이션을 일으키는 유체 유동 체계에서 그 중 하나가 다른 것보다 더 우세하지 않다는 것을 의미한다. 여기에서는 캐비테이션의 원인별로 구분하지는 않는다.

B.5 캐비테이션 변수

앞에서 기술한 것처럼 다양한 인자들에 의한 캐비테이션의 복잡성과 민감도 때문에 단일 변수나 소수의 변수로 캐비테이션을 정량화하기는 어렵다. 그럼에도 불구하고 프로세스를 설계할 때 이를 적절히 다루기 위해 적용할 수 있는 수학적 표현을 만드는 것이 필요하다. 제어 밸브의 경우 단일 변수의 항목으로 적용하는 것과 이 변수를 주어진 제어 요소에 대해 다른 운전 제한치와 비교하는 것이 일반적이다.

여기에서 사용하는 변수는 다음과 같다.

$$\sigma = (P_1 - P_v)/(P_1 - P_2) \tag{B-1}$$

여기에서, P_1은 밸브 전단의 절대압력, P_2는 밸브 후단의 절대압력, P_v는 입구 온도에 대한 절대 증기압(Vapor Pressure)이다. $Cv/N_1d^2 \rangle 20$의 높은 회복력을 가진 밸브는 3절을 참조하면 된다.

캐비테이션 지수(σ)는 Euler Number로 무차원 변수의 형태이다. σ는 동일 압력 단위가 변수에 대한 공식으로 사용되는 한 SI 또는 US 단위에 대해 일정한 상수이다. 이 σ는 시스템이나 운전 압력에서 캐비테이션을 일으키려는 힘에 대해 이를 막으려는 유체의 힘에 대한 비율이다. 유체 시스템에서 이 캐비테이션 지수가 작으면 작을수록 캐비테이션이 발생하기 쉽거나 심각해지게 된다.

다른 캐비테이션 변수로는 제어 밸브에서의 캐비테이션을 정의하기 위해 사용하는 K 또는 x_F가 있으며 다음과 같이 표현된다.

$$K = x_F = 1/\sigma = (P_1 - P_2)/(P_1 - P_v) \tag{B-2}$$

여기서 운전 제한치 K는 Kc로 자주 인용된다. 이 제한치는 캐비테이션이 밸브의 유체 흐름에 영향을 주기 시작할 때의 조건을 설정하려고 정의된 것이다. 이것은 밸브 유량계수의 현저한 감소를 나타낸다. 어떤 출판물은 이것을 초생 캐비테이션 시작으로 인용하고 있다. 그러나 많은 밸브에 있어서 캐비테이션 손상, 심각한 진동 및 소음이 Kc보다 더 낮은 유량이나 압력에서 발생할 수 있다. 소음 수준을 예측할 목적으로 초생 캐비테이션을 표시하는데 사용하는 또 다른 변수로는 x_{FZ}이 있다. 동일한 밸브, 사이즈, 개도 및 시험 압력을 평가하는 $1/\sigma_i$이 x_{FZ}와 거의 일치하면 여기에서 사용하는 공식은 단지 σ_i로만 전개된다. 그러나 제어 밸브에서 캐비테이션을 평가하기 위해 σ_i 대신 $1/x_{FZ}$가 사용될 수 있다. 사용자는 캐비테이션 변수에 대한 정의와 적절한 사용을 위해서는 밸브 제작자와 함께 검토할 것을 권고한다.

σ를 사용하는 각종 성능 관계 때문에 그리고 국제적으로는 K 형태의 변수 사용의 혼동 때문에 σ의 사용을 권고한다. σ는 일반적으로 1~15 까지의 범위이다. 경험상 낮은 압력 손실의 밸브에서 시그마 값이 15 이상인 밸브와 높은 압력 손실의 밸브에서 시그마 값이 8 이상인 밸브는 보통 캐비테이션이 일어나지 않는다.

시그마 지수를 대체할 수 있는 형태도 있다. 즉 과거에 사용되었던 일부 표현방법은 밸브 후단 압력에서 증기압과의 상관성에 근거를 두고 있다. 다음 식은 다른 형태의 σ로 전환할 수 있다.

$$\sigma = 1 + \sigma_2 \tag{B-3}$$

여기에서,

$$\sigma_2 = \frac{P_2 - P_V}{P_1 - P_2}$$

압력회복 인자 F_L은 제어 밸브를 통과하는 질식 유량율(Choked Flow Rate)을 예측하기 위해 사용하는 계수이다. 그러나 밸브에서의 압력회복 특성에 대한 상관 관계 때문에 캐비테이션 제한치로 사용되고 있다. 이것은 이 인자의 정확한 사용이라고 할 수 없다. 실제로 압력 감소가 F_L에서 계산된 압력 감소를 만족하거나 초과할지라도 이미 캐비테이션은 존재할 수 있다. 제어 밸브의 캐비테이션 분석에 대한 이 변수의 중요도는 6절과 8절에서 자세히 기술한다.

B.6 제어 밸브의 캐비테이션 정도

캐비테이션 지수, σ는 그 자체로는 특정 조건에서 특정 밸브의 성능에 대해 어떠한 정보도 시사하지 않는다. 밸브가 다르면 캐비테이션의 정도가 다르고, 적용 조건이 다르면 소음과 진동 대비 손상 등 캐비테이션의 관점이 달라진다. 그러므로 σ는 운전조건에서 평가하여야 하고, 그런 다음 밸브 적용상 캐비테이션 허용정도는 비교수준(Benchmark)을 가지고 평가하여야 한다.

제어 밸브에서의 캐비테이션 수준과 강도는 많은 것들에 대한 함수가 된다. 분명하게 이들 인자는 밸브를 통과하는 유량 특성을 직접 반영하기 때문에 이것은 밸브 형태와 밸브 개도에 대한 함수이다. 특정 밸브가 아니라면 σ 제한치와 같은 비교수준은 주어진 밸브 형태와 개도에 따라 독특한 것이 된다. 양호한 비교수준은 측정될 수 있으며 유효한 캐비테이션 발생 시점을 서술하게 된다. 그러나 실용적인 비교수준을 추구하기 위해서 이들 두 가지의 특징 중 하나 또는 나머지를 너무 강조해서는 안된다. 측정하는 것이 편리하지만 밸브 선정에는 거의 의미가 없는 캐비테이션 수준을 정하는 것은 가능하다. 다른 한편으로 손상과 같은 일부 결과를 예측하는 것으로 그러나 정확하게 측정하거나 예측하기는 어렵지만 비교 수준을 가지는 것은 바람직하다.

캐비테이션에 대한 다음 수준은 밸브 선정 과정의 비교수준으로써 자주 이용되며, 적합성과 취지가 잘 조화된 것으로 알려져 있다. 특정 밸브에 대해서는 밸브 제작자의 경험을 근거로 한 부가적인 변수도 포함되어 있다. σ에 해당되는 계수는 괄호 안에 나타냈다.

초생 캐비테이션(Incipient Cavitation, σ_i)

캐비테이션의 첫 단계는 초생 캐비테이션이다. 이 단계는 유량의 조건과 관련이 있어 캐비테이션이 처음으로 감지된다. 이러한 조건을 입증하는 일반적인 방법은 SPL(Sound Power Level)이나 진동을 측정하는 것이다. 초생 캐비테이션은 간헐적으로 발생하며, 보통 유체 흐름이 분리된 아주 가까운 곳에 기포 포켓이 일부 격리된 채로 붕괴되는 결과이다. 초생 캐비테이션은 극도로 조용하여 파이프 시스템의 타 기기로부터 발생하는 소음과 진동 때문에 듣기가 어렵다.

일정 캐비테이션(Constant Cavitation, σ_c)

일정 캐비테이션은 초생 캐비테이션 단계를 넘어 그 강도가 주목될 만큼 증가된 최초의 캐비테이션 단계이다. 이 시점에서 캐비테이션은 아주 큰 기포 체적을 형성하여 감지될 만큼 일정한 수준의 캐비테이션이다. 붕괴 영역은 초생 캐비테이션 지점으로부터 하류로 이동한다. 일정 캐비테이션에서 관측되는 것은 작은 진동과 부드러운 소음이다. 보통 이 정도의 캐비테이션으로는 큰 손상이 발생하지는 않는다. 그러나 유량률이 증가하면 캐비테이션도 그 이상으로 증가한다. 일정 캐비테이션은 유량 실험을 통해 각기 다른 유량율에서의 캐비테이션으로 발생하는 가속도와 진동의 상관관계를 비교하여 결정할 수 있다.

초기 손상(Incipient Damage, σ_{id})

초기 손상은 캐비테이션 강도의 증가로 인해 밸브나 후단 배관에 처음으로 손상이 발생하는 캐비테이션 수준이다. 이 단계는 감지하기 아주 어렵다. 이것을 가속도나 진동 곡선으로부터 확인할 수 없다. 알려진 방법으로는 알루미늄같이 연한 재질을 샘플로 사용하여 피팅(Pitting) 손상률을 측정하는 것이다. 캐비테이션 손상에 대해 아주 연한 재질과 보수적인 단계를 나타내기 때문에 알루미늄에서의 1분당 제곱인치당 1 피팅률은 양호한 제한치가 된다. 알루미늄에서 손상율과 손상의 심각도는 초기 손상 단계 이후 속도에 따라 급속하게 증가한다.

질식 캐비테이션(Chocking Cavitation, σ_{ch})

질식 캐비테이션은 캐비테이션이 아주 심각한 단계이다. 완전히 질식된 유량 조건에서는 후단 압력이 더 감소하여도 주어진 입구압력에서 밸브를 통과하는 유량률이 증가하지 않는다. 이 조건과 관련한 σ 값은 다음 식으로 예상할 수 있다.

$$\sigma_{ch} = \frac{(P_1 - P_V)}{F_L^2(P_1 - F_F P_V)} \tag{B-4}$$

여기서 F_L은 액체의 압력회복 인자, F_F는 액체의 임계압력비 인자이다. 이 관계식은 단지 완전한 질식 조건에서의 근사치이다. 제어 밸브의 사이즈 결정에서 이 조건은 보통 다음 압력차와 관계가 있다.

$$\Delta P_{choked} = (F_L)^2 (P_1 - F_F P_V) \tag{B-5}$$

그러나 질식 과정은 실제로 기포 형성을 동반하는 압축성 변화 결과에 따라 압력의 감소 범위 이상에서 발생한다. 완전히 질식된 조건은 실제로 이 식에 의해 계산된 것보다 조금 더 큰 압력차에서 일어난다.

소음, 진동 및 재료 손상이 최대로 일어나는 수준은 이 조건 이전에서 발생하는 것으로 관찰되었다. 대부분의 실용 단계에서는 보통 이러한 캐비테이션 수준을 피하게 된다. 그러나 트림 설계 또는 유량률, 사이즈 또는 압력 감소와 같은 상쇄 인자를 고려하면 이러한 캐비테이션 수준에서 심각한 문제없이 운전될 수 있다. 이러한 인자들은 다음에 기술된다.

최대 진동 캐비테이션(Maximum Vibration Cavitation, σ_{mv})

최대 진동 캐비테이션은 진동 곡선이 피크에 이르는 캐비테이션 수준이다. 최대 진동, 소음, 재료 손상 및 유량률 모두 같은 σ 값에 근접하여 발생하는 것으로 확인되었다. 소음을 근거로 한 실험적 진동 감지 방법은 약간 다른 최대 소음계수를 산출할 수 있다. 단언적으로 이 시점들은 다소 유사한 방식으로 활용될 수 있으며 이것을 모두 근본적으로 피해야 하는 심각한 캐비테이션 수준이다. 그러나 때때로 일부 완화 인자를 이 영역에서 다룰 수 있다. 상기에서 언급했듯이 이들 인자들은 다음에 기술한다.

제작자 권고 제한치(Manufacturer's Recommended Limit, σ_{mr})

제작자 권고 제한치는 제작자가 제공하는 운전 제한치이다. 이 제한치의 평가는 단순한 실험실 시험보다 특정 적용을 위한 특정 설계 또는 특정 설계 인자에 대한 축적된 경험 같은 인자들이 근거가 될 수 있다. 이 캐비테이션 수준은 앞서 언급한 것의 어느 것과 일치할 수도, 일치하지 않을 수도 있다. 이 제작자 권고 제한치 개념은 가용할 수 있는 제어 밸브의 하드웨어와 지식에 대해 가장 효과적인 활용을 도모하게 된다. 밸브 사용자는 이 평가에 사용되는 정보에 대해 밸브 제작자로부터 설명을 얻어야 한다.

이들 캐비테이션의 각기 다른 수준에 대한 일반적인 평가는 다른 절에서 다룬다.

B.7 제어 밸브 설계 및 적용 인자

일반적으로 밸브의 사이즈를 결정하는 절차는 여러 가지 캐비테이션 수준과 이들의 계수에 대해 접근하는 것이다. 그러나 아직도 실제적인 여러 가지 문제가 사용자에게 직면해 있다. 예를 들면 이러한 문제들은 다음과 같다.

- 어떤 인자가 제작자 권고 제한치(σ_{mr})의 선정에 영향을 주는가?
- 어떤 인자가 실제로 캐비테이션 계수 값에 영향을 줄 수 있는가?

- 어떤 인자가 캐비테이션 지수(σ) 값에 영향을 줄 수 있는가?

앞으로 기술되는 각기 다른 캐비테이션 수준은 단지 각기 다른 심각한 캐비테이션을 나타낸다. 주어진 조건에서 사용하고자 하는 적절한 계수가 항상 자명한 것은 아니며, 보통 주관적인 정도가 포함되어 있다. 또한 운전조건에서 밸브 형태와 개도, 운전 주기, 위치, 원하는 수명 및 과거의 경험과 같은 인자들을 고려해야 한다. 이러한 결정에 대한 분명한 지침은 없으며, 밸브 제작자는 이러한 사실을 참고해야 한다. 추가적인 내용은 7절과 2장에서 언급한다.

시험에 의해 산출된 계수 값에 영향을 주는 인자들과 캐비테이션 수준은 제어 밸브의 형태와 관련된 밸브 인자 그리고 압력, 온도, 유체 및 유량율과 같은 운전 인자들로 그룹화할 수 있다.

이들의 여러 가지 효과를 모두 설명하는 것은 어렵고 논의의 여지가 있을 수 있다. 캐비테이션 관련 문제의 범위는 유체 흐름으로 형성되는 캐비테이션의 총량과 강도, 그리고 재료 표면, 음향장 등 주위 여건의 반응에 대한 함수이다. 많은 인자들이 캐비테이션의 전체적인 본질과 문제점에 기여한다는 것이 연구 결과에서 나타난다.

이들 효과의 본질을 이해하기 위해서는 스케일 효과와 영향도(Influence)라는 두 가지 범주로 나누는 것이 도움이 된다. 스케일 효과는 인자가 변할 때 캐비테이션 계수 값을 변하게 하는 인자이다. 다른 한편 영향도는 캐비테이션 계수 값를 변하게 하지 않는 인자들로 캐비테이션 강도와 캐비테이션 손상에 영향을 줄 수 있다. 이 두 형태의 효과에 대한 차이는 그림 B-1과 그림 B-2와 같다. 각 범주의 잠재적 인자에 대한 지식은 시험과 적용단계에서 모두 필요하다. 따라서 시험 절차를 충분하게 표준화하고 적용 목적에 따라 수정식을 제공할 필요가 있다. 이 분야에서 연구 효과와 발전에도 불구하고 아직도 적용 과정에서 주관성이 나타나고 있다.

매우 중요한 스케일 효과의 두가지는 캐비테이션 변수 σ와 관련이 있다. 즉, 압력 스케일 효과(Pressure Scale Effect)인 PSE와 사이즈 스케일 효과(Size Scale Effect)인 SSE이다. 여러 가지 캐비테이션 계수는 각기 다른 전단 압력이나 밸브 사이즈에 따라 독립적이진 않으나 일치하지도 않는다. 실제 운전 압력과 사이즈, 시험 값 사이의 차이를 밝히는데 실패하면 심각한 오류를 초래할 수 있다. 이와 같이 전술한 또는 알려진 참조 조건에서 모든 σ를 평가하는 것과 알려진 수준의 관계식으로 운전조건에 해당하는 값을 만드는 것이 중요하다.

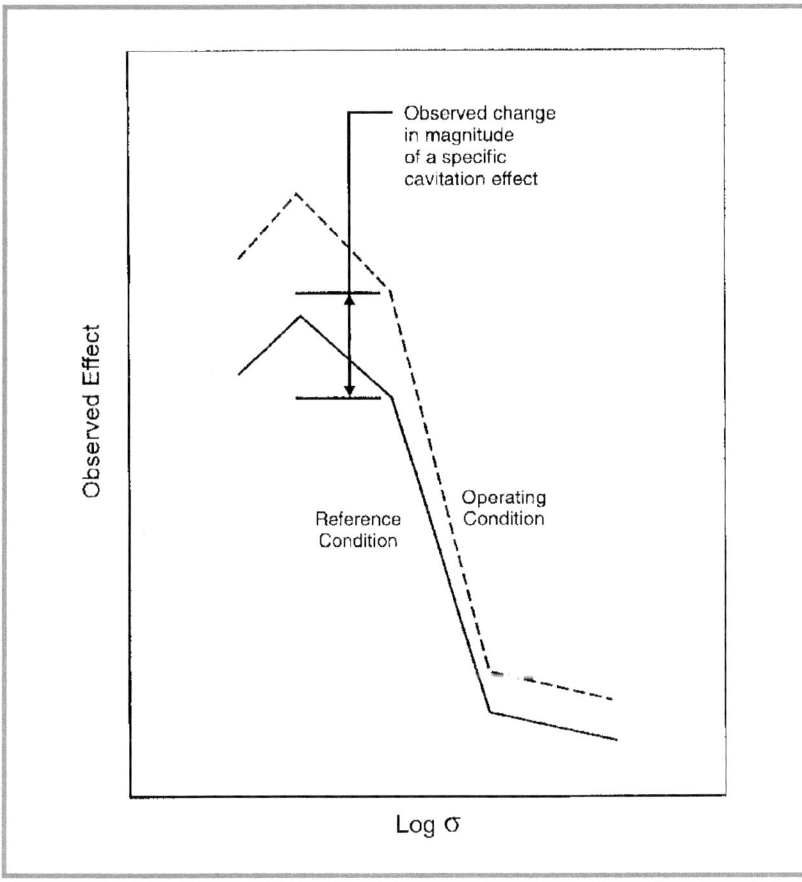

[그림 B-1] 캐비테이션 영향도

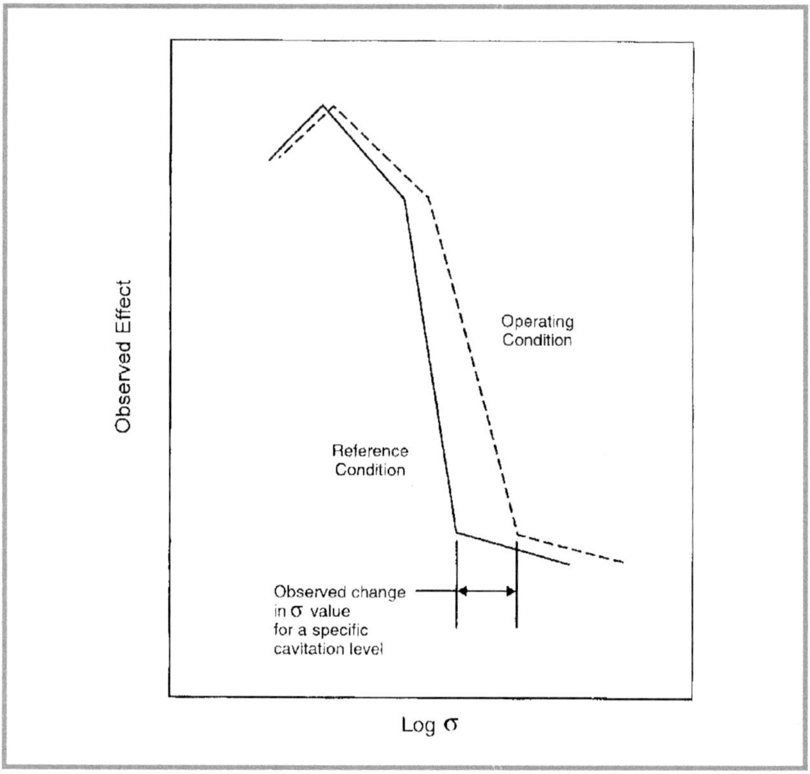

[그림 B-2] 캐비테이션 스케일 효과

B.8 제어 밸브의 사이즈에 의한 σ 영향

주어진 조건에서 운전되어야 하는 밸브의 적정성 뿐만 아니라 여러 가지 캐비테이션 계수는 제어 밸브의 기하학적 함수이다. 주어진 계수의 각기 다른 값은 각기 다른 밸브의 형태와 관련이 있거나 동일 밸브에서도 개도와 관련이 있다. 캐비테이션의 각기 다른 수준은 각기 다른 밸브 형태에 대한 적절한 제한치가 될 수 있다. σ 값에 영향을 주는 주요 인자들은 다음과 같다.

아마도 가장 자명한 기하학적 인자 중 하나는 밸브의 물리적인 사이즈이다. 앞서 논의한 여러 가지 캐비테이션 수준의 대부분이 사이즈 스케일 효과와 관련이 있다. 일반적으로 밸브 사이즈가 증가하면 캐비테이션 계수 값은 실제로 스케일 모델에 따라 증가한다. 광범위한 제어 밸브에 대해 일반적인 현상의 이해가 스케일 공식의 발전을 꾀하였다. 이와 같이 캐비테이션 계수 정보가 주어진 밸브의 시험 데이터로부터 유용하다면 같은 형태의 각기 다른 사이즈의 밸브에 대해 적용 제한치를 예측할 수 있다.

사이즈 스케일 효과는 정상적인 사이즈의 밸브에 대해 여러 가지 캐비테이션 계수를 정하기 위해 보다 작은 사이즈의 시제품이 사용될 때에만 필요하다. 스케일을 정하는 것은 밸브의 실제 스케일 모델로부터 수행되어야 하는 것이 중요하다. 특정 밸브 형태에 대해 아주 작은 사이즈의 밸브 모델을 사용하면 기하학적인 차이점이 생기게 된다. 이것은 설치된 밸브 성능에 다른 효과가 가져올 수 있으며, 비례적인 결과가 적용되지 않을 수 있다. 이러한 고려사항의 부가적인 정보는 6절에 기술했다.

각기 다른 밸브에서 또 다른 특성은 압력회복 특성이다. 앞서 언급한 것처럼 이것은 캐비테이션과 관련이 있다. 이것이 모두 부적절하다는 것이 아니나 이러한 인자가 매우 중요하게 대두된다. 질적으로 압력회복 특성은 캐비테이션 적용에 적절한 밸브를 구별하게 해 준다. 압력회복이 낮은 밸브는 다른 동등 조건하에서 밸브 몸체내의 압력이 전반적으로 높게 유지된다. 따라서 밸브의 캐비테이션 발생 경향과 캐비테이션 강도가 감소된다.

압력회복 정도는 밸브의 기하학적 구조에 의존하며 압력회복 인자 F_L로 나타낸다. 그러나 이것은 캐비테이션 지수가 아니다. 이 변수가 유일하고 정량적으로 사용되는 것은 주어진 일련의 조건하에서 밸브의 최대 유량(예를 들면 질식 유량)을 결정하기 위한 것이다.

압력회복 특성 경향은 보통 다른 σ 값으로 적절히 반영된다. 압력회복이 높은 밸브는 압력회복이 낮은 밸브와 비교할 때 캐비테이션 수준에 대한 값이 상대적으로 증가한다. 그러나 σ_{ch}와 F_L 사이의 함수적 상관성을 제외하고는 캐비테이션 계수와 F_L과는 함수적 상관 관계가 입증되지 않는다. 실질적인 σ 계수는 각각의 밸브에 대해 취득하여야 하고 압력회복 인자로부터 예측해서는 안된다. 밸브에서 여러 가지 σ 값의 중요도에 뚜렷한 영향을 미치게 되는 다른 기하학적 고려사항은 제어 밸브의 모양과 주요 저항부의 數이다. 일부 로타리 밸브에서의 랜즈 모양과 같은 불규칙적인 유로의 횡단면적은 낮은 σ 값으로 운전될 때 근본적인 캐비테이션을 초래할 수 있다. 캐비테이션이 국부적인 한 영역에서 시작되어 점차적으로 발전될 수 있다. 궁극적으로 캐비테이션은 전반적인 유로 면적으로 확장된다. 전반적인 유체 흐름 특성상 기포 형성으로 인한 압축 효과에 대해 관련 유량곡선을 그림 B-3과 같이 나타낼 수 있다. 일반적으로 이러한 밸브는 질식 유량 지점과 관련하여 보다 낮은 압력차에서 곡선의 직선부분으로부터 분리된다.

일반적으로 버터플라이 밸브의 기하학적 구조는 각기 다른 두 개의 기하학적 유로를 만든다. 각 유체 유동 통로는 각각의 유량 변수를 가지며 그에 따라 유량이 변한다. 하나의 유로는 다른 쪽이 질식이 되기 이전에 질식이 되며 그림 B-4와 같이 구획이 있는 유량 곡선을 만든다. 유량곡선의 기울기는 밸브와 관련한 Cv 값의 크기에 비례한다.

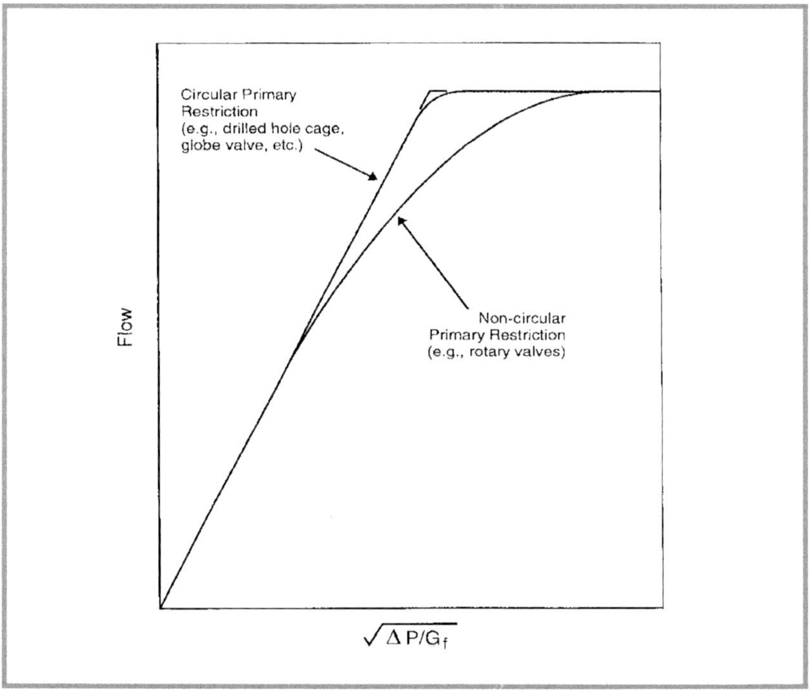

[그림 B-3] Typical flow curve appearance

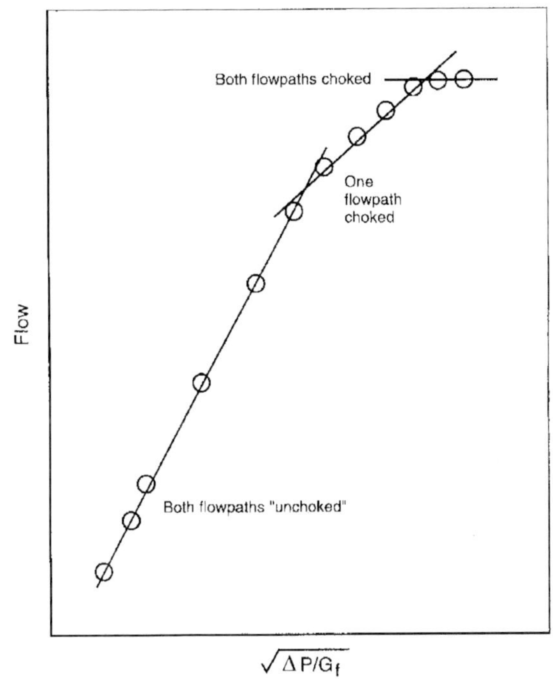

[그림 B-4] Flow curve appearance: two flowpath butterfly valve

첫 구획의 급한 기울기는 두 유로 모두 완전한 유체 흐름이 있음을 나타낸다. 두 번째 구획은 한쪽 유로의 질식으로 경사가 완만해지며, 압력 감소에도 불구하고 혼합된 유량이 계속된다. 세 번째 구획은 두 개의 유로 모두 질식이 되어 유로가 액체 체적으로 혼합되었기 때문에 기울기가 없다. 안전운전 제한치는 처음으로 캐비테이션이 발생하는 유로와 연관될 수 있으며 결과적으로 질식 유량 제한치를 고려한 예상치보다 더 낮아질 수 있다. 이 효과의 정도는 밸브 개도의 함수가 된다.

어떤 제어 밸브는 특별한 기하학적 효과를 이용하고 캐비테이션 조건에 따라 특별하게 설계된다. 이러한 설계들에는 여러 가지 캐비테이션 수준에 대한 σ 값과 허용운전 제한치를 높히는 특별한 또는 적정 인자를 포함하고 있다. 보통 이것들은 캐비테이션이 발생하는 위치와 정도를 조절하게 된다. 이를테면 버터플라이 밸브를 특별하게 적용할 경우에는 적절한 운전 제한치를 σ_c로 결정해야 한다. 그러나 캐비테이션을 제어하기 위해 특별하게 설계된 밸브를 사용하면 동일한 적용 제한치를 σ_{ch}로 결정할 수 있다.

여기에서 주의할 사항을 기술하면 다음과 같다. 여러 가지 캐비테이션 수준에 대한 σ 값은 밸브 형태와 밸브 개도의 함수이다. 어떤 범위에서 이것은 특정 밸브를 선정하는데 이용할 수도 있다. 그러나 사용자는 호의적인 숫자가 되도록 밸브 형태나 사이즈를 단독적으로 변경하는 것은 피해야 한다. 예를 들면 거의 열려 있는 상태의 작은 버터플라이 밸브 대신에 큰 버터플라이 밸브를 사용하여 작은 개도로 운전된다면 시트에 너무 근접하여 조절되므로 시트와 차단 마개 표면에 손상을 초래할 수 있다. 더 이상 고려해야 할 인자들은 다음 절에서 기술한다.

B.9 σ에 대한 압력 스케일 효과 및 기타 영향

특정 적용 운전조건과 관련하여 우선이 되는 스케일 효과는 압력 스케일 효과(PSE)이다. 사이즈 스케일 효과와 유사하게 여러 가지 캐비테이션 수준의 실질적인 σ 값은 운전 압력이 변하면서 바뀌게 된다. 일반적으로 주어진 밸브에서 운전 압력이 증가하면 캐비테이션 수준인 σ 값이 증가하게 된다. 실험적인 스케일 공식은 광범위한 제어 밸브에서 일반적인 작용에 근거를 두고 있다. 이와 같이 σ 값을 특정 압력의 시험 데이터로부터 얻을 수 있다면 적용 제한치는 다른 운전조건에 대해서도 예측이 가능해진다.

캐비테이션 수준인 σ 값이 변할지라도 다른 인자들인 유체의 특성치는 캐비테이션 정도와 규모에 영향을 준다. 몇가지 중요한 고려사항은 다음과 같다.

- 점도
- 불용성 가스 체적
- 표면 응력
- 열적 특성치
- 유체 성질

보통 점도의 영향은 실용상 무시할 정도이지만 댐핑의 하나로 고려된다. 다시 말하자면 특유한 σ 값은 변하지 않게 된다. 점도에 대한 분석적 또는 실험적 방법이 개발되어 왔으나 높은 점도의 유체는 캐비테이션에 특별한 문제점을 나타내지 않는 경향이 있다.

불용성 가스는 캐비테이션 작용에 뚜렷한 영향을 줄 수 있다. 불용성 가스를 조금만 추가하여도 초생 캐비테이션 과정에 필요한 핵을 추가하게 되고 이론적으로는 부가적인 캐비테이션을 유발하게 된다. 그러나 많은 양의 불용성 가스는 캐비테이션 붕괴과정을 억제하여 캐비테이션 효과를 억제하는 경향이 있다. 시험 관련 절에서 강조하였듯이 시험 결과는 이러한 영향에 의해 불분명할 만큼 최소한의 공기 만을 함유하는 것이 필요하다.

표면 응력 항은 캐비티 작용을 기술하기 위한 이론적인 공식에서 나타난다. 이것은 핵의 형성 및 성장을 방해하고, 캐비티 붕괴를 촉진시키지 않는다. 전자의 효과는 전체적인 캐비테이션을 줄이고 완화시킨다. 후자는 붕괴의 강도와 반대되는 효과를 가진다. 이러한 억제 효과의 중요도가 우세하지만 대부분의 유체에 대해서는 전체적인 효과가 무시될 정도이다.

대부분의 열적 특성치 영향은 사이즈 및 스케일 공식에서의 운전조건 온도에 해당하는 절대 증기압을 사용하여 설명된다. 다소 정량적이지 않은 일부 부가적인 효과가 있다. 열에너지 항이 관성적 항과 비교하여 무시할 정도일 때 압력역학 에너지는 기포화 및 붕괴 비율을 지배한다. 열적 항이 중요하게 되면 열전달율과 관련된 시간은 지배적인 인자가 될 수 있으며, 그 과정은 거의 비등같은 것이 된다. 그러나 산업계에서 사용하는 대부분의 유체는 보통 이 범주에 속하지 않는다.

여기까지 내용은 화학적으로 단일 종류로 구성된 유체와 관련된 것이다. 대부분의 프로세스 유체들은 실제 다른 유체와의 혼합물이다. 이러한 혼합 유체는 캐비테이션 문제점이 발생하는 정도에 직접적인 관련이 있을 수 있다. 프로세스 유체가 증기압을 크게 변하게 하는 유체 혼합물로 구성되어 있을 때는 전통적인 단일 유체 보넬은 와해된다.

순수한 액체에서 일정 압력에 대응하여 일정 온도에서 기포화가 되는 것처럼 기포화는 압력 범위에 따라 일어난다. 더욱이 기포와 액체 단계의 모든 구성은 이들의 혼합 결과에 따라 바뀐다. 일반적으로 복합적인 효과가 캐비테이션 관련 문제의 심각성을 감소시킨다. 좋은 실례가 되는 혼합 유체는 광범위한 탄화수소 혼합물이다.

B.10 결론

캐비테이션은 산업계의 프로세스 제어에서 주요한 문제점으로 지속될 것이다. 문제의 성질을 이해하고 현 시점의 정량적인 정보를 이용하면 문제점을 완화시키는데 도움이 될 것이다. 그러나 밸브 분석에 대한 궁극적인 이득과 캐비테이션에 대한 운전조건은 운전에 대한 품질과 완전성 그리고 유용할 수 있는 밸브 정보에 의존하게 된다. 밸브 사용자와 제작자는 분명하고 정확한 데이터를 서로가 공유하는 노력이 필요하다. 이러한 데이터는 운전조건과 밸브 용량간의 비교를 가능하게 해 줄 것이다.

여기에 포함된 절차들은 현재 이용할 수 있는 최상의 실용적인 지식을 제공하기 위한 것이다. 그러나 이것을 활용하는 사람은 입증된 새로운 기술이 유용하게 되면 언제라도 그것을 이용하여야 한다.

C – 캐비테이션의 손상 강도 및 수명

C.1 개요

인간, 환경 및 설비의 안전은 적절한 밸브의 선정뿐 아니라 적절한 감시, 검사, 정비 프로그램을 통해 확보해야 한다. 안전에 대한 강조에 따라 캐비테이션 손상을 제거하고자 할 때 물리적 공간, 프로세스의 변화, 사용 빈도 및 비용과 같은 다른 한계와 마주친다. 다음 방법은 제어 밸브의 캐비테이션 손상 강도 또는 상대적인 수명 감소를 정량화하기 위한 것이다. 과거에는 이것을 어림잡거나 경험을 근거로 하여 판단하였다. 이 방법과 그 결과는 이론과 경험을 근거로 하였지만 σ에 대한 스케일 공식 같은 것과 광범위한 데이터 베이스로 구체화된 것은 아니다. 이 방법을 제시하는 것은 캐비테이션 조건의 심각성을 보다 더 정량화하는 것을 필요로 하고, 연구, 시험 및 경험 데이터 교환을 진전시킬 필요가 있음을 인정하는 것이다.

C.2. 강도 지수

강도 지수 I 는 손상 강도 또는 수명 감소 인자로 고려할 수 있다. 얼마나 빨리 침식이 일어나는지의 근사치의 크기는 주어진 운전조건과 환경에서 손상율에 따라 나타난다.

주 : 밸브가 초기 손상 수준 이상의 심각한 캐비테이션 수준, 예를 들면 밸브의 손상 가능성 때문에 사용하지 않아야 하는 수준에서 운전했을 때에만 강도 지수를 사용할 수 있다. 밸브의 σ_{id}가 알려져있지 않을 때에는 이것을 사용할 수 없다. 이 방법은 밸브의 여러 형태에 따라, 예를 들면 σ_{id}가 결정되기 어려운 로타리 버터플라이 밸브 같은 것에 대해서는 주의해서 접근해야 한다.

σ_{SS}를 이용하여 운전 심각도의 수치적 기준을 계산하면 밸브 형식과 트림을 결정할 수 있다. 밸브 형식에 대한 적용 권고기준을 넘어서면 손상 및 진동 정도는 다음 강도 지수에 대해 비례적으로 예상할 수 있다.

$$I = F_U F_T F_{DC} \left(\frac{\sigma_{id} - 1}{\sigma_{SS} - 1}\right) \qquad \text{(C-1)}$$

$$\sigma_{SS} = \left(\frac{\frac{\sigma}{SSE} - 1}{PSE}\right) + 1 \qquad \text{(C-2)}$$

여기서, F_U, F_T 및 F_{DC}는 다음에 기술하는 강도 수정 인자이다. $\sigma_v = (\sigma_R\ SSE - 1)PSE + 1$을 이용하여 응용할 수 있는 σ를 계산하고, 식 C.2를 이용하여 σ_{SS}를 계산한다. 이것은 σ를 σ_c, σ_{id} 등의 시험 데이타 또는 제작자 참고 값 같은 참고 데이터로 통일하는 것이다. 선정된 σ_R을 σ_{SS}와 비교하고, σ_R이 σ_{SS}보다 작다면 이 밸브는 선정된 σ_R에 해당하는 수준보다 낮은 강도 수준에서 운전되게 된다. 강도 지수의 기본 해석값으로 1은 초기 손상 조건에서 운전되는 밸브의 정상적인 마모, 소음 및 진동을 지시한다. 이 값이 0에서 1까지는 마모, 소음 및 진동이 비례적으로 작다는 것을 의미한다. 반대로 1보다 크면 정상적인 마모, 소음 및 진동보다 크다는 것을 의미한다. 이 강도 지수는 0 이하의 값을 나타내지는 않는다.

C.3 강도 수정인자

강도는 σ에 부가하여 영향도에 대한 함수이다. 이 인자들은 적절한 손상시험을 통해 결정해야 하지만 다음 근사치를 추정 근사치로 사용할 수 있다. 초기 손상의 참고 시그마(σ_{id})는 모델 시험 또는 운전되는 밸브에 대한 시험을 통해 결정할 수 있다. 각기 다른 형식의 밸브에 대한 σ_{id} 참고 값은 제작자가 제공한다.

가. 속도 인자, F_U

속도 인자는 피팅에서 초기 속도(U_0)와 실제 속도(U) 차이에 대한 함수이므로 가장 중요한 인자가 될 수 있다. 손상과 피팅이 초기 손상 시그마 또는 속도에서 시작되므로 피팅률은 $U - U_0$ 차이에 의한 함수로 나타난다. 강도에 대한 다음 속도 수정인자는 피팅율 대비 속도에 대한 일반적인 데이터로 나타난다.

$$F_U = 1.0 \qquad \text{for} \qquad U - U_0 < \ 0 \tag{C-3}$$

$$F_U = 0.18 + 0.82\ e^{N_4(U - U_0)} \qquad \text{for} \qquad U - U_0 S\ 0$$

여기서, U는 밸브 출구 지역 또는 기타 특정 지역을 통과하는 유체의 평균 속도, U_0는 밸브 출구 또는 특정 지역을 통과하는 초기 손상 평균속도, N_4는 U 및 U_0에 대한 단위 상수이다.

식 C.3에서 유체의 속도가 U_0에 접근하면 F_U 값은 1.0 이 되는 것을 알 수 있다. 역시 U가 U_0를 초과하면 속도 인자가 지수 함수적으로 증가하듯이 이것은 σ_{id}보다 낮은 시그마 값의 캐비테이션 영역에서 피팅률과 재료 탈락율에 대한 일반적인 경향을 나타낸다. 속도차 $(U - U_0)$에 따른 F_U의 민감도 때문에 U_0 값은 시험으로 확인되어야 한다. 이러한 시험시에 주의해야 할 사항은 시편의 피팅에 대해서 충분한 잠복기간을 두어야 한다. 각 밸브 형식마다 캐비테이션 계수(σ_c, σ_{id} 등)와 U_0에 대한 시험의 중요성이 강도 평가가 관련하여 강조되지 않을 수 있다. 설계 구조상 최소한의 차이점도 밸브 캐비테이션 변수에 있어서 심각한 차이를 유발할 수 있다.

나. 유체 온도 인자, F_T

저압 상태의 물에 대한 연구결과 유체 온도가 빙점과 비등점 사이의 중간영역에 있을 때 캐비테이션 손상은 거의 3배 이상 심각해지는 것으로 나타난다. 즉, 재료 탈락율은 빙점이나 비등점에 있을 때보다 3배로 빨라진다. 식 C-4는 이 것을 설명할 수 있는 근접 인자로 사용할 수 있다. 이 온도 효과는 물보다 액체상태의 비교적 놓은 압력에서는 변할 수 있다. 손상률에 대한 온도 효과는 임계압 근처의 압력에서는 잘 알려져 있지 않다. 압력이 임계압에 접근하거나 초과하면 F_T는 무시해야 한다. 이 인자는 단지 화학 조성이 단일로 된 액체에서만 적용한다.

$$F_T = 3 - 2\left(\frac{|\ T - T_{ave}\ |}{T_B - T_{ave}}\right) \tag{C-4}$$

여기에서,

T_B = 전단 압력에서의 비등점 온도

T_F = 전단 압력에서의 빙점 온도

T = 유체의 온도

$T_{ave} = (T_B + T_F)/2$

다. 운전주기 인자(Duty Cycle Factor), F_{DC}

캐비테이션 조건에서의 제어 밸브의 운전주기(예를 들면 지속적, 간헐적, 희박한 운전)는 운전주기 인자로 설명할 수 있다. 밸브가 드문 과도상태에서만 캐비테이션 조건이 생긴다면 손상률이 시간 의존성이기 때문에 이러한 조건에서의 짧은 시간의 운전은 밸브의 전체 성능에 영향을 미치지 않을 수 있다. 만약 밸브가 단지 기동과 같은 어떤 운전 조건에서만 캐비테이션이 발생한다면 지속적으로 조절되는 밸브보다 캐비테이션 조건을 잘 견디어 낼 것이다. 만약 밸브가 지속적으로 조절되거나 극한 조건, 또는 이러한 두가지 경우에서 운전된다면 보다 더 보수적인 인자를 취해야 한다. 표 C-1은 운전 이력에 대해 데이터가 부족할 경우 이를 예측할 목적으로 사용되는 F_{DC} 값을 나타낸 것이다. F_{DC} 값은 응용상 매우 의존적인 것으로 예측값은 강도 계산 결과에 아주 큰 불확실성을 초래할 수 있다.

[표 C-1] 운전주기 인자의 예측 값에 대한 범위

발생주기(Frequency of Occurrence)	F_{DC}
희박한 운전(Rare Upset)	0.1 - 0.3
기동(Start-up)	0.5 - 0.8
조절(Throttling)	1.0 - 1.5
연속 또는 극한 운전(Continuous or Critical Duty)	2.0 - 3.0

D – 캐비테이션의 순 압력강하 보정

D.1 약어

$C_{v\ meas}$	시험을 통한 압력강하 측정값으로부터 계산된 밸브 유량계수
$C_{v\ net}$	밸브 자체의 유효압력손실로부터 계산된 밸브 유량계수
d	밸브 입구 내경, inches(mm)
f	Darcy–Weisbach의 파이프 마찰인자
G_f	입구의 유동 조건에서의 액체 비중
ΔP_{meas}	파이프 압력손실이 포함된 밸브 압력강하 측정값, psi(kPa)
ΔP_{net}	밸브의 유효압력강하, psi(kPa)
σ_{meas}	압력강하 측정값으로부터 계산된 캐비테이션 지수
σ_{net}	유효압력강하로 계산한 캐비테이션 지수

2. 측정 압력 및 유효압력강하

시험 밸브에 사용되는 비압력강하 대비 캐비테이션 조건에서 이를 적용할 때의 특정 압력강하는 매우 중요하다. 보통 밸브 유량시험시의 압력강하는 시험구간내의 상류 압력 탭과 하류 압력탭 간의 압력차이다. 그러나 제어 밸브의 사이즈 결정 및 선정시 상류 압력과 하류 압력은 각각 밸브의 상류 표면과 하류 표면으로 자주 기술된다. 이것에 대한 이해의 부족은 불원한 결과를 초래할 수 있다.

상기의 차이점은 유효 압력차 대비 총 압력차(측정압력차)의 개념으로 부각된다. 유효압력강하는 제어 밸브를 배관계통에 설치할 때의 계통 압력에 대한 순수 효과이다. 압력강하 측정값은 순수 압력강하와 압력 탭 간의 길이에 따른 부가적인 손실의 합계이다. 압력강하 측정값으로 계산한 유량계수 Cv와 캐비테이션 지수 σ는 유효압력강하(Cv net 과 σnet)로 계산한 Cv 값과 σ 값은 크게 다를 수 있다.

일반적으로 낮은 회복압력 밸브는 Cv, 밸브 개도 및 σ에 대한 계산값의 차이가 정확도 이내에 있기 때문에 무시할 만하다. 일반적으로 수 많은 글로브 밸브처럼 Cv/N_1d^2 〈 20인 밸브를 낮은 압력회복 밸브로 고려한다.

높은 압력회복 밸브(예 : Cv/N_1d^2 〉 20)는 이 차이가 매우 중요하며, 시험 방법과 적용 방법 간에 모순이 없음을 확인할 필요가 있다. 압력강하 측정값과 유효압력강하의 차이가 적은 손실의 밸브 또는 높은 압력회복 밸브에서 50% 정도까지 커질수 있다. 측정값과 실제값의 차이는 캐비테이션 계산에 아주 중요한 것이 될 수 있다. 왜냐하면 캐비테이션 지수는 밸브 개도의 작은 변화에도 크게 변할 수 있기 때문이다. Cv와 압력강하를 계산하는데 작은 차이점이 밸브 개도, 구동기 요건 및 밸브 캐비테이션 계수의 큰 차이를 만들 수 있다.

시험을 통해 직접 유효압력강하를 측정하려면 하류 압력탭은 보다 완전한 압력회복을 위해 내경 6배 위치 대신에 내경 10배 위치에 설치해야 한다. Cv/N_1d^2이 20보다 큰 제어 밸브의 하류 압력은 부록 Ⅱ에 명시된 내경 6배 거리에서 완전하게 회복되지 않을 수도 있다.

상기에서 암시하듯 캐비테이션 조건에서 높은 압력회복 밸브를 적용할 때는 인접 배관의 영향을 고려해야 한다. 다음 식은 측정값과 유효값 간의 다양한 계수들을 변환하는 방법을 기술한다. 이 기법은 아직 발전 중이며 어떠한 제한을 받는다. 여기에서 기술한 방법들은 직관에 설치된 것으로 제한한다. 여기에서는 밸브 상류와 하류에 직관이 인접해 있는 것과는 달리 계통에서의 밸브에 대한 순 효과의 본질로는 추론하지 않는다.

D.3 공식

Cv/N_1d^2이 20보다 큰 제어 밸브에 적용하는 다음 식은 측정값으로부터 유효값으로 압력강하, Cv 및 σ를 변환하는데 사용할 수 있다. 식 D.1과 D.2는 Cv를 변화하기 위해 Rahmoyer와 Driskell이 원래 발표한 것이며, D.3부터 D.6까지는 이 공식으로부터 유도한 것이다.

$$\frac{C_{v\ net}}{N_1 d^2} = [(\frac{C_{v\ meas}}{N_1 d^2})^{-2} - 0.008986 f G_f]^{-\frac{1}{2}} \qquad \text{(D–1)}$$

$$\frac{C_{v\ meas}}{N_1 d^2} = [(\frac{C_{v\ net}}{N_1 d^2})^{-2} + 0.008986 f G_f]^{-\frac{1}{2}} \qquad \text{(D–2)}$$

$$\triangle P_{net} = \triangle P_{meas}[1 - 0.008986 f G_f (\frac{C_{v\ meas}}{N_1 d^2})^2] \qquad \text{(D–3)}$$

$$\triangle P_{meas} = \triangle P_{net}[1 + 0.008986 f G_f (\frac{C_{v\ net}}{N_1 d^2})^2] \qquad \text{(D–4)}$$

$$\sigma_{net} = \frac{\sigma_{meas}}{[1 - 0.008986 f G_f (\frac{C_{v\ meas}}{N_1 d^2})^2]} \qquad \text{(D–5)}$$

$$\sigma_{meas} = \frac{\sigma_{net}}{[1 + 0.008986 f G_f (\frac{C_{v\ meas}}{N_1 d^2})^2]} \qquad \text{(D–6)}$$

Appendix VI

참고자료 - 표와 그림

[표 1] 스케쥴 40인 배관에서 유속이 10 ft/sec일 때의 유량률

Pipe diam.	1"	13/4"	2"	3"	4"	6"	8"	10"	12"
GPM	27	62	100	210	380	900	1600	2300	3500

[표 2] 스케쥴 40인 배관에서 포화증기의 유속이 약 150 ft/sec일 때의 유량률

Pipe Diameters (Flow in lbs/hr)									
Pressure, psig	1"	1½"	2"	3"	4"	6"	8"	10"	12"
15	200	500	800	1800	3200	5400	12800	20000	24600
30	300	710	1200	2400	4800	9800	19200	30000	36000
60	500	1200	2000	4500	8000	18000	32000	50000	60000
100	750	1800	3000	6800	12000	27200	48000	75000	90000
150	1100	2500	4400	9900	18000	40000	72000	111000	132000
200	1500	3300	6000	13500	24000	54000	96000	150000	180000
300	2200	4700	8800	20000	32000	80000	128000	220000	265000
400	2500	6100	10000	22500	40000	90000	160000	250000	300000
500	3300	7800	13000	30000	52000	120000	210000	330000	400000

[표 3] 일반적인 밸브 몸체 재질

Metals ASTM	Designations
BRONZES AND BRASSES	
High Tensile Steam Bronze	B 61
Steam Bronze	B 62
IRONS	
Cast Iron	A 126 Class A
Cast Iron	A 126 Class B
Ductile Cast Iron	A 395
Malleable Cast Iron	A 47 Grade 32510
Ni-resist Gray Cast Iron	A 436 Type 2
STEELS	
Carbon Steel, Forged	A 105
Carbon Steel, Cast	A 216 Grade WCB
0.15% Moly. Steel, Cast	A 217 Grade WCI
Cr. Moly. Steel, Cast	A 217 Grade WC6
Cr. Moly. Steel, Cast	A 217 Grade WC9
4.6% Cr. Moly. Steel	A 217 Grade C5
8-10% Cr. Moly. Steel	A 217 Grade C12
Carbon Steel, Cast	A 352 Grade LCB
Carbon Moly. Steel, Cast	A 352 Grade LCI
3.5% Nickel Steel, Cast	A 352 Grade LC3
STAINLESS STEELS	
18 Cr. 8 Ni., Cast	A 351 Grade CF8 (Type 304)
Type 304 Bar	A 182 Type F304
Type 303 Bar	A 182 Type F303
18 Cr. 8 Ni. Mo., Cast	A 351 Grade CF8M (Type 316)
Type 316 Bar	A 182 Type F316
18 Cr. 8 Ni. Cb., Cast	A 351 Grade CF8C (Type 347)
18 Cr. 8 Ni. Cb., Bar	A 182 Type F347
18 Cr. 8 Ni. Mo., Forging	A 182 Type F316L
16 Cr. 12 Ni. 2 Mo., Bar	A 479 Type 316L
NICKEL ALLOYS	
Nickel Cast	A 296 CZ-I 00
Nickel Wrought	B 160
Monel Cast	A 296 M-35W
Monel Wrought	B 164 Class A
Hastelloy "B" Cast	A 296 N-12M
Hastelloy "C" Cast	A 296m CW-12M
ALUMINUM	
No. 356 T6 Cast	B 26 Grade SG70A T6
TITANIUM	
Alloy 20, Cast	A 296 Grade CN-7M
Cast	B 367
Wrought	B 381

[표 4] 일반적인 트림 재질

METALS	ASTM DESIGNATIONS
Brass Rod	B 16
Naval Brass	B 21 Alloy A
Bronze Rod	B 140 Alloy B
Phosphor Bronze	B 134 Alloy B-2
Type 316 St. Steel Rod	A 479 Type 316
Type 316L St. Steel Rod	A 479 Type 316L
Type 316 St. Steel, Cast	A 351, Grade CF8M
Type 316 St. Steel, Forged	A 182, F316
Type 304 St. Steel Rod	A 182, F304
Type 347 St. Steel Rod	A 182, F347
Type 17-4 St. Steel Rod	A 564
InconelRod	B 166
Monel Cast	A 296 Grade M-35

[표 5] 일반적인 볼트 재질

ASTM DESIGNATIONS		
Metals	Bolts	Nuts
Type 304 St. Steel	A 193 Grade B8, Cl. 1	A 194 Grade 8
Type 347 St. Steel	A 320 Grade B8	A 194 Grade 8
Type 316 St. Steel	A 320 Grade B8	A 194 Grade 8
Carbon Steel	A 193 Grade B7	A 194 Grade 2H
Carbon Moly. Steel	A 193 Grade B7	A 194 Grade 2H
5% Cr. 1/2% Mo, Alloy	A 193 Grade B16	A 194 Grade 4

[표 6] 포화증기의 압력 및 온도

Vapor Pressure				
Absolute, Psia	Vacuum, In. Hg.	Temperature Degrees F.	Steam Density lbs./Cu. Ft.	Water Specific Gravity
0.20	29.51	53	.00065	1.00
0.30	29.31	64	.00096	1.00
0.40	29.11	72	.00126	1.00
0.50	28.90	79	.00156	1.00
0.60	28.70	85	.00185	1.00
0.80	28.29	94	.00243	1.00
1.0	27.88	101	.00300	.99
1.2	27.48	107	.00356	.99
1.4	27.07	113	.00412	.99
1.6	26.66	117	.00467	.99
1.8	26.26	122	.00521	.99
2.0	5.85	126	.00576	.99

[표 6] 포화증기의 압력 및 온도(계속)

2.4	25.03	132	.00683	.99
3.0	23.81	141	.00842	.98
4.0	21.78	152	.0110	.98
5.0	19.74	162	.0136	.98
6.0	17.70	170	.0161	.98
7.0	15.67	176	.0186	.97
8.0	13.63	182	.0211	.97
9.0	11.60	188	.0236	.97
10.0	9.56	193	.0260	.97
12.0	5.49	202	.0309	.96
14.0	1.42	210	.0357	.96
14.7	0.0	212	.0373	.96
20	5.3	227	.0498	.95
22	7.3	233	.0544	.95
24	9.3	237	.0590	.95
26	11.3	242	.0636	.95
28	13.3	246	.0682	.94
30	15.3	250	.0727	.94
35	20.3	259	.0840	.94
40	25.3	267	.095	.94
45	30.3	274	.11	.93
50	35.3	281	.12	.93
55	40.3	287	.13	.93
60	45.3	293	.14	.92
65	50.3	298	.15	.92
70	55.3	303	.16	.92
75	60.3	308	.17	.92
80	65.3	312	.18	.91
85	70.3	316	.19	.91
90	75.3	320	.20	.91
95	80.3	324	.22	.91
100	85.3	328	.23	.90
105	90.3	331	.24	.90
110	95.3	335	.25	.90
115	100.3	338	.26	.90
120	105.3	341	.27	.90
125	110.3	344	.28	.90
130	115.3	347	.29	.89
135	120.3	350	.30	.89
140	125.3	353	.31	.89
145	130.3	356	.32	.89
150	135.3	358	.33	.89
160	145.3	364	.35	.88
170	155.3	368	.37	.88

[표 6] 포화증기의 압력 및 온도(계속)

180	165.3	373	.40	.88
190	175.3	378	.42	.88
200	185.3	382.44	.87	
225	210.3	392	.49	.87
250	235.3	401	.54	.86
275	260.3	409.60	.85	
300	285.3	417	.65	.85
400	385.3	445	.86	.83
500	485.3	467	1.08	.81
600	585.3	486	1.30	.80
700	685.3	503	1.53	.78
800	785.3	518	1.76	.77
900	885.3	532	2.00	.76
1000	985.3	545	2.24	.74
1250	1235.3	572	2.90	.71
1500	1485.3	596	3.62	.68
2000	1985.3	636	5.32	.62
2500	2485.3	668	7.65	.56
3000	2985.3	695	11.7	.46

[표 7] 온도변환표

°K	°C	°F	°R
0	-273	-459.4	0
33	-240	-400	60
61	-212	-350	110
89	-184	-300	160
116	-157	-250	210
144	-129	-200	260
172	-101	-150	310
200	-73	-100	360
227.4	-45.6	-50	410
230.2	-42.8	-45	415
233	-40.0	-40	420
235.8	-37.2	-35	425
238.6	-34.4	-30	430
241.3	-31.7	-25	435
244.1	-28.9	-20	440
246.9	-26.1	-15	445
249.8	-23.2	-10	450
252.4	-20.6	-5	455
255.2	-17.8	0	460
258	-15.0	5	465
260.8	-12.2	10	470

[표 7] 온도변환표 (계속)

263.6	-9.4	15	475
266.3	-6.7	20	480
269.1	-3.9	25	485
271.9	-1.1	30	490
273	0	32	492
274.7	1.7	35	495
273.4	4.4	40	500
280.2	7.2	45	505
283	10.0	50	510
285.8	12.8	55	515
288.6	15.6	60	520
291.3	18.3	65	525
294.1	21.1	70	530
296.9	23.9	75	535
299.7	26.7	80	540
302.4	29.4	85	545
305.2	32.2	90	550
308	35.0	95	555
310.8	37.8	100	560
313.6	40.6	105	565
316.3	43.3	110	570
319.1	46.1	115	575
322.9	48.9	120	580
327.4	54.4	130	590
333	60.0	140	600
338.6	65.6	150	610
344.1	71.1	160	620
349.7	76.7	170	630
355.2	82.2	180	640
360.8	87.8	190	650
366.3	93.3	200	660
377.4	104.4	220	680
394	121	250	710
422	149	300	760
450	177	350	810
477	204	400	860
505	232	450	910
533	260	500	960
561	288	550	1010
589	316	600	1060
616	343	650	1110
644	371	700	1160
672	399	750	1210
700	427	800	1260

[표 7] 온도변환표 (계속)

727	454	850	1310
755	482	900	1360
811	538	1000	1460
866	593	1100	1560
921	649	1200	1660
977	704	1300	1760
1035	762	1400	1860
1089	816	1500	1960

[표 8] 일반적인 연강 배관 데이터(ANSI B36.10)

Nom. Pipe Size	O.D. Inches	Wall Thickness Inches	I.D. Inches
Schedule 10			
1/2	.840	.083	.674
3/4	1.050	.083	.884
1	1.315	.109	1.097
11/2	1.900	.109	1.682
2	2.375	.109	2.157
3	3.500	.120	3.260
4	4.500	.120	4.260
6	6.625	.134	6.357
8	8.625	.148	8.329
10	10.750	.165	10.42
12	12.750	.180	12.39
14	14.00	.250	13.50
16	16.00	.250	15.50
18	18.00	.250	17.50
20	20.00	.250	19.50
24	24.00	.250	23.50
30	30.00	.312	29.38
Schedule 20			
8	8.63	.250	8.13
10	10.80	.250	10.25
12	12.75	.250	12.25
14	14.00	.312	13.38
16	16.00	.312	15.38
18	18.00	.312	17.38
20	20.00	.375	19.25
24	24.00	.375	23.25
30	30.00	.500	29.00
Schedule 40			
1/2	.840	.109	.622
3/4	1.05	.113	.824

[표 8] 일반적인 연강 배관 데이터(ANSI B36.10) (계속)

1	1.32	.133	1.05
11/4	1.66	.140	1.38
11/2	1.90	.145	1.61
2	2.38	.154	2.07
1/2	2.88	.203	2.47
3	3.50	.216	3.07
4	4.50	.237	4.03
6	6.63	.280	6.07
8	8.63	.322	7.98
10	10.75	.365	10.02
12	12.75	.406	11.94
14	14.00	.438	13.12
16	16.00	.500	15.00
18	18.00	.562	16.88
20	20.00	.594	18.81
24	24.00	.688	22.62
Schedule 80			
1/2	.840	.147	.546
3/4	1.05	.154	.742
1	1.32	.179	.957
11/4	1.66	.191	1.28
11/2	1.90	.200	1.50
2	2.38	.218	1.94
21/2	2.88	.276	2.32
3	3.50	.300	2.90
4	4.50	.337	3.83
6	6.63	.432	5.76
8	8.63	.500	7.63
10	10.75	.594	9.56
12	12.75	.688	11.37
14	14.00	.750	12.50
16	16.00	.844	14.31
18	18.00	.938	16.12
20	20.00	1.03	17.94
24	24.00	1.22	21.56
Schedule 160			
1/2	.840	.187	.466
3/4	1.05	.219	.614
1	1.32	.250	.815
11/4	1.66	.250	1.16
11/2	1.90	.281	1.34
2	2.38	.344	1.69
21/2	2.88	.375	2.13
3	3.50	.438	2.62

[표 8] 일반적인 연강 배관 데이터(ANSI B36.10) (계속)

4	4.50	.531	3.44
6	6.63	.719	5.19
8	8.63	.906	6.81
10	10.75	1.13	8.50
12	12.75	1.31	10.13
14	14.00	1.41	11.19
16	16.00	1.59	12.81
18	18.00	1.78	14.44
20	20.00	1.97	16.06
24	24.00	2.34	19.31

Appendix VII

제어밸브 규격 및 참고서

ISA, 67 Alexander Drive, Research Triangle Park, NC 27709

ANSI/ISA-75.01.01 (IEC 60534-2-1 Mod)-2007, Flow Equations for Sizing Control Valves

ANSI/ISA-75.02-1996, Control Valve Capacity Test Procedure

ANSI/ISA-75.05.01-2000 (R2005), Control Valve Terminology

ISA-75.07-1997, Laboratory Measurements of Aerodynamic Noise Generated by Control Valves

ANSI/ISA-75.08.01-2002 (R2007) - Face-to-Face Dimensions for Integral Flanged Globe-Style Control Valve Bodies (Classes 125, 150, 250, 300, and 600)

ANSI/ISA-75.08.02-2003 - Face-to-Face Dimensions for Flangeless Control Valves (Classes 150, 300, and 600)

ANSI/ISA-75.08.03-2001 (R2007) - Face-to-Face Dimensions for Socket Weld-End and Screwed-End Globe-Style Control

ANSI/ISA-75.08.04-2001 (R2007) - Face-to-Face Dimensions for Buttweld-End Globe-Style Control Valves (Class 4500)

ANSI/ISA-75.08.06-2002 (R2007) - Face-to-Face Dimensions for Flanged Globe-Style Control Valve Bodies (Classes 900, 1500, and 2500)

ANSI/ISA-75.08.07-2001 (R2007) - Face-to-Face Dimensions

for Separable Flanged Globe-Style Control Valves (Classes 150, 300, and 600)

ANSI/ISA-75.08.08-2001 - Face-to-Centerline Dimensions for Flanged Globe-Style Angle Control Valve Bodies (Classes 150, 300, and 600)

ISA-75.10.01-2008, General Requirements for Clamp or Pinch Valves (draft)

ISA-75.10.02-2008. Formerly ANSI/ISA-75.08-1999, Installed Face-to-Face Dimensions for Dual Pinch Flanged Clamp or Pinch Valves

ANSI/ISA-75.11.01-1985 (R2002), Inherent Flow Characteristic and Rangeability of Control Valves (Classes 150, 300, 600, 900, 1500, and 2500)

ANSI/ISA-75.13.01-1996 (R2007) - Method of Evaluating the Performance of Positioners with Analog Input Signals and Pneumatic Output

ISA-75.17-1989 - Control Valve Aerodynamic Noise Prediction

ISA-TR75.04.01-1998 (R2006), Control Valve Position Stability

ANSI/ISA-75.19.01-2007 - Hydrostatic Testing of Control Valves

ISA-RP75.21-1989 - (R1996) - Process Data Presentation for Control Valves

FLUID CONTROLS INSTITUTE (FCI), P.O. 1300 Sumner Avenue, Cleveland, Ohio 44115.

ANSI/FCI 70-2-2006, Control Valve Seat Leakage

FCI 84-1-1985, Metric Definition of the Valve Flow Coefficient C_v

FCI 87-2-1990 (R1998), Power Signal Standard for Spring-Diaphragm Actuated Control Valves

FCI 91-1-1997 (R2003), Standard for Qualification of Control Valve Stem Seals

INTERNATIONAL ELECTROTECHNICAL COMMISSION(IEC), Geneva, Switzerland

Industrial Process Control Valves :

IEC 60534-1, Part 1 : Control Valve Terminology and General Considerations

IEC 60534-2-1, Part 2 : Flow Capacity. Section One : Sizing Equations for Fluid Flow Under Installed Conditions

IEC 60534-2-3, Part 2 : Flow Capacity. Section Three : Test Procedures

IEC 60534-2-4, Part 2 : Flow Capacity. Section Four : Inherent Flow Characteristics and Rangeability

IEC 60534-3-1, Part 3 : Dimensions. Section One : Face-to-Face Dimensions for Flanged, Two-Way, Globe-Type Straight Pattern and Centre-to-Face Dimensions for Flanged, Two-Way, Globe-Type, Angle Pattern Control Valves

IEC 60534-3-2, Part 3 : Dimensions. Section Two : Face-to-Face Dimensions for Rotary Control Valves Except Butterfly Valves

IEC 60534-4, Part 4 : Inspection and Routine Testing

IEC 60534-5, Part 5 : Marking

IEC 60534-6-1, Part 6 : Mounting Details for Attachment of Positioners to Control Valves - Section 1 : Positioner Mounting on Linear Actuators

IEC 60534-7, Part 7 : Control Valve Data Sheet

IEC 60534-8-1, Part 8 : Noise Considerations. Section One : Laboratory Measurement of Noise Generated by Aerodynamic

Flow Through Control Valves

IEC 60534-8-2, Part 8 : Noise Considerations. Section Two : Laboratory Measurement of Noise Generated by Hydrodynamic Flow through Control Valves

IEC 60534-8-3, Part 8 : Noise Considerations. Section Three : Control Valve Aerodynamic Noise Prediction Method

IEC 60534-8-4, Part 8 : Noise Considerations. Section Four : Prediction of NoiseGenerated by Hydrodynamic Flow

MANUFACTURERS STANDARDIZATION SOCIETY OF THE VALVE AND FITTINGS INDUSTRY (MSS), 127 Park St., N.E., Vienna, VA 22180

SP-25-1998, Standard Marking Systems for Valves, Fittings, Flanges, and Unions

SP-53-1999 (R2007), Quality Standard for Steel Castings and Forgings for Valves, Flanges and Fittings and Other Piping Components - Magnetic Particle Exam Method

SP-54-1999 (R2007), Quality Standard for Steel Castings for Valves, Flanges, and Fittings and Other Piping Components - Radiographic Examination Method

THE AMERICAN SOCIETY OF MECHANICAL ENGINEERS (ASME/ANSI), 3 Park Avenue, New York, NY 10016-5990

B16.5-2003, Pipe Flanges and Flanged Fittings

B16.34-2004, Valves - Flanged, Threaded, and Welding End

B31.1-2007, Power Piping

BPE-2007, Bioprocessing Equipment

AMERICAN SOCIETY FOR TESTING AND MATERIALS(ASTM) International, 100 Barr Harbor Drive, PO Box C700, West Conshohocken, PA, 19428-2959

Standard Specification for :

A105, Carbon Steel Forgings for Piping Applications

A182, Forged or Rolled Alloy and Stainless Steel Pipe Flanges, Forged Fittings, and Valves and Parts for High-Temperature Service

A193, Alloy-Steel and Stainless Steel Bolting Materials for High Temperature or High Pressure Service and Other Special Purpose Applications

A194, Carbon and Alloy Steel Nuts for Bolts for High-Pressure or High-Temperature Service, or Both

A216, Steel Castings, Carbon, Suitable for Fusion Welding, for High-Temperature Service

A217, Steel Castings, Martensitic Stainless and Alloy, for Pressure-Containing Parts, Suitable for High-Temperature Service

찾아보기

ㄱ

ㄴ

ㄷ

ㄹ

ㅁ

ㅂ

ㅅ

ㅇ

ㅈ

기타

최신 제어밸브 핸드북

2019년 8월 23일 1판 1쇄 인쇄
2022년 5월 30일 2판 2쇄 발행

지은이 • 권갑주
발행자 • 이영애
발행처 • 공감북스
주 소 • 02011 서울시 중랑구 중랑천로 256
전 화 • 02-971-9683
팩 스 • 02-972-9683
등 록 • 제 25100-2015-18호
등록일 • 2015년 7월 15일
e-mail • sympathybook@naver.com

ISBN 979-11-86898-43-7 (93560)
정 가 35,000원